◎ 国家自然科 资助出版

卫星导航信息处理实践教程

主编　夏　娜　荆书浩　李嘉程　谢宇晗

合肥工业大学出版社

图书在版编目(CIP)数据

卫星导航信息处理实践教程/夏娜等主编. —合肥:合肥工业大学出版社,2024.3
ISBN 978-7-5650-6572-9

Ⅰ.①卫…　Ⅱ.①夏…　Ⅲ.①卫星导航—信息处理—教材　Ⅳ.①TN967.1

中国国家版本馆 CIP 数据核字(2023)第 244974 号

卫星导航信息处理实践教程

WEIXING DAOHANG XINXI CHULI SHIJIAN JIAOCHENG

夏　娜　荆书浩　李嘉程　谢宇晗　主编　　　　责任编辑　郭　敬

出　版	合肥工业大学出版社	版　次	2024年3月第1版
地　址	合肥市屯溪路193号	印　次	2024年3月第1次印刷
邮　编	230009	开　本	787毫米×1092毫米　1/16
电　话	理工图书出版中心:0551-62903004	印　张	12.75　彩　插　0.75
	营销与储运管理中心:0551-62903198	字　数	320千字
网　址	press.hfut.edu.cn	印　刷	安徽联众印刷有限公司
E-mail	hfutpress@163.com	发　行	全国新华书店

ISBN 978-7-5650-6572-9　　　　定价:39.80元

内容提要

卫星导航技术发展迅猛，特别是我国第三代北斗卫星系统采用了全新的技术和方案。本教材总结了目前该领域的新技术、新方法和新算法，为读者提供高价值的技术内容。本教材基于主流的GNSS接收机硬件平台，开展全系列的实践项目，提供算法流程、源代码，并配有详细的实验操作步骤，因此具有非常强的实践指导作用。本教材开展全系列的实践项目，包括定位、测速、授时、测姿和抗干扰等。具体内容有GNSS测量型板卡简介、导航原始电文分析、NMEA指令及其数据解析、RTCM数据分析实验、常见坐标系的转换、实时卫星在轨坐标和速度计算、实时卫星在轨坐标星座图显示、导航卫星信号信噪比与导航卫星仰角的关系、接收机定位测速计算、接收机授时、相对误差计算、实时传输误差计算对接收机定位的影响、精度衰减因子（DOP）计算、卫星优化选星算法、实时动态载波相位差分定位（RTK）、载波相位差分姿态测量、接收机干扰检测等。

北斗卫星导航系统是我国自主研制和部署的全球卫星导航系统。从 2017 年开始，第三代北斗卫星进入高密度发射期。截至 2023 年 8 月，已有 56 颗第三代北斗卫星上天，北斗三代全球组网已全部完成，可以为全球用户提供定位、测速、授时等服务。与此同时，我国卫星导航定位产业发展迅猛，已形成一个完整的产业链。该产业已经成为继互联网和移动通信之后第三大 IT 经济增长点，因此其对人才的需求巨大。

在此背景下，全国各高校都在加强相关专业、课程和教材的建设，并大幅度增加对人才培养的投入。目前，已有的卫星导航类教材均侧重于卫星导航定位的基本原理和方法，以知识传授为主，在技术实现、实操（实际操作）、实践方面非常欠缺。因此，本团队基于多年在该领域的教学经验和研究成果，整理出版了本书，以满足迫切的人才培养需要。

本书内容侧重于卫星导航技术的实践和实操，基于主流的硬件平台，开展全系列的实践项目，包括定位、测速、授时、测姿、抗干扰等，并具有以下特色。

（1）技术内容新：卫星导航技术发展迅猛，特别是我国第三代北斗卫星系统采用了全新的技术和方案，因此本书总结了目前该领域的新技术、新方法和新算法，为读者提供高价值的技术内容。

（2）实践、实操性强：本书基于主流的 GNSS（全球导航卫星系统）接收机硬件平台，开展全系列的实践项目，提供算法流程和源代码，并配有详细的实验操作步骤，因此具有非常好的实践指导效果。

（3）科研特色突出：在实践项目中融入本团队近些年的科研成果，如“卫星优化选星算法”“载波相位差分姿态测量”“接收机干扰检测与抑制”，为该领域的科研爱好者提供借鉴。

本书可以作为“卫星导航信息处理”“GPS原理及应用”“全球卫星定位系统”等课程的配套实验教材，适用于电子信息工程、通信工程、计算机科学与技术、土木工程、测绘工程、地理信息科学、地质工程、给排水科学与工程、交通工程、建筑学、城市规划等专业的大学生，也可为从事工程测量工作的技术人员提供重要参考。

编　者

2023年于合肥

目
录
CONTENTS

第一章　实验系统介绍

一、实验硬件设备

卫星导航信息处理的实验硬件设备主要是GNSS（Global Navigation Satellite System，全球导航卫星系统）接收机(图1-1为合肥星北航测PIA400接收机）和GNSS天线(图1-2)，两者配合，可以接收导航卫星播报的信号，并通过内部的处理器进行信号处理和算法解算，输出用户所需要的P(定位)、V(测速)、T(授时）等信息。

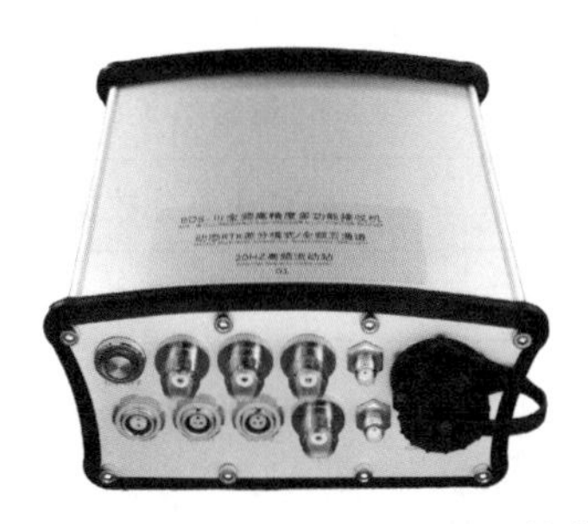

图1-1　合肥星北航测PIA400接收机

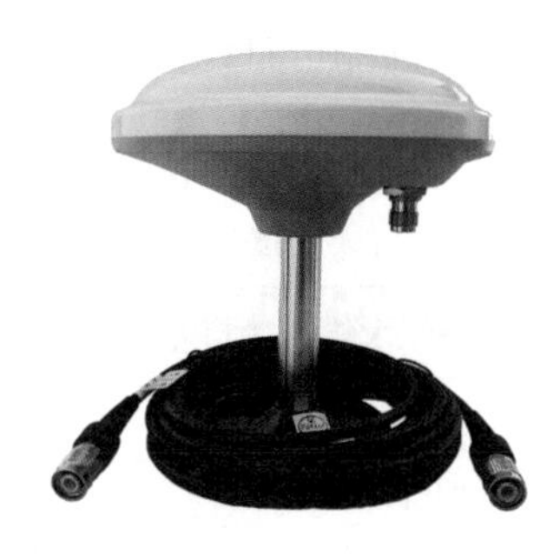

图1-2　GNSS天线

常见的GNSS接收机一般支持多种主流的全球卫星导航系统[北斗、GPS(全球定位系统)、GLONASS(格洛纳斯)、Galileo(伽利略)]，具有单点定位、差分定位、测速、授时、原始观测数据输出等功能，具有RS-232/RS-485串口和RJ-45网口输出，支持电台、4G、Wi-Fi等多种通信，并具有一定容量的内部存储器，可供本机下载或远程下载。GNSS接收机可广泛应用于车载导航、智能交通、形变监测、精准农业等领域。

GNSS接收机的硬件接口如图1-3所示，其定义见表1-1所列。

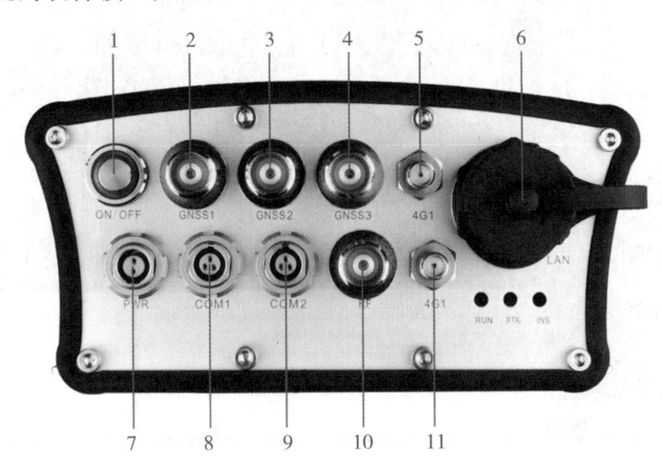

图1-3　GNSS接收机的硬件接口

表 1-1　GNSS 接收机的硬件接口定义

编号	名称	类型	功能描述
1	按键开关	开关	接收机电源通断
2	天线 1 接口	输入	主天线信号接入
3	天线 2 接口	输入	从天线信号接入
4	天线 3 接口	输入	从天线信号接入
5	4G 天线 1 接口	输出	测量结果输出
6	RJ-45 网口	I/O	测量结果输出
7	电源线接口	电源	电源线接入
8	COM1 串口	I/O	接收机配置
9	COM2 串口	I/O	测量结果输出
10	电台天线接口	输入	RTCM 差分数据输入
11	4G 天线 2 接口	输入	网络差分数据输入

二、实验软件平台

一款通用的 GNSS 接收机上位机软件的主要功能如下。

（1）显示伪距定位结果、卫星星座分布、精度衰减因子（Dilution of Precision，DOP）、信噪比（Signal Noise Ratio，SNR）、卫星授时、卫星时钟误差等误差源。上位机软件界面如图 1-4 所示。

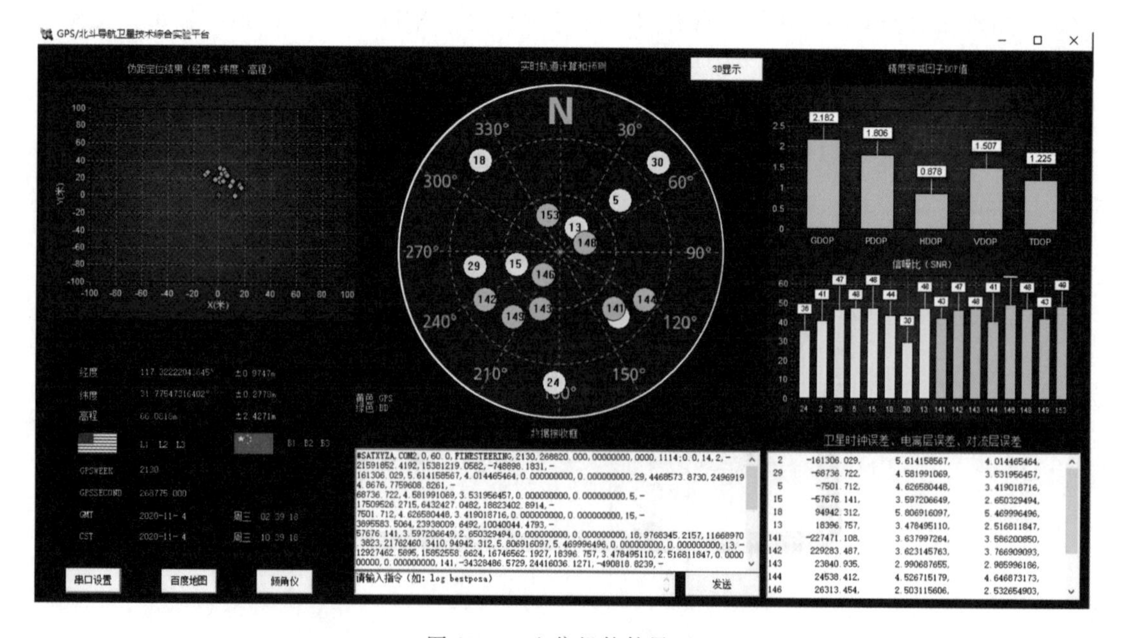

图 1-4　上位机软件界面

(2) 实时卫星轨道计算与预测(卫星座图三维显示)，如图 1-5 所示。

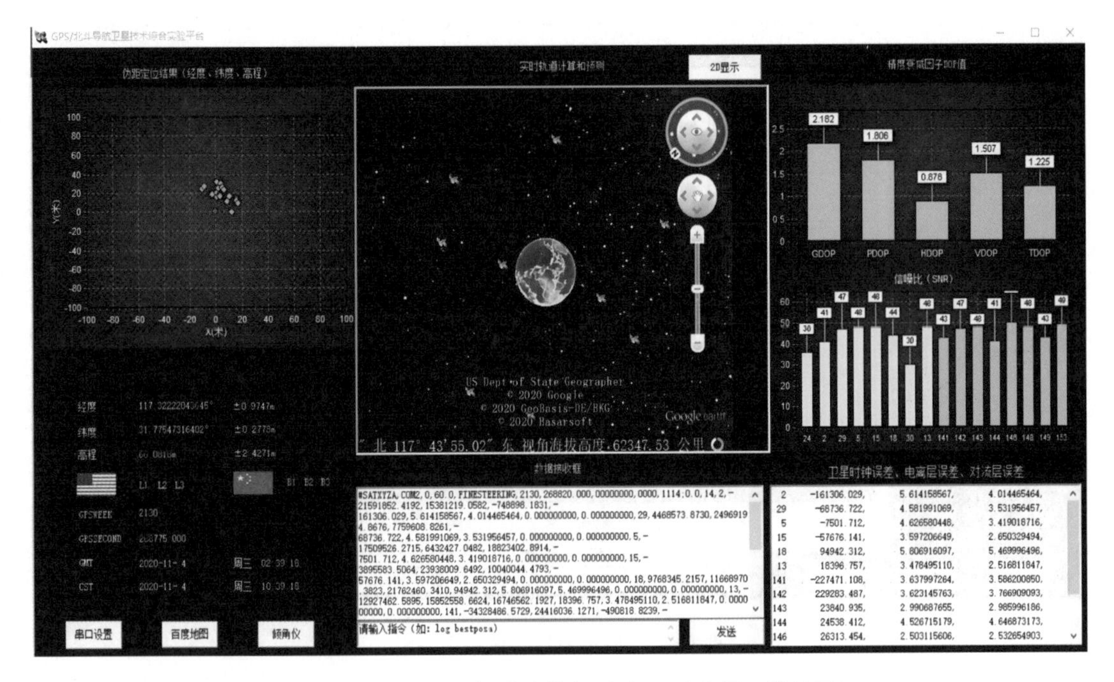

图 1-5　实时卫星轨道计算与预测(卫星座图三维显示)

(3) 接收机定位(配合百度地图显示) 如图 1-6 所示。

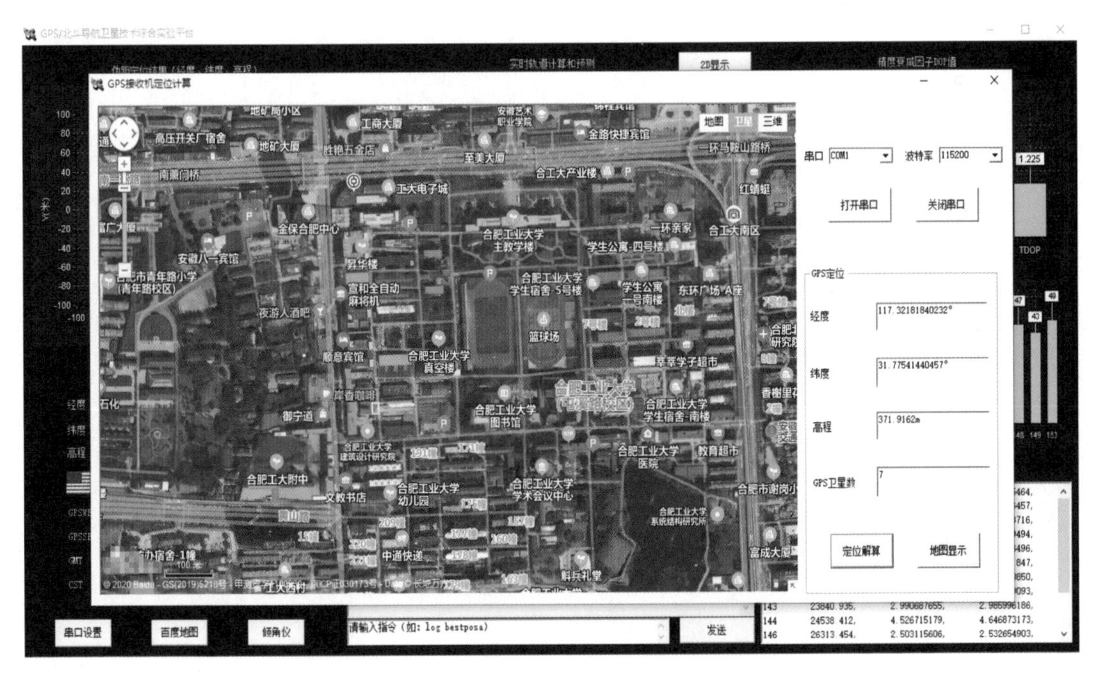

图 1-6　接收机定位(配合百度地图显示)

(4) 展示惯性导航姿态测量，如图 1-7 所示。

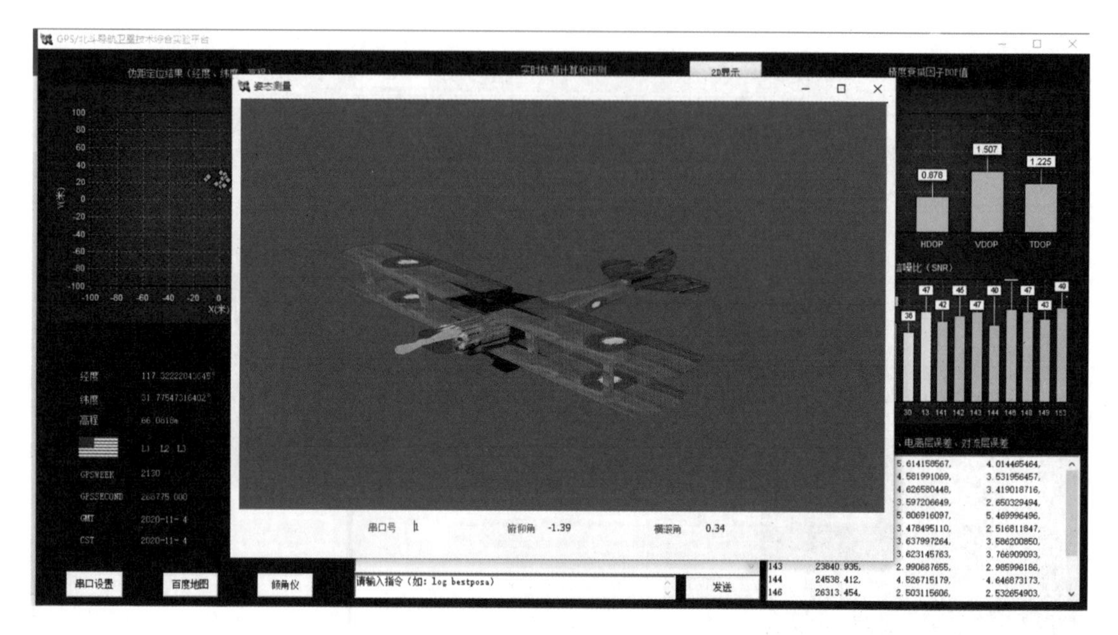

图 1-7 展示惯性导航姿态测量

第二章　导航电文与数据

实验一　GNSS 接收机的初步使用

一、实验目的

以合肥星北航测 PIA400 接收机为例，初步体验其使用方法，特别是使用接收机的常用指令，获取接收机版本信息，对接收机进行配置，获取各种类型的测量数据。

二、常用指令

1. 查询类指令

(1) log version：查询板卡类型、SN（Serial Number，序列号）、固件版本、FPGA 版本、BOOT 版本等信息。

(2) log loglista：查看高精度板卡当前设置的指令信息。

(3) log comconfiga：查询高精度板卡各个串口状态及波特率设置。

2. 设置类指令

1) 设置高精度板卡串口波特率

(1) Com comX 115200："comX" 指设置串口序列号，"X" 分别可设置为 "1" "2" "3"，即端口 1、端口 2、端口 3。

(2) 串口波特率范围：4800、9600、19200、38400、57600、115200、230400、460800、921600，高精度板卡默认设置波特率为 115200。

2) 设置端口传输模式

(1) Interfacemode comX auto auto on：该端口一旦设置为差分端口，则再向此端口发送指令将无响应。

(2) Interfacemode comX compass compass on：解除设置为差分端口模式。若该端口被设置为差分端口，则其无法再进行其他指令设置。通过该指令可以解除差分端口模式，使之恢复正常端口通信功能。

3) Fix none

Fix none 指令用于解除固定坐标输出设置。高精度板卡此前设置过基站输出模式，输出坐标为固定值，输入此报文可解除固定坐标模式。

4) Freset / Reset

(1) Freset：复位，恢复出厂设置，清空所有设置。

(2) Reset：重启，不会删除此前设置。

5）Ecutoff

Ecutoff 指令用于设置所有观测卫星系统高度截止角。单独设置北斗卫星高度截止角示例如下：

```
BD2ecutoff 10
```

6）屏蔽、恢复卫星观测信息

（1）Lockout bd2/gps：屏蔽北斗系统/GPS 卫星观测信息。

（2）Unlockout bd2/gps：恢复北斗系统/GPS 卫星观测信息。

屏蔽某颗卫星信息，如关闭北斗 1 号卫星：

```
lockout 141
```

恢复北斗 1 号卫星观测信息：

```
unlockout 141
```

7）Saveconfig：

Saveconfig 指令用于保存当前设置。

8）清空输出信息设置

（1）Unlogall：清空所有输出信息设置。

（2）Unlogall comX：清空指定端口输出信息设置。要删除某条输出信息设置，只需在需删除的报文前添加“unlogall”即可，如删除 GGA 信息：

```
unlogall gpgga
```

9）设置高精度板卡 CPU 主频、解算频率信息

（1）Set cpufreq 624/416：设置 CPU 主频，默认值为 416 MHz。

（2）Set pvtfreq 5：设置定位信息，输出频率为 5 Hz。

（3）Set rtkfreq 5：设置 RTK（Real Time Kinematic，实时动态）解算频率为 5 Hz。

3. 测量数据输出指令

（1）Log comX gpgga/gpggartk ontime 1：输出接收机的经度和纬度坐标，“ontime 1”为 1 s 输出一次。

（2）Log comX gptra ontime 1：输出接收机的姿态信息（俯仰、横滚、航向）。

（3）Log comX gpvtg ontime 1：输出接收机的速度信息。

（4）Log comX gpntr ontime 1：输出参考站到流动站的距离信息。

（5）Log comX headingb ontime 1：输出真北方向与参考站到流动站所构成的向量方向之间的角度信息。

（6）Log comX bestposa ontime 1：输出接收机在空间直角坐标系中的位置信息。

（7）Log comX ptnlpjk ontime 1：输出平面坐标。

4. 原始电文输出指令

（1）log comX gpsephemb onchanged：GPS 星历。

（2）log comX bd2ephemb onchanged：北斗星历。

（3）log comX gloephemerisb onchanged：GLONASS 星历。

（4）log comX rangeb ontime 1：包括伪距、载波相位、信噪比等信息的原始观测数据。

5. RTK 定位的相关设置

1）基准站设置（输出 RTCM 3.0 格式数据）

（1）fix position 31.171516 121.343536 20/ fix auto：设置基准站坐标［固定坐标（纬度、精度、高程）/自动获取］。

（2）log<port>rtcm1004b ontime 1：输出 GPS 观测数据。

（3）log<port>rtcm1104b ontime 1：输出 BD2 观测数据。

（4）log<port>rtcm1012b ontime 1：输出 GLONASS 观测数据。

（5）log<port>rtcm1005b ontime 5：输出参考站位置信息。

（6）Saveconfig：保存。

（7）ontime 1：数据更新周期为 1 s，即数据更新频率为 1 Hz，可根据需要修改。

（8）ontime 5：数据更新周期为 5 s，即数据更新频率为 0.2 Hz，可根据需要修改。

2）移动站设置

（1）RTK 解算设置（注：单频高精度板卡 RTK 作业范围不超过 8 km）。

（2）Interfacemode comX auto auto on：设置端口 X 差分解算。

（3）Log comX gpgga ontime 1：设置端口 X，以 1 s 为周期输出“GPGGA”格式结果。

三、实验内容及步骤

（1）将 GNSS 接收机接上电源，并通过 RS-232 串口连接到 PC 机，打开 GNSS 接收机电源开关。

（2）在 PC 机上找到“GNSS 接收机初步使用”文件夹，双击“K500.dsw”文件，通过 Visual C++编辑器打开工程文件并运行，进入实验界面。

（3）选择“GNSS 接收机简介”选项，查看 M900 接收机图片和文字简介（图 2-1）。

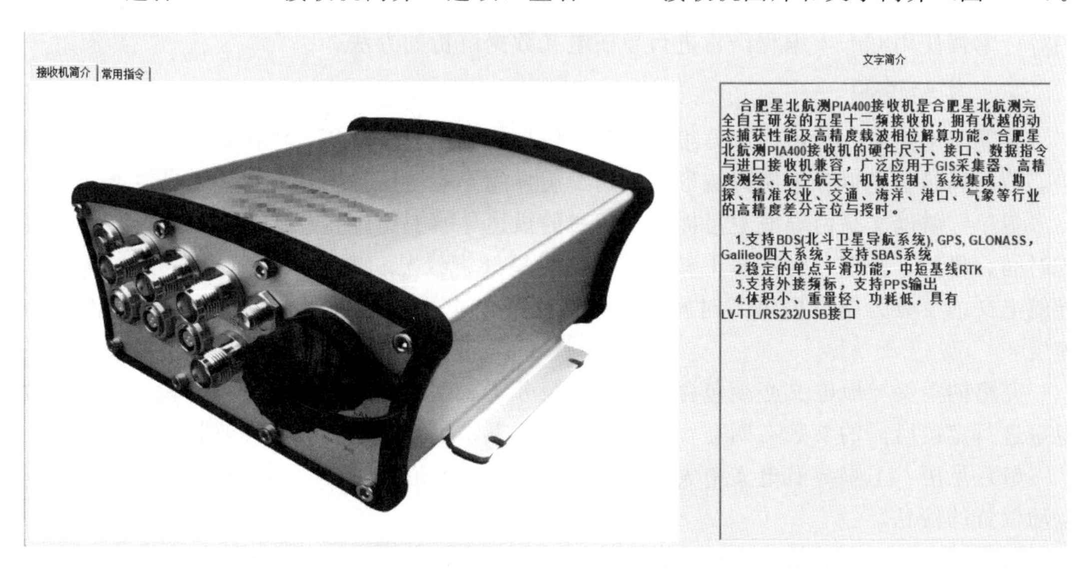

图 2-1　M900 接收机图片和文字简介

（4）选择“常用指令”选项，并通过下拉框选择不同类型的指令，点击“发送”按钮，查看接收机返回的各种类型的数据。常用指令及返回数据如图 2－2 所示。

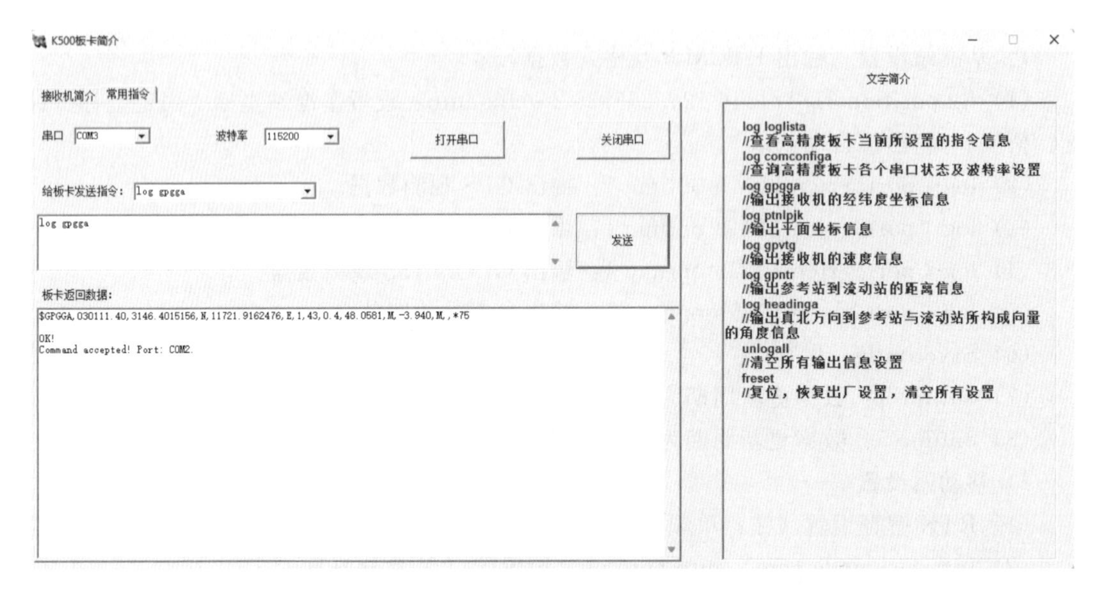

图 2－2　常用指令及返回数据

实验二　二进制导航电文数据解析

一、实验目的

认识二进制原始导航电文，了解常见的导航电文数据格式，并从中提取数据（参数）内容；掌握使用 C＋＋编程语言进行导航电文数据解析的方法。

二、实验说明

导航卫星信号一般由三部分组成：载波信号、伪随机噪声码（测距码）和数据码。其中，数据码是卫星以二进制码流形式发送给用户的导航定位数据，通常称为导航电文。

卫星导航电文是由导航卫星播发给用户的描述导航卫星运行状态参数的电文，包括系统时间、星历、历书、时钟修正参数、导航卫星健康状况和电离层延时模型参数等内容。导航电文的参数为用户提供了时间信息，利用导航电文参数可以计算用户的位置坐标和速度。

完整的卫星导航电文必须包含用户定位服务所需要的一切参数。一般来说，通过导航卫星进行定位所需的参数有四类，包括星历、历书、时钟修正参数、导航服务参数等。

（1）星历：卫星导航电文中表示卫星精确位置的轨道参数，可以为用户提供计算卫星运动位置的信息。

（2）历书：卫星导航电文中所有在轨卫星的粗略轨道参数，可以看作卫星星历参数的简化子集，有助于缩短导航信号的捕获时间。

(3) 时钟修正参数：用来对卫星时钟钟差进行改正。每一颗 GPS 卫星的时钟相对于 GPS 时系存在着差值，需加以改正。

(4) 导航服务参数：卫星标识符、数据期号、导航数据有效性、信号健康状态等参数。

三、数据解析方法

1. 星历数据解析示例

发送“log gpsephem”，返回数据的格式如下：

AA 44 12 1C 47 00 02 20 C8 00 00 00 BC B4 CB 07 56 F5 EF 0F 00 00 10 00 01 80 01 00 C8 00 01 00 0A 00 00 00 00 00 69 00 01 00 CB 03 69 00 00 00 C0 2C 04 00 00 00 00 00 00 B3 10 41 00 00 00 00 00 B3 10 41 00 00 00 00 00 00 00 00 FE FF FF FF FF FF 8A 3D FC FF FF FF 33 17 27 3F 31 A2 B9 33 1A CC ED 3F F7 74 E3 6B F3 45 35 3E 0C 00 00 50 5E 08 6C 3F 00 00 A0 64 A9 21 B4 40 0F 82 88 1B DE 9E E6 BF 80 EB A2 3F D9 BF EE 3F D2 BF B2 22 F2 2A 06 C0 1D 29 19 1F 47 ED 41 BE A7 E9 F7 7B 5A 4C F8 BD 0E 00 00 00 00 F0 AE BE 0A 00 00 00 00 BC D6 3E 00 00 00 00 00 12 71 40 00 00 00 00 00 F0 34 C0 07 00 00 00 00 00 70 3E 0A 00 00 00 00 00 38 BE FB FF FF FF FF FF 1F 3E 00 00 00 00 00 00 00 00 28 6A D5 F6

注：发送“log gpsephem”指令后，将返回当前所有可视星的星历信息，以上所示数据为其中某一卫星的星历信息。由于数据格式相同，因此不再赘述。

数据解析：

【Header 报文头】3 个同步字节加上 25 字节的报文头信息，共计 28 字节(具体格式见书末附录表 A1)：

AA 44 12 1C 47 00 02 20 C8 00 00 00 BC B4 CB 07 56 F5 EF 0F 00 00 10 00 01 80 01 00

【Data 数据域】数据域长度可变(具体格式见书末附录表 A2)：

```
C8 00  //wSize，即数据域长度为 200 字节
01      //blFlag
00      //bHealth
0A      //ID 为 10，GPS 卫星
00      //bReserved
00 00  //uMsgID
00 00  //m _ wIdleTime
69 00  //iodc
01 00  //accuracy
CB 03  //week
69 00 00 00  //iode = 105
C0 2C 04 00  //tow = 273600
00 00 00 00 00 B3 10 41  //toe = 273600
00 00 00 00 00 B3 10 41  //toc = 273600
00 00 00 00 00 00 00 00  //af2 = 0.00000
FE FF FF FF FF FF 8A 3D  //af1 = 3.069545e - 012
FC FF FF FF 33 17 27 3F  //af0 = 1.761676e - 004
```

```
31 A2 B9 33 1A CC ED 3F   //Ms0 = 9.311648e - 001
F7 74 E3 6B F3 45 35 3E   //deltan = 4.953063e - 009
0C 00 00 50 5E 08 6C 3F   //es = 3.421959e - 003
00 00 A0 64 A9 21 B4 40   //roota = 5.153662e + 003
0F 82 88 1B DE 9E E6 BF   //omega0 = - 7.068930e - 001
80 EB A2 3F D9 BF EE 3F   //i0 = 9.609190e - 001
D2 BF B2 22 F2 2A 06 C0   //ws = - 2.770970e + 000
1D 29 19 1F 47 ED 41 BE   //omegaot = - 8.347848e - 009
A7 E9 F7 7B 5A 4C F8 BD   //itoet = - 3.535862e - 010
0E 00 00 00 00 F0 AE BE   //Cuc = - 9.220093e - 007
0A 00 00 00 00 BC D6 3E   //Cus = 5.420297e - 006
00 00 00 00 00 12 71 40   //Crc = 2.731250e + 002
00 00 00 00 00 F0 34 C0   //Crs = - 2.093750e + 001
07 00 00 00 00 00 70 3E   //Cic = 5.960464e - 008
0A 00 00 00 00 00 38 BE   //Cis = 5.960464e - 009
FB FF FF FF FF FF 1F 3E   //tgd
00 00 00 00 00 00 00 00   //tgd2
```

【CRC 检验位】对包含报文头在内的所有数据进行校验：

```
28 6A D5 F6   //CRC
```

2. 电离层数据解析示例

发送“ log ionutcb onchanged ”指令后，返回数据的格式如下：

```
AA 44 12 1C 08 00 02 20 6C 00 00 00 BC B4 CB 07 CA E5 0D 10 00 00 10 00 FF 7F FA 27 03 00 00 00 00 00
48 3E 01 00 00 00 00 00 50 3E FC FF FF FF FF FF 6F BE FC FF FF FF FF FF 6F BE 00 00 00 00 00 80 F5 40 00 00
00 00 00 00 D0 40 00 00 00 00 00 00 08 C1 00 00 00 00 00 00 00 C1 CB 00 00 00 00 B0 07 00 02 00 00 00 00 00
20 3E E6 FC FF FF FF FF F3 3C 89 00 00 00 07 00 00 00 12 00 00 00 12 00 00 00 00 00 00 00 CC 62 9F FA 0D 0A
4F 4B 21 0D 0A 43 6F 6D 6D 61 6E 64 20 61 63 63 65 70 74 65 64 21 20 50 6F 72 74 3A 20 43 4F 4D 32 2E 0D
```

数据解析：

【Header 报文头】3 个同步字节加上 25 字节的报文头信息，共计 28 字节(具体格式见书末附录表 A1)：

```
AA 44 12 1C 08 00 02 20 6C 00 00 00 BC B4 CB 07 CA E5 0D 10 00 00 10 00 FF 7F FA 27
```

【Data 数据域】数据域长度可变(具体格式见书末附录表 A3)：

```
03 00 00 00 00 00 48 3E     //a0 = 0.000000011175871，即 1.117587e - 008
01 00 00 00 00 00 50 3E     //a1 = 1.490116e - 008
FC FF FF FF FF FF 6F BE   //a2 = - 5.960464 e - 008
FC FF FF FF FF FF 6F BE   //a3 = - 5.960464 e - 008
00 00 00 00 00 80 F5 40   //b0 = 88064
00 00 00 00 00 00 D0 40   //b1 = 16384
00 00 00 00 00 00 08 C1   //b2 = - 196608
```

```
00 00 00 00 00 00 00 C1  //b3 = - 131072
CB 00 00 00  //utc wn = 203
00 B0 07 00  //tot = 503808
02 00 00 00 00 00 20 3E  //A0 = 1.862645e - 009
E6 FC FF FF FF FF F3 3C  //A1 = 4.440892e - 015
89 00 00 00  //wm lsf = 137
07 00 00 00  //dn = 7
12 00 00 00  //deltat ls = 18
12 00 00 00  //deltat lsf = 18
00 00 00 00  //deltat utc = 0
```

【CRC 检验位】对包含报文头在内的所有数据进行校验：

```
CC 62 9F FA  //CRC
```

四、实验内容及步骤

1. 验证性实验

步骤 1：将 GNSS 接收机接上电源，并通过 RS-232 串口连接到 PC 机，打开 GNSS 接收机电源开关。

步骤 2：在 PC 机上找到“二进制导航电文数据解析”→“验证性实验”文件夹，双击“OriMessAna.dsw”文件，通过 Visual C++ 编辑器打开工程文件，单击运行，进入原始电文分析实验界面(图 2-3)。

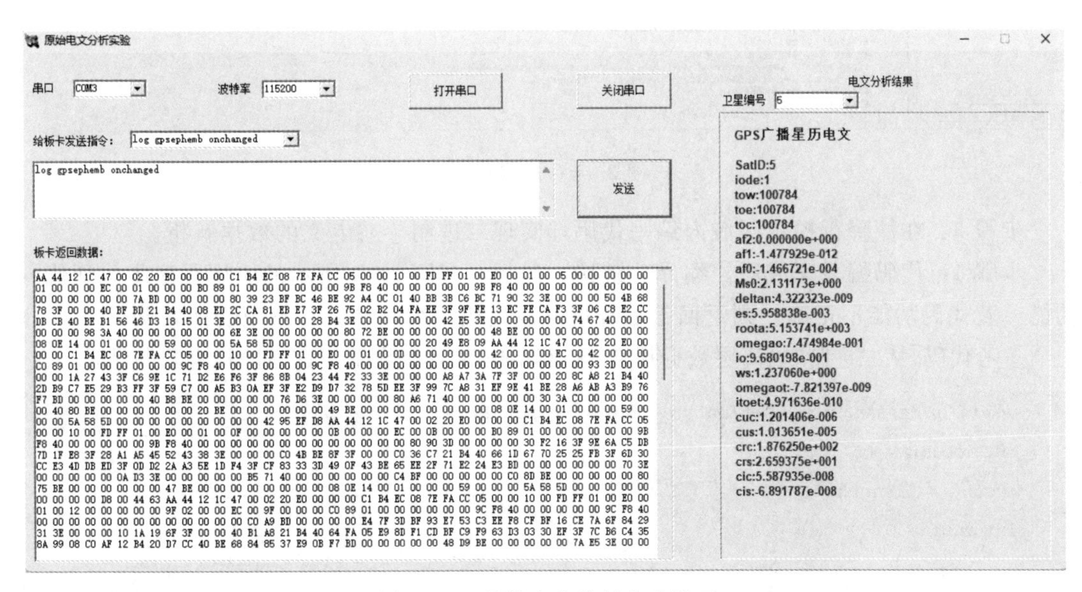

图 2-3　原始电文分析实验界面

步骤 3：选择串口号，设置波特率为“115200”，单击“打开串口”按钮。

步骤 4：在第一个编辑框中输入指令，如“log gpsephemb onchanged”，按 Enter 键。

步骤 5：单击“发送”按钮，可获得相应指令返回的数据包，并在右侧输出框中显示数据解析结果。

2. 设计性实验

步骤 1：将 GNSS 接收机接上电源，并通过 RS－232 串口连接到 PC 机，打开 GNSS 接收机电源开关。

步骤 2：在 PC 机上找到“二进制导航电文数据解析”→“设计性实验”文件夹，双击“OriMessAna. dsw”文件，通过 Visual C++ 编辑器打开工程文件，进入编程环境(图 2－4)。

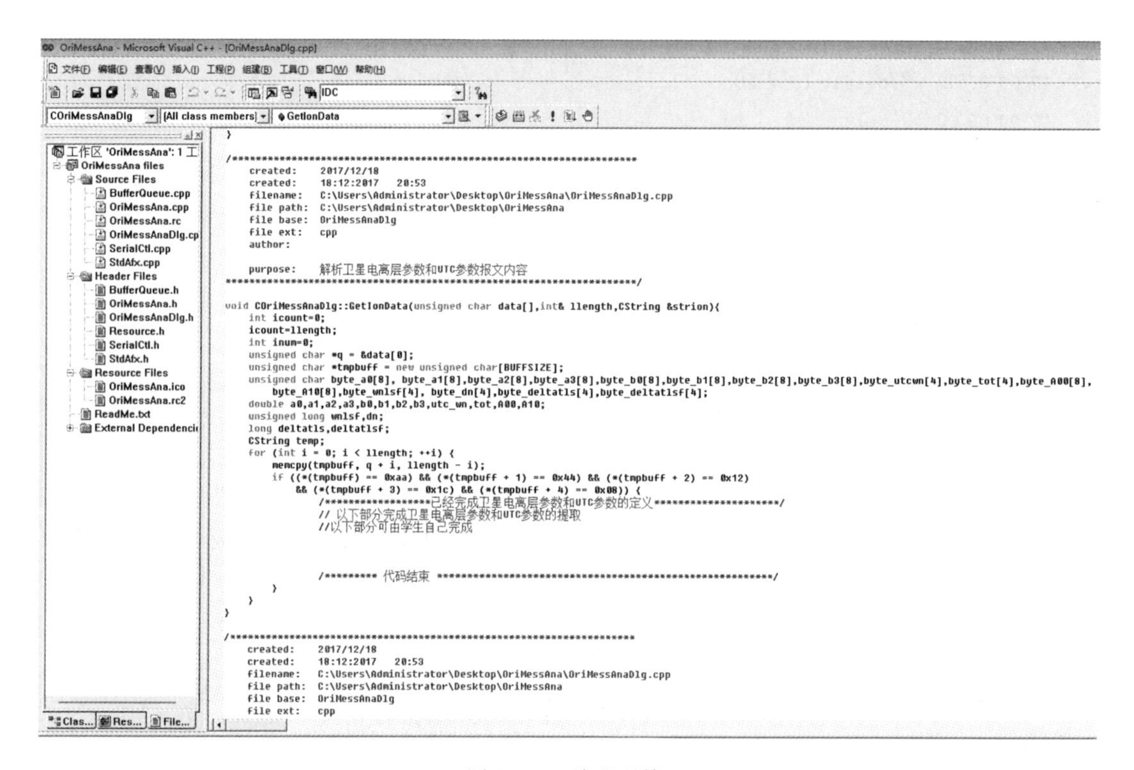

图 2－4　编程环境

步骤 3：在注释行提示区域内编写代码，实现二进制导航电文的数据解析。

步骤 4：代码编写完成后，编译、链接、运行，在图 2－3 所示的应用程序中验证代码功能。若代码功能不正确，则返回编程环境修改代码，继续调试，直至功能正确。

参考代码[从二进制“电离层数据报文”中解析电离层参数和 UTC 时间(协调世界时)]：

```
void COriMessAnaDlg:: GetIonData(unsigned char data[], int& llength, CString &strion){
int icount = 0;
icount = llength;
int inum = 0;
unsigned char * q = &data[0];
unsigned char * tmpbuff = new unsigned char[BUFFSIZE];
unsigned    char    byte_a0[8], byte_a1[8], byte_a2[8], byte_a3[8], byte_b0[8],
 byte_b1[8], byte_b2[8], byte_b3[8],
byte_utcwn[4], byte_tot[4], byte_A00[8], byte_A10[8], byte_wnlsf[4],
 byte_dn[4], byte_deltatls[4], byte_deltatlsf[4];
```

```
double a0, a1, a2, a3, b0, b1, b2, b3, utc_wn, tot, A00, A10;
unsigned long wnlsf, dn;
long deltatls, deltatlsf;
CString temp;
for(int i = 0; i < llength; ++i){
memcpy(tmpbuff, q + i, llength - i);
if((*(tmpbuff) == 0xaa)&&(*(tmpbuff + 1) == 0x44)&&(*(tmpbuff + 2) == 0x12)
&&(*(tmpbuff + 3) == 0x1c)&&(*(tmpbuff + 4) == 0x08)){
memcpy(byte_a0, tmpbuff + 28, 8);
double *star_a0 = (double *)byte_a0;
a0 = *star_a0;
temp.Format("\r\n  卫星电离层参数和UTC参数 \r\n\r\n  a0: %e\r\n", a0);
strion = temp;

memcpy(byte_a1, tmpbuff + 36, 8);
double *star_a1 = (double *)byte_a1;
a1 = *star_a1;
temp.Format("    a1: %e\r\n", a1);
strion += temp;

memcpy(byte_a2, tmpbuff + 44, 8);
double *star_a2 = (double *)byte_a2;
a2 = *star_a2;
temp.Format("    a2: %e\r\n", a2);
strion += temp;

memcpy(byte_a3, tmpbuff + 52, 8);
double *star_a3 = (double *)byte_a3;
a3 = *star_a3;
temp.Format("    a3: %e\r\n", a3);
strion += temp;

memcpy(byte_b0, tmpbuff + 60, 8);
double *star_b0 = (double *)byte_b0;
b0 = *star_b0;
temp.Format("    b0: %.1f\r\n", b0);
strion += temp;

memcpy(byte_b1, tmpbuff + 68, 8);
double *star_b1 = (double *)byte_b1;
b1 = *star_b1;
temp.Format("    b1: %.1f\r\n", b1);
```

```
strion += temp;

memcpy(byte_b2, tmpbuff + 76, 8);
double *star_b2 = (double *)byte_b2;
b2 = *star_b2;
temp.Format("    b2: %.lf\r\n", b2);
strion += temp;

memcpy(byte_b3, tmpbuff + 84, 8);
double *star_b3 = (double *)byte_b3;
b3 = *star_b3;
temp.Format("    b3: %.lf\r\n", b3);
strion += temp;

memcpy(byte_utcwn, tmpbuff + 92, 4);
unsigned long *star_utcwn = (unsigned long *)byte_utcwn;
utc_wn = *star_utcwn;
temp.Format("    utc wn: %.lf\r\n", utc_wn);
strion += temp;

memcpy(byte_tot, tmpbuff + 96, 4);
unsigned long *star_tot = (unsigned long *)byte_tot;
tot = *star_tot;
temp.Format("    tot: %.lf\r\n", tot);
strion += temp;

memcpy(byte_A00, tmpbuff + 100, 8);
double *star_A00 = (double *)byte_A00;
A00 = *star_A00;
temp.Format("    A0: %e\r\n", A00);
strion += temp;

memcpy(byte_A10, tmpbuff + 108, 8);
double *star_A10 = (double *)byte_A10;
A10 = *star_A10;
temp.Format("    A1: %e\r\n", A10);
strion += temp;

memcpy(byte_wnlsf, tmpbuff + 116, 4);
unsigned long *star_wnlsf = (unsigned long *)byte_wnlsf;
wnlsf = *star_wnlsf;
temp.Format("    wnlsf: %u\r\n", wnlsf);
```

```
    strion + = temp;

    memcpy(byte _ dn, tmpbuff + 120, 4);
    unsigned long * star _ dn = (unsigned long * )byte _ dn;
    dn =  * star _ dn;
    temp.Format("     dn: %u\r\n", dn);
    strion + = temp;

    memcpy(byte _ deltatls, tmpbuff + 124, 4);
    long * star _ deltatls = (long * )byte _ deltatls;
    deltatls =  * star _ deltatls;
    temp.Format("     deltat ls: %d\r\n", deltatls);
    strion + = temp;

    memcpy(byte _ deltatlsf, tmpbuff + 128, 4);
    long * star _ deltatlsf = (long * )byte _ deltatlsf;
    deltatlsf =  * star _ deltatlsf;
    temp.Format("     deltat lsf: %d\r\n", deltatlsf);
    strion + = temp;
    }
    }
    }
```

编程提示：

(1) 首先添加文件“BufferQueue. cpp”“BufferQueue. h”“SerialCtl. cpp”“SerialCtl. h”，用于串口编程。

(2) 添加串口接收响应函数 ReceiveMSG 及函数声明，打开串口，关闭串口函数，并设置串口通信波特率、端口号等。

(3) 添加串口数据采集、数据提取、计算结果输出和界面显示等功能。

实验三　NMEA 指令及其数据解析

一、实验目的

了解 GNSS 接收机的常用 NMEA 指令，可以对相关指令返回的数据进行解析，掌握使用 C++ 编程语言进行 NMEA 指令发送和数据解析的方法。

二、实验说明

GNSS 接收机输出数据的标准格式有 ComNav Binary(二进制格式)、NMEA 0183、CMR(GPS)、RTCM2. X(RTCM1、RTCM3、RTCM1819、RTCM59、RTCM31)、RTCM3. 0 (1004、1005、1006、1007、1008、1011、1012、11041033)、RTCM3. 2 MSM4(1074，1084，1124)。

其中，NMEA 0183 是美国国家海洋电子协会为海用电子设备制定的标准格式。NMEA 0183 在过去海用电子设备的标准格式 0180 和 0182 的基础上，增加了 GPS 接收机输出的内容。现在除少数北斗(GPS) 接收机外，绝大多数的接收机采用了 NMEA 这一格式。

NMEA0183 格式以“＄”开始，以回车换行符结尾，主要指令有 GPGGA(BDGGA)、GPVTG(BDVTG)、GPRMC(BDRMC) 等。其中，前缀为“GP”的指 GPS 输出，前缀为“BD”的指北斗输出。M900 接收机指令列表见附录表 A4。

三、数据解析方法

以合肥星北航测 PIA400 接收机为例，分析常用的几种 NMEA 指令及其数据解析方法。

1. 经度、纬度及高程指令

(1) 给接收机发送如下指令，获取接收机定位的经度、纬度和高程：

log comX gpgga/gpggartk ontime 1 （其中 ontime 1 表示数据输出周期为 1 s）

(2) 接收机返回数据的示例：

$GPGGA，021031.00，3110.4105844，N，12123.3182908，E，4，13，2.1，52.8403，M，0.000，M，01，0004*55

(3) 数据格式的解释：

$GPGGA，＜1＞，＜2＞，＜3＞，＜4＞，＜5＞，＜6＞，＜7＞，＜8＞，＜9＞，M，＜10＞，M，＜11＞，＜12＞*hh＜cr＞＜/cr＞＜lf＞＜/lf＞

＜1＞UTC 时间，hhmmss(时分秒) 格式 //UTC 时间：协调世界时

＜2＞纬度 ddmm.mmmm(度分) 格式(前面的 0 也将被传输)

＜3＞纬度半球 N(北半球) 或 S(南半球)

＜4＞经度 dddmm.mmmm(度分) 格式(前面的 0 也将被传输)

＜5＞经度半球 E(东经) 或 W(西经)

＜6＞GNSS 状态标识：

0 = invalid(未定位)

1 = GPS fix(SPS)(单点定位)

2 = DGPS fix(伪距差分)

3 = PPS fix

4 = Real Time Kinematic(RTK 固定)

5 = Float RTK(RTK 浮动)

6 = estimated(dead reckoning)(2.3 feature)(正在估算)

7 = Manual input mode(固定坐标输出)

8 = Simulation mode

＜7＞正在使用解算位置的卫星数(前面的 0 也将被传输)

＜8＞HDOP 水平精度因子(0.5～99.9)

＜9＞海拔(-9999.9～+99999.9)

＜10＞地球椭球面相对大地水准面的高度

＜11＞差分时间(从最近一次接收到差分信号开始到现在的秒数。如果不是差分定位，则其默认值为 99)

＜12＞差分站 ID 0000～1023(前面的 0 也将被传输。如果不是差分定位，则其默认值为 AAAA)

2. 平面坐标指令

(1) 给接收机发送如下指令，获取接收机的平面坐标：

log comX ptnlpjk ontime 1　(其中“ontime 1”表示数据输出周期为 1 s)

(2) 接收机返回数据的示例：

$PTNL，PJK，075532.80，041412，＋4059367.096，N，＋486722.766，E，3，11，2.1，EHT＋105.060，M*4C

(3) 数据格式的解释：

$PTNL，PJK，＜1＞，＜2＞，＜3＞，＜4＞，＜5＞，＜6＞，＜7＞，＜8＞，＜9＞，＜10＞，＜11＞，＜12＞*hh＜CR＞＜LF＞

＜1＞UTC 时间，hhmmss(时分秒格式)

＜2＞日期，mmddyy(月日年格式)

＜3＞北向坐标(单位：m)

＜4＞北方向 N

＜5＞东向坐标(单位：m)

＜6＞东方向 E

＜7＞GPS 状态：

0 = 未定位

1 = 单点解

2 = 差分解

3 = 固定解

4 = 伪距差分解

5 = SBAS 解

＜8＞目前用于解算位置的卫星数量(前导位数不足则补 0)

＜9＞HDOP 水平精度因子(0.5～99.9)

＜10＞海拔(-9999.9～+99999.9)

＜11＞高度单位(m，米)

＜12＞校验数据(以“*”开始)

3. 姿态信息指令

(1) 给接收机发送如下指令，获取接收机的姿态信息(角度信息)：

log comX gptra ontime 1　(其中“ontime 1”表示数据输出周期为 1 s)

(2) 接收机返回数据的示例：

$GPTRA，090807.00，007.23，-00.27，000.00，4，13，0.00，0004*54

(3) 数据格式的解释：

$GPTRA，＜1＞，＜2＞，＜3＞，＜4＞，＜5＞，＜6＞，＜7＞，＜8＞*hh＜CR＞＜LF＞

＜1＞　UTC 时间　hhmmss.ss(时分秒格式)　104252.00
＜2＞　方向角，hhh.hh　0°～360°　044.56
＜3＞　俯仰角：-90°～+90°　ppp.pp　-09.74
＜4＞　横滚角：-90°～+90°　rrr.rr　0
＜5＞　解状态
0：无效解
1：单点定位解
2：伪距差分
4：固定解
5：浮动解
＜6＞　卫星数
＜7＞　差分延迟
＜8＞　差分站 ID 0000～1023
＜9＞　校验数据(以“*”开始)

4. 速度信息指令

(1) 给接收机发送如下指令，获取接收机的速度信息：

log comX gpvtg ontime 1　(其中“ontime 1”表示数据输出周期为 1 s)

(2) 接收机返回数据的示例：

$GPVTG，81.408，T，81.408，M，0.027，N，0.051，K，A*22

(3) 数据格式的解释：

$GPVTG，＜1＞，T，＜2＞，M，＜3＞，N，＜4＞，K，＜5＞*hh
＜1＞以真北为参考基准的地面航向(000°～359°，前面的 0 也将被传输)
＜2＞以磁北为参考基准的地面航向(000°～359°，前面的 0 也将被传输)
＜3＞地面速率(000.0～999.9 节，前面的 0 也将被传输)
＜4＞地面速率(0000.0～1851.8 km/h，前面的 0 也将被传输)
＜5＞模式指示(仅 NMEA0183 3.00 版本输出，A=自主定位，D=差分，E=估算，N=数据无效)

5. 基站距离指令

(1) 给接收机发送如下指令，获取接收机移动站到基准站的距离：

log comX gpntr ontime 1　(其中“ontime 1”表示数据输出周期为 1 s)

(2) 接收机返回数据的示例：

$GPNTR，024404.00，1，17253.242，+5210.449，-16447.587，-49.685，0004*40

(3) 数据格式的解释：

$GPNTR，＜1＞，＜2＞，＜3＞，＜4＞，＜5＞，＜6＞，＜7＞*hh＜CR＞＜LF＞
＜1＞　UTC 时间　hhmmss.ss(时分秒格式)
＜2＞　解状态
0：无效解
1：单点定位解

2：伪距差分
4：固定解
5：浮动解
＜3＞导航到基站的距离(斜距)，单位为 m
＜4＞X 方向平距：“+”表示在基站北方，“-”表示在基站南方
＜5＞Y 方向平距：“+”表示在基站东方，“-”表示在基站西方
＜6＞H 方向平距：“+”表示在基站上方，“-”表示在基站下方
＜7＞基站 ID

6. 方位角信息指令

(1) 给接收机发送如下指令，获取接收机的方位角信息：

log comX headinga ontime 1（其中“ontime 1”表示数据输出周期为 1 s）

(2) 接收机返回数据的示例：

```
#HEADINGA, COM1, 0, 60.0, FINESTEERING, 1709, 270809.100, 00000000, 0000, 1114;
  SOL_COMPUTED, NARROW_INT, 1.396890879, 200.623992920, -1.505328655, 0.0, 0.0158,
  0.0169, "0004", 12, 12, 12, 12, 0, 0, 0, 0*9fe42a98
```

(3) 数据格式的解释：

```
#HEADINGA, COM1, 0, 60.0, FINESTEERING, 1709, 270809.100, 00000000, 0000, 1114; <1>,
  <2>, <3>, <4>, <5>, <6>, <7>, <8>, <9>, <10>, <11>,
  <12>, <13>, <14>, <15>, <16>, <17>*hh<CR><LF>
```

＜1＞解算状态

SOL_COMPUTED　完全解算
INSUFFICIENT_OBS　观测量不足
COLD_START　冷启动，尚未完全解算

＜2＞定位类型

NONE　未解算
FIXEDPOS　已设置固定坐标
SINGLE　单点解定位
PSRDIFF　伪距差分解定位
NARROW_FLOAT　浮点解
WIDE_INT　宽带固定解
NARROE_INT　窄带固定解
SUPER WIDE_LINE　超宽带解

＜3＞基线长度，单位为 m
＜4＞方位角(0°～360°)
＜5＞俯仰角(-90°～+90°)
＜6＞预留
＜7＞方位角标准差，单位为度(°)
＜8＞俯仰角标准差，单位为度(°)
＜9＞基站 ID

< 10 > 跟踪到的卫星颗数

< 11 > 参与 RTK 解算的卫星颗数

< 12 > 截至卫星高度角以上的卫星数

< 13 > 截至高度角以上跟踪到 L2 的卫星数

< 14 > 预留

< 15 > 扩展解算状态

< 16 > 预留

< 17 > 参与解算的信号

7. 位置坐标信息指令

(1) 给接收机发送如下指令，获取接收机的位置坐标信息：

log comX bestposa ontime 1(其中“ontime 1”表示数据输出周期为 1 s)

(2) 接收机返回数据的示例：

```
# BESTPOSA, COM1, 0, 60.0, FINESTEERING, 1709, 270776.300, 00000000, 0000, 1114;
  SOL _ COMPUTED, NARROW _ INT, 31.92829656994, 118.86502034494, 7.7675,, WGS - 84, 0.0052,
  0.0052, 0.0094, "0004", 0.000, 6223.000, 12, 11, 12, 12, 0, 0, 0, 0 * 292eba23
```

(3) 数据格式的解释：

```
# BESTPOSA, COM1, 0, 60.0, FINESTEERING, 1709, 270776.300, 00000000, 0000, 1114; < 1 >,
  < 2 >, < 3 >, < 4 >, < 5 >, < 6 >, < 7 >, < 8 >, < 9 >, < 10 >, < 11 >,
  < 12 >, < 13 >, < 14 >, < 15 >, < 16 >, < 17 >, < 18 >, < 19 >, < 20 >,
  < 21 > * hh < CR >< LF >
```

< 1 > 解算状态

SOL _ COMPUTED 完全解算

INSUFFICIENT _ OBS 观测量不足

COLD _ START 冷启动，尚未完全解算

< 2 > 定位类型

NONE 未解算

FIXEDPOS 已设置固定坐标

SINGLE 单点解定位

PSRDIFF 伪距差分解定位

NARROW _ FLOAT 浮点解

WIDE _ INT 宽带固定解

NARROE _ INT 窄带固定解

SUPER WIDE _ LINE 超宽带解

< 3 > 纬度，单位为度(°)

< 4 > 经度，单位为度(°)

< 5 > 海拔高，单位为 m

< 6 > 大地水准面差异(空)

< 7 > 坐标系统

< 8 > 纬度标准差

< 9 > 经度标准差

< 10 > 高程标准差

< 11 > 基站 ID

< 12 > 差分龄期，单位为秒(s)

< 13 > 解算时间

< 14 > 跟踪到的卫星颗数

< 15 > 参与 RTK 解算的卫星颗数

< 16 > L1 参与 PVT 解算的卫星颗数

< 17 > L1、L2 参与 PVT 解算的卫星颗数

< 18 > 预留

< 19 > 扩展解算状态

< 20 > 预留

< 21 > 参与解算的信号

以上是常用的获取板卡 NMEA 格式数据的指令及其分析。

四、实验内容及步骤

1. 验证性实验

步骤 1：将 GNSS 接收机接上电源，并通过 RS－232 串口连接到 PC 机，打开 GNSS 接收机电源开关；

步骤 2：在 PC 机上找到“NMEA 指令及其数据解析”→“验证性实验”文件夹，双击“NMEAMessAna. dsw”文件，通过 Visual C＋＋编辑器打开工程文件并运行，进入实验界面。

步骤 3：选择串口号，设置波特率为“115200”，点击“打开串口”按钮。

步骤 4：在第一个编辑框中输入指令，如“log bestposa”，按 Enter 键。

步骤 5：点击“发送”按钮，可获得相应指令返回的数据包，并在右侧输出框中显示数据解析结果。NMEA 指令及其数据格式如图 2－5 所示。

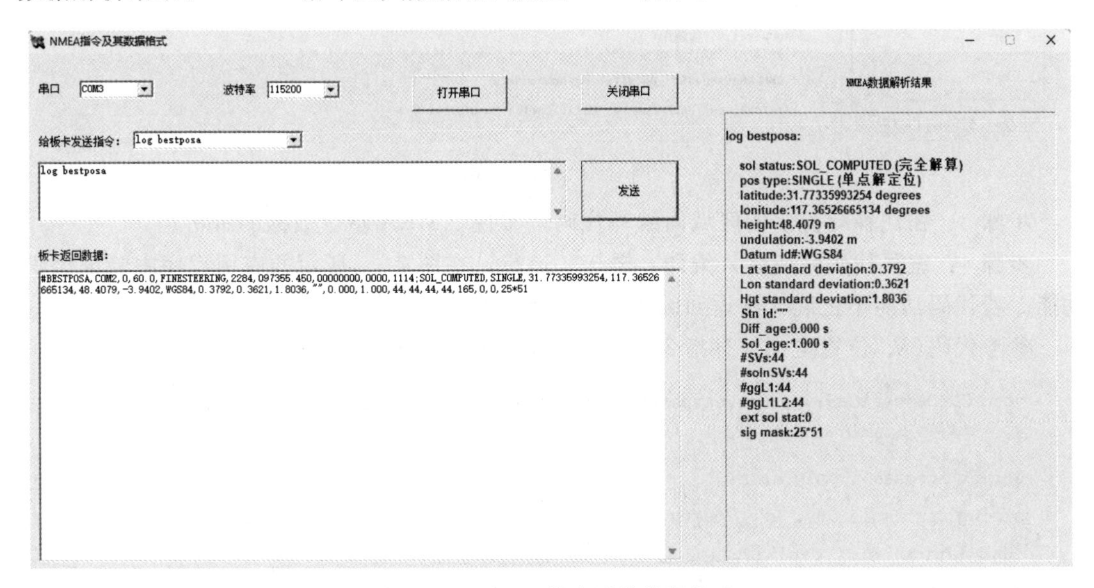

图 2－5　NMEA 指令及其数据格式

2. 设计性实验

步骤 1：将 GNSS 接收机接上电源，并通过 RS－232 串口连接到 PC 机，打开 GNSS 接收机电源开关。

步骤 2：在 PC 机上找到“NMEA 指令及其数据格式”→“设计性实验”文件夹，双击“NMEAMessAna.dsw”文件，通过 Visual C＋＋编辑器打开工程文件，进入编程环境（图 2－6）。

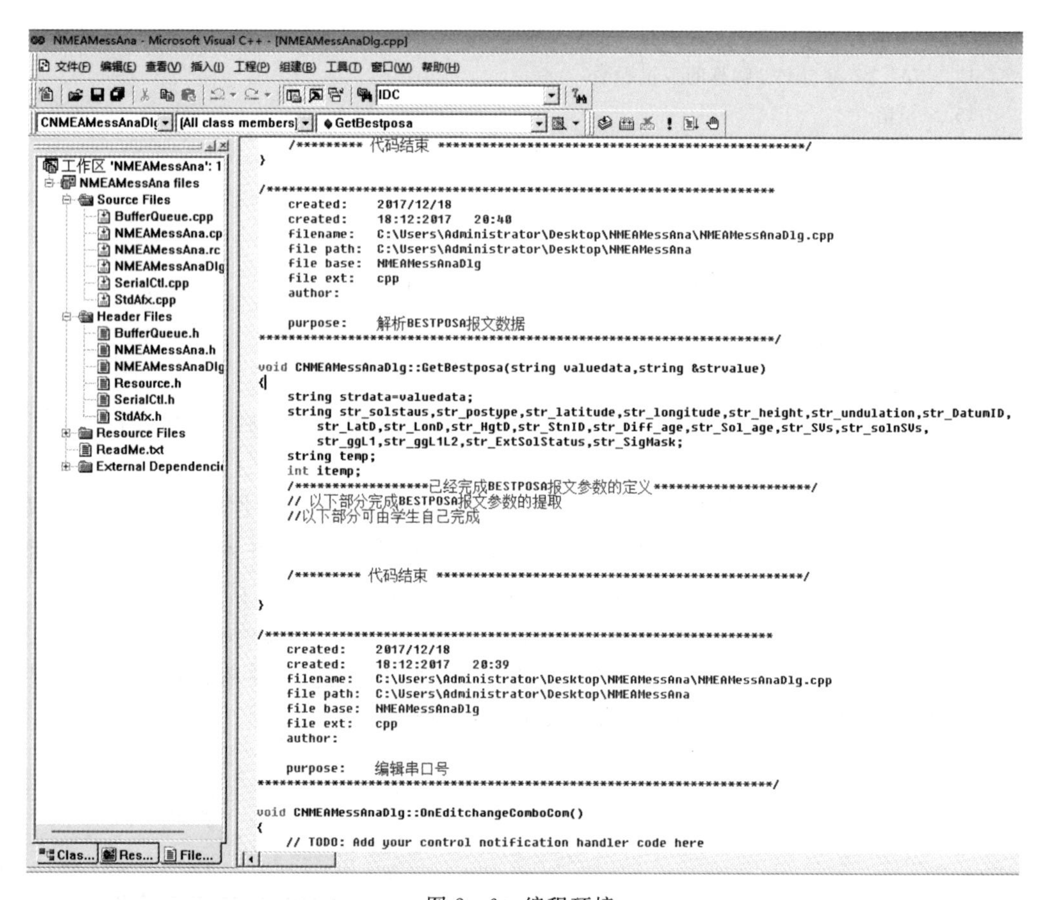

图 2－6　编程环境

步骤 3：在注释行提示的区域内编写代码，实现 NMEA 指令数据的解析。

步骤 4：编写代码完成后，编译、链接、运行，在图 2－5 所示的应用程序中验证代码功能。若代码功能不正确，则返回编程环境修改代码，继续调试，直至功能正确。

参考代码（从“位置坐标信息指令”中解析位置坐标信息）：

```
void CNMEAMessAnaDlg::GetBestposa(string valuedata, string &strvalue)
{
string strdata = valuedata;
string str_solstaus, str_postype, str_latitude, str_longitude, str_height, str_
 undulation, str_DatumID,
str_LatD, str_LonD, str_HgtD, str_StnID, str_Diff_age, str_Sol_age,
```

```
 str_SVs, str_solnSVs,
str_ggL1, str_ggL1L2, str_ExtSolStatus, str_SigMask;
string temp;
int itemp;

int flag1 = strdata.find("#BESTPOSA", 0);
int flag2 = strdata.find(";", flag1 + 1);
int flag3 = strdata.find(",", flag2 + 1);
str_solstaus = strdata.substr(flag2 + 1, flag3 - flag2 - 1);
if(str_solstaus == "SOL_COMPUTED"){
str_solstaus = "SOL_COMPUTED(完全解算)";
}
else if(str_solstaus == "NSUFFICIENT_OBS"){
str_solstaus = "NSUFFICIENT_OBS(观测量不足)";
}
else if(str_solstaus == "COLD_START"){
str_solstaus = "COLD_START(冷启动，尚未完全解算)";
}
strvalue = "\r\nlog bestposa:\r\n\r\n    sol status:" + str_solstaus + "\r\n";
int flag4 = strdata.find(",", flag3 + 1);
str_postype = strdata.substr(flag3 + 1, flag4 - flag3 - 1);
if(str_postype == "NONE"){
str_postype = "NONE(未解算)";
}
else if(str_postype == "FIXEDPOS"){
str_postype = "FIXEDPOS(已设置固定坐标)";
}
else if(str_postype == "DOPPLER_VELOCITY"){
str_postype = "DOPPLER_VELOCITY(利用瞬时多普勒计算速度)";
}
else if(str_postype == "SINGLE"){
str_postype = "SINGLE(单点解定位)";
}
else if(str_postype == "PSRDIFF"){
str_postype = "PSRDIFF(伪距差分解定位)";
}
else if(str_postype == "SBAS"){
str_postype = "SBAS(SBAS 改正解)";
}
else if(str_postype == "NARROW_FLOAT"){
str_postype = "NARROW_FLOAT(浮点解)";
}
```

```
else if(str_postype == "WIDE_INT"){
str_postype = "WIDE_INT(宽带固定解)";
}
else if(str_postype == "NARROW_INT"){
str_postype = "NARROW_INT(窄带固定解)";
}
else if(str_postype == "SUPER WIDE_LINE"){
str_postype = "SUPER WIDE_LINE(超宽带解)";
}

strvalue += "    pos type: " + str_postype + "\r\n";
int flag5 = strdata.find(",", flag4 + 1);
str_latitude = strdata.substr(flag4 + 1, flag5 - flag4 - 1);
strvalue += "    latitude: " + str_latitude + " degrees\r\n";
int flag6 = strdata.find(",", flag5 + 1);
str_longitude = strdata.substr(flag5 + 1, flag6 - flag5 - 1);
strvalue += "    lonitude: " + str_longitude + " degrees\r\n";
int flag7 = strdata.find(",", flag6 + 1);
str_height = strdata.substr(flag6 + 1, flag7 - flag6 - 1);
strvalue += "    height: " + str_height + " m\r\n";
int flag8 = strdata.find(",", flag7 + 1);
str_undulation = strdata.substr(flag7 + 1, flag8 - flag7 - 1);
strvalue += "    undulation: " + str_undulation + " m\r\n";
int flag9 = strdata.find(",", flag8 + 1);
str_DatumID = strdata.substr(flag8 + 1, flag9 - flag8 - 1);
strvalue += "    Datum id#: " + str_DatumID + "\r\n";
int flag10 = strdata.find(",", flag9 + 1);
str_LatD = strdata.substr(flag9 + 1, flag10 - flag9 - 1);
strvalue += "    Lat standard deviation: " + str_LatD + "\r\n";
int flag11 = strdata.find(",", flag10 + 1);
str_LonD = strdata.substr(flag10 + 1, flag11 - flag10 - 1);
strvalue += "    Lon standard deviation: " + str_LonD + "\r\n";
int flag12 = strdata.find(",", flag11 + 1);
str_HgtD = strdata.substr(flag11 + 1, flag12 - flag11 - 1);
strvalue += "    Hgt standard deviation: " + str_HgtD + "\r\n";
int flag13 = strdata.find(",", flag12 + 1);
str_StnID = strdata.substr(flag12 + 1, flag13 - flag12 - 1);
strvalue += "    Stn id: " + str_StnID + "\r\n";
int flag14 = strdata.find(",", flag13 + 1);
str_Diff_age = strdata.substr(flag13 + 1, flag14 - flag13 - 1);
strvalue += "    Diff_age: " + str_Diff_age + " s\r\n";
int flag15 = strdata.find(",", flag14 + 1);
```

```
str_Sol_age = strdata.substr(flag14 + 1, flag15 - flag14 - 1);
strvalue += "      Sol_age: " + str_Sol_age + " s\r\n";
int flag16 = strdata.find(",", flag15 + 1);
str_SVs = strdata.substr(flag15 + 1, flag16 - flag15 - 1);
strvalue += "      #SVs: " + str_SVs + "\r\n";
int flag17 = strdata.find(",", flag16 + 1);
str_solnSVs = strdata.substr(flag16 + 1, flag17 - flag16 - 1);
strvalue += "      #solnSVs: " + str_solnSVs + "\r\n";
int flag18 = strdata.find(",", flag17 + 1);
str_ggL1 = strdata.substr(flag17 + 1, flag18 - flag17 - 1);
strvalue += "      #ggL1: " + str_ggL1 + "\r\n";
int flag19 = strdata.find(",", flag18 + 1);
str_ggL1L2 = strdata.substr(flag18 + 1, flag19 - flag18 - 1);
strvalue += "      #ggL1L2: " + str_ggL1L2 + "\r\n";

int flag20 = strdata.find(",", flag19 + 1);
int flag21 = strdata.find(",", flag20 + 1);
str_ExtSolStatus = strdata.substr(flag20 + 1, flag21 - flag20 - 1);
strvalue += "      ext sol stat: " + str_ExtSolStatus + "\r\n";
int flag22 = strdata.find(",", flag21 + 1);
int flag23 = strdata.find(",", flag22 + 1);
str_SigMask = strdata.substr(flag22 + 1, flag23 - flag22 - 1);
itemp = atoi(str_SigMask.c_str());
switch(itemp)
{
case 0:
str_SigMask = "0(GPS L1 used in Solution)";
break;
case 2:
str_SigMask = "1(GPS L2 used in Solution)";
break;
case 4:
str_SigMask = "2(GPS L5 used in Solution)";
break;
case 8:
str_SigMask = "8(BDS B1 used in Solution)";
break;
case 16:
str_SigMask = "16(GLONASS L1 used in Solution)";
break;
case 32:
str_SigMask = "32(GLONASS L2 used in Solution)";
```

```
break;
case 64:
str_SigMask = "64(BDS B2 used in Solutionn)";
break;
case 128:
str_SigMask = "128(BDS B3 used in Solution)";
break;
default:
break;
}
strvalue += "      sig mask: " + str_SigMask + "\r\n";
}
```

编程提示：

（1）在编程时需要添加一个程序系统自带的 ActiveX 控件，在空间列表中找到“Microsoft Communication Control，version 6.0”这个控件，添加到 MFC 对话框中，可放置在任意地方。

（2）添加相关的接收响应函数“OnOnCommMscomm1 ()”及函数声明，以及其他打开串口函数、关闭串口函数等。需要设置的变量只有两个：①m_strSettings，用来设置波特率、校验位、数据位、停止位等；②m_nPort，用来设置“com”口。

（3）串口数据采集、变量赋值、计算结果输出等操作可以参考图 2-6 所示的算法代码。

（4）在上述程序框架中编程实现“NMEA 指令及其数据格式”。

实验四　RTCM 数据分析

一、实验目的

认识二进制 RTCM 3.0 电文，了解其数据格式，并从中提取数据内容，掌握使用 C++ 编程语言进行 RTCM 数据提取的方法。

二、实验说明

RTCM 3.0 协议是由国际海运事业无线电技术委员会（Radio Technical Commission for Maritime Services）制定的。在卫星导航系统中，基准站接收卫星数据，将差分改正数据以 RTCM 协议播报给移动站，供后者进行动态差分定位(RTK)。

三、数据结构分析

由表 2-1 可知，电文头是一个固定的 8 bit 序列；接着的 6 bit 保留，设置成“0”；然后是可变长度数据电文的长度、可变长度数据电文和 CRC 校验码。24 bit 的 CRC 奇偶性提供针对突发性错误和随机性错误的保护。CRC 对连续字节的操作开始于文件头，直到可变长度电文域的结尾。24 bit(p1，p2，…，p24) 的顺序是按照信息比特(m1，m2，…，m8N)

的顺序产生的，其中“N”是构成电文加上文件头和电文长度定义参数的序列的字节总数。

表 2-1 RTCM 电文数据帧结构

帧结构文件头	保留	电文长度	可变长度数据电文	CRC 校验码
8 bit	6 bit	10 bit	电文字节的整数个数	24 bit
11010011	未定义 （设置为“000000”）	按字节算的 电文长度	0 ～ 1023 字节	CRC-24Q

如果数据链接需要短电文以保持一个连续的数据流，那么可变长度数据电文应该被设置为“0”，提供一个长度为 48 bit 的填充电文。

书末附录中附表 A5 ～ A8 为北斗 RTK 电文头结构(1104 类型)和北斗基准站观测数据电文内容(每颗卫星)以及各相关数据域的定义，支持单频、双频、三频 RTK 作业。

四、实验内容及步骤

1. 验证性实验

步骤 1：将 GNSS 接收机接上电源，并通过 RS-232 串口连接到 PC 机，打开 GNSS 接收机电源开关。

步骤 2：在 PC 机上找到“RTCM 数据分析实验”→“验证性实验”文件夹，双击“RTCMDataAna. dsw”文件，通过 Visual C++ 编辑器打开工程文件并运行，进入实验界面。

步骤 3：选择串口号，设置波特率为“115200”，点击“打开串口”按钮。

步骤 4：在第一个编辑框中输入指令，如“log com2 rtcm1004b”，按 Enter 键。

步骤 5：点击“发送”按钮，可获得相应指令返回的数据包，并在右侧输出框中显示数据分析结果(图 2-7)。

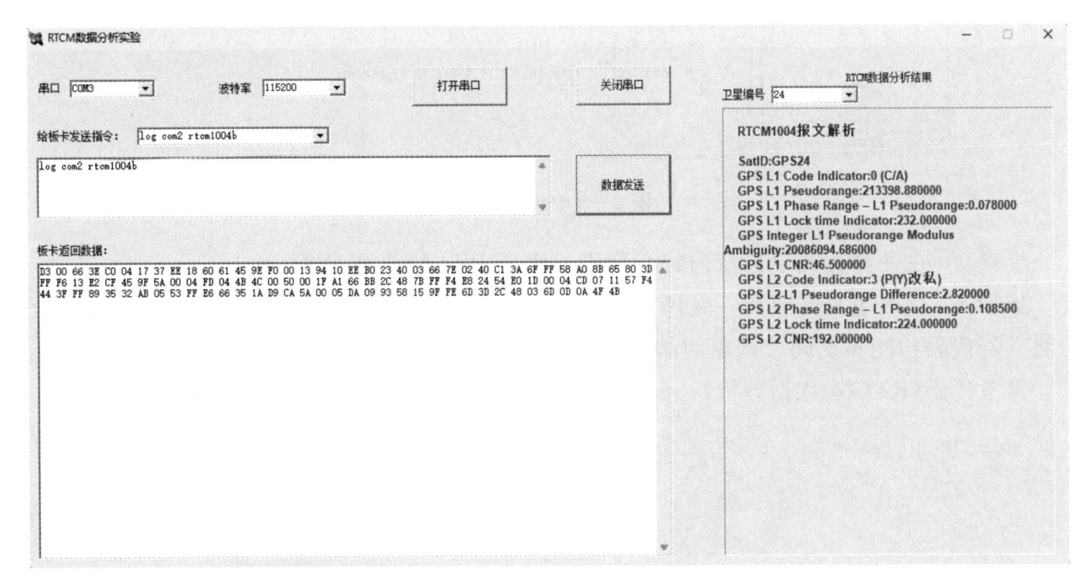

图 2-7 RTCM 数据分析实验

2. 设计性实验

步骤 1：将 GNSS 接收机接上电源，并通过 RS-232 串口连接到 PC 机，打开 GNSS 接收机电源开关。

步骤 2：在 PC 机上找到“RTCM 数据分析实验”→“设计性实验”文件夹，双击“RTCMDataAna.dsw”文件，通过 Visual C++ 编辑器打开工程文件，进入编程环境（图2-8）。

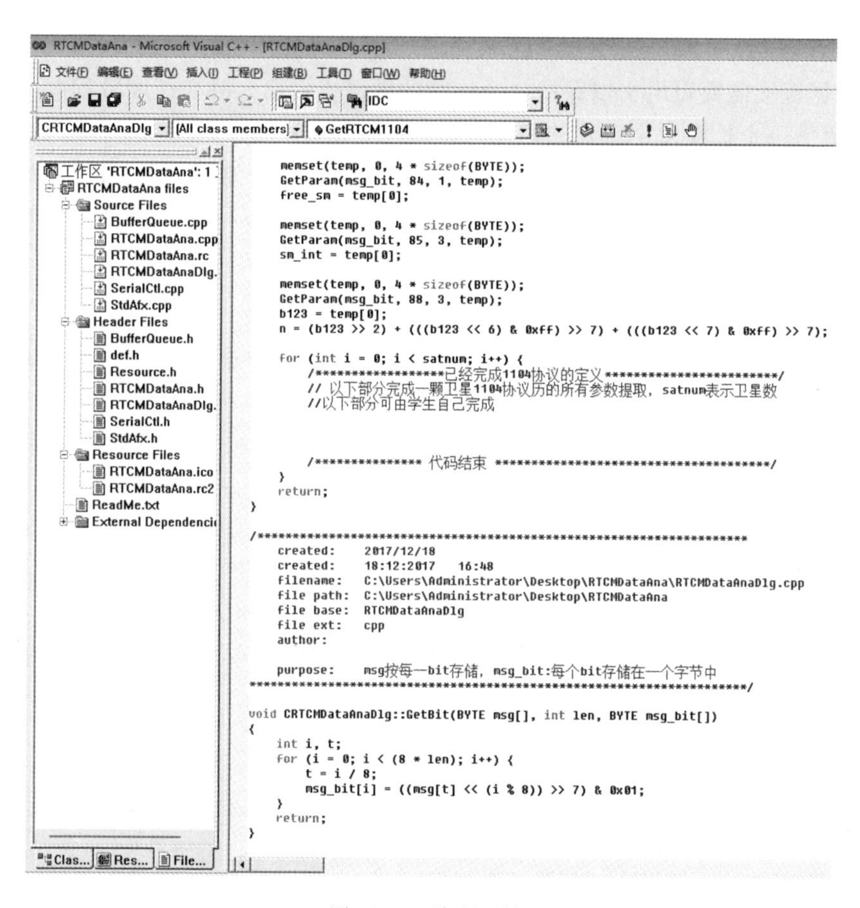

图 2-8　编程环境

步骤 3：在注释行提示区域内编写代码，实现 RTCM 数据分析。

步骤 4：代码编写完成后，编译、链接、运行，在图 2-7 所示的应用程序中验证代码功能。若代码功能不正确，则返回编程环境修改代码，继续调试，直至功能正确。

参考代码(RTCM 数据分析)：

```
void CRTCMDataAnaDlg::GetRTCM1004(BYTE msg_bit[])
{
int num;                              //电文序号
int station; //基准站 ID
int tow; //tow，以毫秒计时
```

```
int syn; // 同步标志
int satnum; // 处理卫星数量
int free _ sm; // 自由发散平滑标志
int sm _ int; // 平滑间隔
BYTE temp[4];

int id;                                // 卫星 ID
int cp1; //C 码 P 码标志
double pseu1;
double adr _ pseu1;    // 载波相位 - 伪距
double locktime1; // 锁定时间
double amb1; // 模糊度
double cn1; // 载噪比
int cp2;    //C 码 P 码
double pseu21;
double adr _ pseu2;    // 载波相位 - 伪距
double locktime2; // 锁定时间
double cn2; // 载噪比

CString stemp;

memset(temp, 0, 4 * sizeof(BYTE));
num = 1004;

GetParam(msg _ bit, 36, 12, temp);
station = (temp[0] << 8) | temp[1];

memset(temp, 0, 4 * sizeof(BYTE));
GetParam(msg _ bit, 48, 30, temp);
tow = (temp[0] << 24) | (temp[1] << 16) | (temp[2] << 8) | temp[3];

memset(temp, 0, 4 * sizeof(BYTE));
GetParam(msg _ bit, 78, 1, temp);
syn = temp[0];

memset(temp, 0, 4 * sizeof(BYTE));
GetParam(msg _ bit, 79, 5, temp);
satnum = temp[0];
satallnum = satnum;

memset(temp, 0, 4 * sizeof(BYTE));
GetParam(msg _ bit, 84, 1, temp);
```

```
free_sm = temp[0];

memset(temp, 0, 4 * sizeof(BYTE));
GetParam(msg_bit, 85, 3, temp);
sm_int = temp[0];

for(int i = 0; i < satnum; i++){
memset(temp, 0, 4 * sizeof(BYTE));
GetParam(msg_bit, 88 + i * 125, 6, temp);
id = temp[0];
SatNumID[i] = id;
stemp.Format("\r\n    RTCM1004报文解析 \r\n\r\n    SatID: GPS%d\r\n", id);
SatData[i] = stemp;

memset(temp, 0, 4 * sizeof(BYTE));
GetParam(msg_bit, 88 + i * 125 + 6, 1, temp);
cp1 = temp[0];
stemp.Format("    GPS L1 Code Indicator: %d", cp1);
if(cp1 == 0){
stemp += _T("(C/A)\r\n");
}
else {
stemp += _T(" P(Y)\r\n");
}
SatData[i] += stemp;

memset(temp, 0, 4 * sizeof(BYTE));
GetParam(msg_bit, 88 + i * 125 + 7, 24, temp);
pseul = (temp[0] << 16) | (temp[1] << 8) | temp[2];
pseul = pseul * 0.02;
stemp.Format("    GPS L1 Pseudorange: %f\r\n", pseul);
SatData[i] += stemp;

memset(temp, 0, 4 * sizeof(BYTE));
GetParam(msg_bit, 88 + i * 125 + 31, 20, temp);
if(msg_bit[88 + i * 125 + 31] == 1){  //负
adr_pseul = (0xff << 24) | ((temp[0] | 0xf8) << 16) | (temp[1] << 8) | temp[2];
}
else {
adr_pseul = (temp[0] << 16) | (temp[1] << 8) | temp[2];
}
adr_pseul = adr_pseul * 0.0005;
```

```
stemp.Format("    GPS L1 Phase Range - L1 Pseudorange: %f\r\n", adr_pseu1);
SatData[i] += stemp;

memset(temp, 0, 4 * sizeof(BYTE));
GetParam(msg_bit, 88 + i * 125 + 51, 7, temp);
locktime1 = temp[0];
if(locktime1 < 24){
locktime1 = locktime1;
}
else if((locktime1 < 48)&&(locktime1 > 23)){
locktime1 = locktime1 * 2 - 24;
}
else if((locktime1 < 72)&&(locktime1 > 47)){
locktime1 = locktime1 * 4 - 120;
}
else if((locktime1 < 96)&&(locktime1 > 71)){
locktime1 = locktime1 * 8 - 408;
}
else if((locktime1 < 120)&&(locktime1 > 95)){
locktime1 = locktime1 * 16 - 1176;
}
else if((locktime1 < 127)&&(locktime1 > 119)){
locktime1 = locktime1 * 32 - 3096;
}
else if(locktime1 > 126){
locktime1 = 937;    //不小于937
}
stemp.Format("    GPS L1 Lock time Indicator: %f\r\n", locktime1);
SatData[i] += stemp;

memset(temp, 0, 4 * sizeof(BYTE));
GetParam(msg_bit, 88 + i * 125 + 58, 8, temp);
amb1 = temp[0];
amb1 = amb1 * 299792.458;
stemp.Format("    GPS Integer L1 Pseudorange Modulus Ambiguity: %f\r\n", amb1);
SatData[i] += stemp;

memset(temp, 0, 4 * sizeof(BYTE));
GetParam(msg_bit, 88 + i * 125 + 66, 8, temp);
cn1 = temp[0];
cn1 = cn1 * 0.25;
stemp.Format("    GPS L1 CNR: %f\r\n", cn1);
```

```
SatData[i] + = stemp;

memset(temp, 0, 4 * sizeof(BYTE));
GetParam(msg _ bit, 88 + i * 125 + 74, 2, temp);
cp2 = temp[0];
stemp.Format("    GPS L2 Code Indicator: %d", cp2);
switch(cp2)
{
case 0:
stemp + = _T("(L2C) \ r \ n");
break;
case 1:
stemp + = _T("(P(Y) 直) \ r \ n");
break;
case 2:
stemp + = _T("(P(Y) 改测) \ r \ n");
break;
case 3:
stemp + = _T("(P(Y) 改私) \ r \ n");
break;
default:
break;
}
SatData[i] + = stemp;

memset(temp, 0, 4 * sizeof(BYTE));
GetParam(msg _ bit, 88 + i * 125 + 76, 14, temp);
if(msg _ bit[88 + i * 125 + 76] = = 1){  //负
pseu21 = 0xffff0000 &((temp[0] & 0xc0) << 8) | temp[1];
}
else {
pseu21 = (temp[0] << 8) | temp[1];
}
pseu21 = pseu21 * 0.02;
stemp.Format("    GPS L2 - L1 Pseudorange Difference: %f \ r \ n", pseu21);
SatData[i] + = stemp;

memset(temp, 0, 4 * sizeof(BYTE));
GetParam(msg _ bit, 88 + i * 125 + 90, 20, temp);
if(msg _ bit[88 + i * 125 + 90] = = 1){  //负
adr _ pseu2 = (0xff << 24) | ((temp[0] | 0xf8) << 16) | (temp[1] << 8) | temp[2];
}
```

```
else {
adr_pseu2 = (temp[0] << 16) | (temp[1] << 8) | temp[2];
}
adr_pseu2 = adr_pseu2 * 0.0005;
stemp.Format("    GPS L2 Phase Range - L1 Pseudorange: %f\r\n", adr_pseu2);
SatData[i] += stemp;

memset(temp, 0, 4 * sizeof(BYTE));
GetParam(msg_bit, 88 + i * 125 + 110, 7, temp);
locktime2 = temp[0];
if(locktime2 < 24){
locktime2 = locktime2;
}
else if((locktime2 < 48)&&(locktime2 > 23)){
locktime2 = locktime2 * 2 - 24;
}
else if((locktime2 < 72)&&(locktime2 > 47)){
locktime2 = locktime2 * 4 - 120;
}
else if((locktime2 < 96)&&(locktime2 > 71)){
locktime2 = locktime2 * 8 - 408;
}
else if((locktime2 < 120)&&(locktime2 > 95)){
locktime2 = locktime2 * 16 - 1176;
}
else if((locktime2 < 127)&&(locktime2 > 119)){
locktime2 = locktime2 * 32 - 3096;
}
else if(locktime2 > 126){
locktime2 = 937;    //不小于937
}
stemp.Format("    GPS L2 Lock time Indicator: %f\r\n", locktime2);
SatData[i] += stemp;

memset(temp, 0, 4 * sizeof(BYTE));
GetParam(msg_bit, 88 + i * 125 + 117, 8, temp);
cn2 = temp[0];
stemp.Format("    GPS L2 CNR: %f\r\n", cn2);
SatData[i] += stemp;
}
return;
}
```

编程提示：

（1）在编程时需要先添加文件“BufferQueue. cpp、BufferQueue. h、SerialCtl. cpp、SerialCtl. h”，用于串口编程。

（2）添加串口接收响应函数 ReceiveMSG，以及打开串口、关闭串口函数等，并设置波特率、端口号等。

（3）添加串口数据采集、计算结果输出、界面功能显示等函数，提取数据时需参考其数据格式，按数据比特位提取有效数据。

（4）以上实验为基于北斗信号的实验操作，基于 GPS 信号的实验操作与以上过程类似。

第三章　坐标系转换与时间转换

实验五　WGS－84 大地坐标与空间直角坐标的转换

一、实验目的

了解常见的几种坐标系以及它们之间的转换方法，掌握使用 C＋＋ 编程语言进行 WGS(World Geodetic System)－84 大地坐标与空间直角坐标的转换方法。

二、实验原理

1. WGS－84 大地坐标系

WGS－84 大地坐标系是一种国际上采用的地心坐标系，坐标原点为地球质心，其地心空间直角坐标系的 Z 轴指向国际时间局(Bureau International de I'Heure，BIH)1984.0 定义的协议地极(Conventional Terrestrial Pole，CTP) 方向，X 轴指向 BIH 1984.0 的协议子午面和CTP赤道的交点，Y 轴与 Z 轴、X 轴垂直构成右手坐标系，称为1984年世界大地坐标系。WGS－84 大地坐标系（图 3－1）是一个国际地球参考系统(International Terrestrial Reference System，ITRS)，是目前国际上统一采用的大地坐标系。

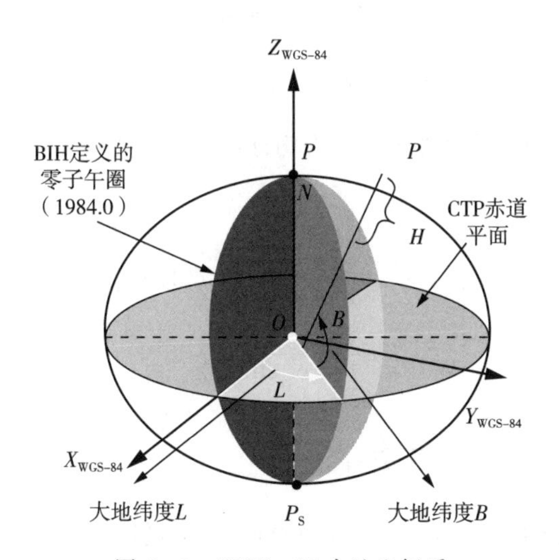

图 3－1　WGS－84 大地坐标系

WGS－84 大地坐标系中，地球长轴为 6378137.000 m，短轴为 6356752.314 m，扁率为 1/298.257223563。

2. 空间直角坐标系

空间直角坐标系的坐标原点位于地球中心，Z 轴指向地球的北极，X 轴指向格林尼治子午面与赤道的交点，Y 轴位于赤道面上且按右手系与 X 轴呈 90° 夹角。某点在空间直角坐标系中的坐标可用该点在此坐标系的各个坐标轴上的投影来表示。空间直角坐标系如图 3-2 所示。

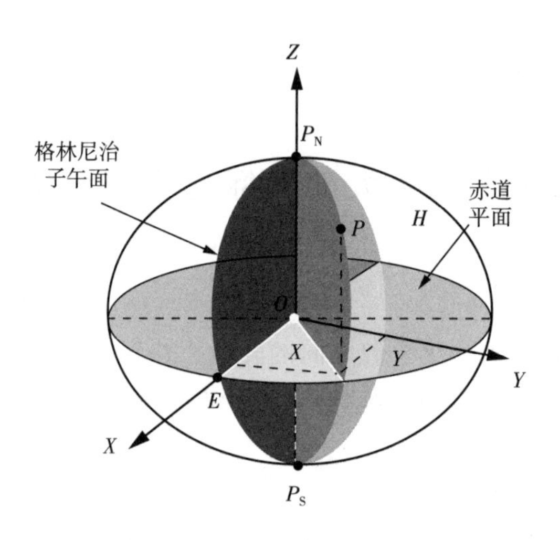

图 3-2　空间直角坐标系

3. WGS-84 大地坐标转换为空间直角坐标

WGS-84 大地坐标转换为空间直角坐标的公式如下：

$$\begin{cases} X=(N+H)\cos B\cos L \\ Y=(N+H)\cos B\cos L \\ Z=[N(1-e^2)+H]\sin B \end{cases} \tag{3-1}$$

式中，N 为椭球面卯酉圈的曲率半径；e 为椭球的第一偏心率。

因此：

$$\begin{cases} e=\dfrac{\sqrt{a^2-b^2}}{a} \text{ 或 } e=\sqrt{2f-f^2} \\ W=\sqrt{(1-e^2\sin^2 B)} \\ N=\dfrac{a}{W} \end{cases} \tag{3-2}$$

式中，a 为椭球的长半径，为 6378137.000 m；b 为椭球的短半径，为 6356752.314 m；f 为椭球扁率；w 为第一辅助系数。

4. 空间直角坐标转换为 WGS-84 大地坐标

空间直角坐标转换为 WGS-84 大地坐标的公式如下：

$$
\begin{cases}
B = \arctan\left\{\dfrac{Z(N+H)}{\sqrt{(X^2+Y^2)}\,[N(1-e^2)+H]}\right\} = \arctan\left(\dfrac{Z+Ne^2\sin B}{\sqrt{X^2+Y^2}}\right) \\
L = \arctan^{-1}\left(\dfrac{Y}{X}\right) \\
H = \dfrac{\sqrt{X^2+Y^2}}{\cos B} - N
\end{cases}
\tag{3-3}
$$

式(3－3)中，计算大地纬度需要用到大地高程，而计算大地高程时又需要用到大地纬度，因此不能直接由空间直角坐标系计算出大地坐标，需要采用迭代计算的方法。其具体计算过程如下：首先根据 $B=\arctan\left(\dfrac{Z}{\sqrt{X^2+Y^2}}\right)$ 计算出大地纬度的初值，然后利用该初值求出 H、N 的初值，再利用所求出的 H 和 N 的初值再次求出 B 值；如此反复，直至求出的值达到收敛条件(一般 5 次迭代就可得到满意值)。

三、实验主要参数及获取方法

1. WGS－84 大地坐标转换为空间直角坐标

发送指令"log bestposa"，获取接收机在 WGS－84 大地坐标系下的经度、纬度和高程 。

指令"log bestposa" 返回的数据格式如下：

```
# BESTPOSA, COM1, 0, 60.0, FINESTEERING, 1709, 270776.300, 00000000, 0000, 1114; <1>,
  <2>, <3>, <4>, <5>, <6>, <7>, <8>, <9>, <10>, <11>,
  <12>, <13>, <14>, <15>, <16>, <17>, <18>, <19>, <20>,
  <21> * hh <CR><LF>
```

<1> 解算状态

SOL_COMPUTED	完全解算
INSUFFICIENT_OBS	观测量不足
COLD_START	冷启动，尚未完全解算

<2> 定位类型

NONE	未解算
FIXEDPOS	已设置固定坐标
SINGLE	单点解定位
PSRDIFF	伪距差分解定位
NARROW_FLOAT	浮点解
WIDE_INT	宽带固定解
NARROE_INT	窄带固定解
SUPER WIDE_LINE	超宽带解

<3> 纬度，单位为度(°)

<4> 经度，单位为度(°)

<5> 海拔高，单位为 m

<6> 大地水准面差异(空)

<7> 坐标系统

＜8＞纬度标准差

＜9＞经度标准差

＜10＞高程标准差

＜11＞基站 ID

＜12＞差分龄期，单位为 s

＜13＞解算时间

＜14＞跟踪到的卫星颗数

＜15＞参与 RTK 解算的卫星颗数

＜16＞L1 参与 PVT 解算的卫星数

＜17＞L1、L2 参与 PVT 解算的卫星数

＜18＞预留

＜19＞扩展解算状态

＜20＞预留

＜21＞参与解算的信号

具体示例：

BESTPOSA，COM2，0，60.0，FINESTEERING，1994，113013.100，00000000，0000，1114；SOL_COMPUTED，SINGLE，31.77541091300，117.32225477412，31.6023， -4.1057，WGS-84，0.8865，1.0293，3.4780，"AAAA"，99.000，1.000，10，10，10，10，0，0，0，9*fd4ae4c9

数据解析：

BESTPOSA，COM2，0，60.0，FINESTEERING，1994，113013.100，00000000，0000，1114；(报文头)
SOL_COMPUTED(完全解算)，SINGLE(单点解定位)，31.77541091300(纬度)，117.32225477412(经度)，31.6023(海拔高)， -4.1057，WGS-84(坐标系统)，0.8865(纬度标准差)，1.0293(经度标准差)，3.4780(海拔高标准差)，"AAAA"，99.000，1.000(解算时间)，10(跟踪到的卫星颗数)，10，10，10，0，0，0，9*fd4ae4c9

2. 空间直角坐标转换为 WGS-84 大地坐标

发送指令"log satxyza"，获取空间直角坐标系下的坐标 X、Y 和 Z。

指令"log satxyza"返回的数据格式如下：

SATXYZA，COM2，0，60.0，FINESTEERING，1994，113181.100，00000000，0000，1114； ＜1＞，＜2＞，＜3＞，＜4＞，＜5＞，＜6＞，＜7＞，＜8＞，＜9＞，＜10＞，＜11＞，…，*hh＜CR＞＜LF＞

＜1＞保留

＜2＞可视卫星数

＜3＞卫星编号(1～32 GPS 卫星；38～61 GLONASS 卫星；141～177 BD 卫星；120～138 SBAS 卫星)

＜4＞卫星 X 坐标(空间直角坐标系，单位为 m)

＜5＞卫星 Y 坐标(空间直角坐标系，单位为 m)

＜6＞卫星 Z 坐标(空间直角坐标系，单位为 m)

＜7＞卫星时钟校正(m)

＜8＞电离层延时(m)

＜9＞对流层延迟(m)

＜ 10 ＞保留

＜ 11 ＞保留

… 由＜ 3 ＞开始到＜ 11 ＞结束，重复以上内容

＜ hh ＞ CRC 校验位

具体示例：

SATXYZA，COM2，0，60.0，FINESTEERING，1994，113181.100，00000000，0000，1114；0.0，8，8，－4902005.2253，25555347.4436，4977087.0565，－28670.665，5.482391146，2.908835305，0.000000000，0.000000000，23，1253526.7442，26065015.9077，3765312.8181，－65458.296，6.587542287，3.523993430，0.000000000，0.000000000，141，－32289200.7183，27092594.1458，1070136.6139，159164.480，5.108123563，3.311221640，0.000000000，0.000000000，143，－14869528.1700，39414572.0856，537724.3673，－75227.629，4.734850104，3.030386190，0.000000000，0.000000000，144，－39620847.7231，14473666.4440，419461.1068，－19484.076，6.686936039，4.573544993，0.000000000，0.000000000，145，21852665.4578，36009296.4377，－1448772.7596，－56919.927，9.671918298，8.162159789，0.000000000，0.000000000，146，－7592256.6317，34686429.0063，－22222533.3286，120154.588，12.259749444，8.435826552，0.000000000，0.000000000，148，－24695625.7042，33036988.0345，－9205176.2883，75037.306，6.432671006，3.928459176，0.000000000，0.000000000 * 1E3AFFC3

数据解析：

#SATXYZA，COM2，0，60.0，FINESTEERING，1994，113181.100，00000000，0000，1114；(报文头)

0.0，8(共计 8 颗可视卫星)，

8(第一颗可视卫星编号为 8，GPS 卫星)，－4902005.2253(8 号 GPS 卫星在空间直角坐标系中的 X 坐标，单位为 m)，25555347.4436(8 号 GPS 卫星在空间直角坐标系中的 Y 坐标，单位为 m)，4977087.0565(8 号 GPS 卫星在空间直角坐标系中的 Z 坐标，单位为 m)，－28670.665(卫星时钟校正)，5.482391146(电离层延时)，2.908835305(对流层延迟)，0.000000000，0.000000000，

23(第二颗可视卫星编号为 23，GPS 卫星)，1253526.7442(23 号 GPS 卫星在空间直角坐标系中的 X 坐标，单位为 m)，26065015.9077(23 号 GPS 卫星在空间直角坐标系中的 Y 坐标，单位为 m)，3765312.8181(23 号 GPS 卫星在空间直角坐标系中的 Z 坐标，单位为 m)，－65458.296，6.587542287，3.523993430，0.000000000，0.000000000，

141(第三颗可视卫星编号为 141，BD 卫星)，－32289200.7183(141 号 BD 卫星在空间直角坐标系中的 X 坐标，单位为 m)，27092594.1458(141 号 BD 卫星在空间直角坐标系中的 Y 坐标，单位为 m)，1070136.6139(141 号 BD 卫星在空间直角坐标系中的 Z 坐标，单位为 m)，159164.480，5.108123563，3.311221640，0.000000000，0.000000000，

143(第四颗可视卫星编号为 143，BD 卫星)，－14869528.1700(143 号 BD 卫星在空间直角坐标系中的 X 坐标，单位为 m)，39414572.0856(143 号 BD 卫星在空间直角坐标系中的 Y 坐标，单位为 m)，537724.3673(143 号 BD 卫星在空间直角坐标系中的 Z 坐标，单位为 m)，－75227.629，4.734850104，3.030386190，0.000000000，0.000000000，

144(第五颗可视卫星编号为 144，BD 卫星)，－39620847.7231(144 号 BD 卫星在空间直角坐标系中的 X 坐标，单位为 m)，14473666.4440(144 号 BD 卫星在空间直角坐标系中的 Y 坐标，单位为 m)，419461.1068(144 号 BD 卫星在空间直角坐标系中的 Z 坐标，单位为 m)，－19484.076，6.686936039，4.573544993，0.000000000，0.000000000，

145(第六颗可视卫星编号为 145，BD 卫星)，21852665.4578(145 号 BD 卫星在空间直角坐标系中的 X 坐标，单位为 m)，36009296.4377(145 号 BD 卫星在空间直角坐标系中的 Y 坐标，单位为 m)，-1448772.7596(145 号 BD 卫星在空间直角坐标系中的 Z 坐标，单位为 m)，-56919.927，9.671918298，8.162159789，0.000000000，0.000000000，

146(第七颗可视卫星编号为 146，BD 卫星)，-7592256.6317(146 号 BD 卫星在空间直角坐标系中的 X 坐标，单位为 m)，34686429.0063(146 号 BD 卫星在空间直角坐标系中的 Y 坐标，单位为 m)，-22222533.3286(146 号 BD 卫星在空间直角坐标系中的 Z 坐标，单位为 m)，120154.588，12.259749444，8.435826552，0.000000000，0.000000000，

148(第八颗可视卫星编号为 148，BD 卫星)，-24695625.7042(148 号 BD 卫星在空间直角坐标系中的 X 坐标，单位为 m)，33036988.0345(148 号 BD 卫星在空间直角坐标系中的 Y 坐标，单位为 m)，-9205176.2883(148 号 BD 卫星在空间直角坐标系中的 Z 坐标，单位为 m)，75037.306，6.432671006，3.928459176，0.000000000，0.000000000 * 1E3AFFC3

注意：需分别提取每一颗可视卫星在空间直角坐标系下的坐标 X、Y、Z，然后分别对其进行坐标转换计算。

四、实验内容及步骤

1. 验证性实验

步骤 1：将 GNSS 接收机接上电源，并通过 RS-232 串口连接到 PC 机，打开 GNSS 接收机电源开关。

步骤 2：在 PC 机上找到“WGS-84 大地坐标与空间直角坐标的转换”→“验证性实验”文件夹，双击“WGSToSpace.dsw”文件，通过 Visual C++ 编辑器打开工程文件并运行，进入实验界面。WGS-84 大地坐标与空间直角坐标的转换如图 3-3 所示。

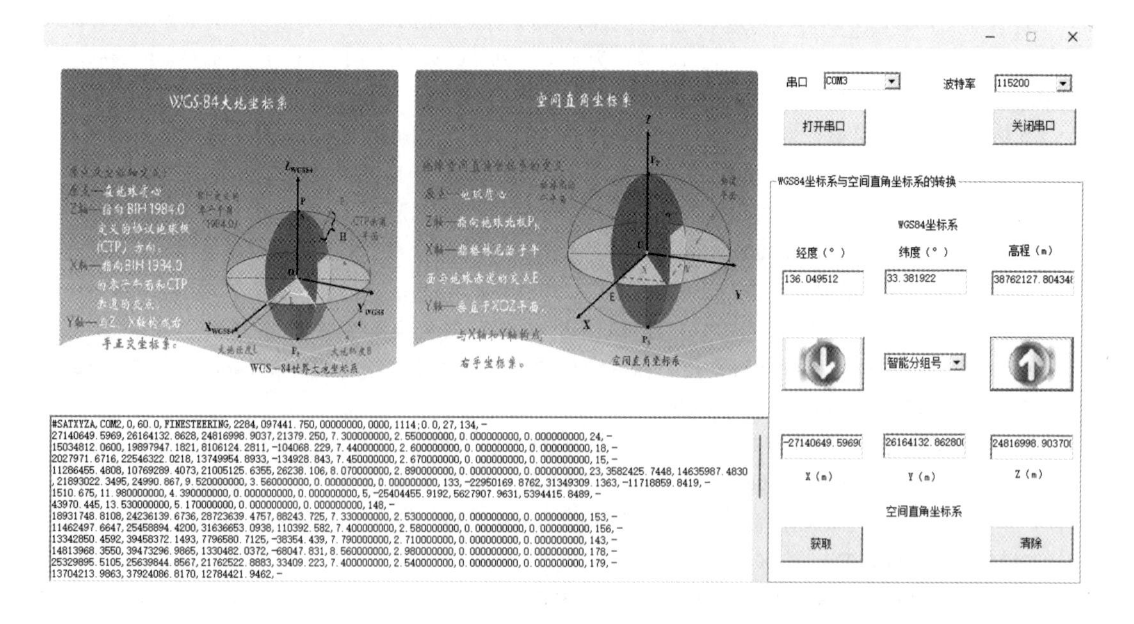

图 3-3 WGS-84 大地坐标与空间直角坐标的转换

步骤 3：选择串口号，设置波特率为“115200”，点击“打开串口”按钮。

步骤4：点击“获取”按钮，可在“空间直角坐标”输出框中得到每颗卫星的坐标 X、Y、Z。

步骤5：点击向上的箭头按钮，可将空间直角坐标转换为WGS－84大地坐标并显示出来。

步骤6：点击向下的箭头按钮，可将WGS－84大地坐标转换为空间直角坐标并显示出来。

步骤7：点击“清除”按钮，可清除所有编辑框中的数据。

注：图3-3所示的软件还支持手动输入坐标并进行转换操作。例如，在WGS-84大地坐标系下手动输入经度 B、纬度 L 和高程 H，点击向下的箭头按钮，可将其转换为空间直角坐标并显示出来。

2. 设计性实验

步骤1：将GNSS接收机接上电源，并通过RS－232串口连接到PC机，打开GNSS接收机电源开关。

步骤2：在PC机上找到“WGS－84大地坐标系与空间直角坐标系的转换”→“设计性实验”文件夹，双击“WGSToSpace. dsw”文件，通过Visual C＋＋编辑器打开工程文件，进入编程环境(图3－4)。

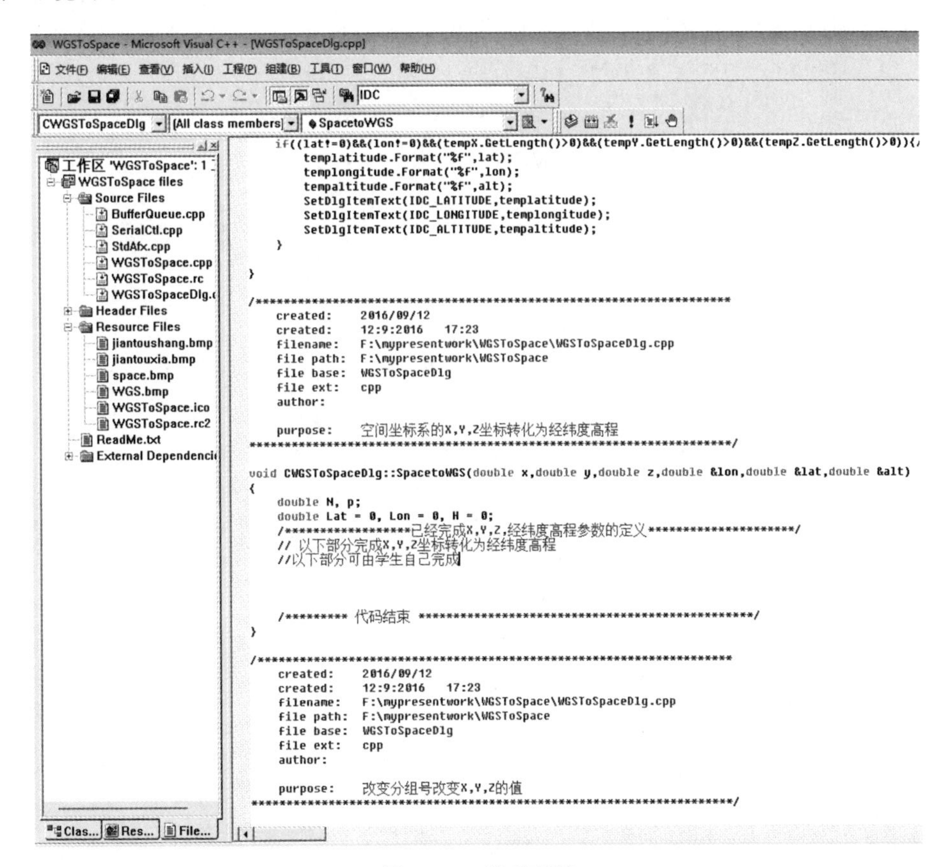

图3－4　编程环境

步骤3：在注释行提示的区域内编写代码，实现WGS-84大地坐标与空间直角坐标之间的转换。

步骤4：代码编写完成后，编译、链接、运行，在图3-3所示的应用程序中验证代码功能。若代码功能不正确，则返回编程环境修改代码，继续调试，直至功能正确。

参考代码(将WGS-84大地坐标转换为空间直角坐标)：

```
#define radius        6378137.0
#define pi            3.1415926
#define fre           1.0/298.257223563//f
#define e2            fre*(2 - fre)//e2

void CWGSToSpaceDlg::WGStoSpace(double lon, double lat, double alt, double &x, double
 &y, double &z)
{
double N = 0.0;
N = radius / sqrt(1 - e2 * sin(lat * pi / 180) * sin(lat * pi / 180));
x = (N + alt) * cos(lat * pi / 180) * cos(lon * pi / 180);
y = (N + alt) * cos(lat * pi / 180) * sin(lon * pi / 180);
z = (N * (1 - e2) + alt) * sin(lat * pi / 180);
}
```

参考代码(将空间直角坐标转换为WGS-84大地坐标)：

```
void CWGSToSpaceDlg::SpacetoWGS(double x, double y, double z, double &lon, double &lat,
 double &alt)
{
double N, p;
double Lat = 0, Lon = 0, H = 0;
Lon = atan(y / x) * 180 / pi;
if(Lon < 0 && Lon > - 140)
Lon = Lon + 180;
p = sqrt(x * x + y * y);

for(int j = 0; j <= 6; j++){//一般 j <= 4 即可
N = radius /(sqrt(1 - e2 * sin(Lat) * sin(Lat)));
Lat = atan(z / p /(1 - e2 * N /(N + H)));
H = p / cos(Lat) - N;
}
Lat = Lat * 180 / pi;
//if(H > 18000000){//卫星的高程
lon = Lon;
lat = Lat;
```

```
    alt = H;
    //}
    }
```

编程提示：

(1) 在编程时需要定义的变量主要有计算空间直角坐标的 3 个变量，以及计算的中间结果和最终结果。

(2) 发送指令“log satxyza”，获取所有可视卫星在空间直角坐标系下的坐标 X、Y、Z，并分别显示在程序对话框中。

(3) 单击向上的箭头按钮，计算得到可视卫星在 WGS-84 大地坐标系下的坐标，并在程序对话框中输出。

(4) 串口数据采集、变量赋值、计算结果输出等操作可以参考图 3-4 所示的算法代码。

(5) 在上述程序框架下编程实现 WGS-84 大地坐标与空间直角坐标的转换。

(6) 计算两种坐标系的坐标时，建议每隔 1 s 获取一次卫星数据。

实验六　WGS-84 大地坐标与高斯平面直角坐标的转换

一、实验目的

了解常见的几种坐标系以及它们之间的转换方法，掌握使用 C++ 编程语言进行 WGS-84 大地坐标与高斯平面直角坐标转换的方法。

二、实验原理

1. 高斯平面直角坐标系

高斯平面直角坐标系以中央子午线和赤道投影后的交点 O 作为坐标原点；以中央子午线的投影为纵坐标轴 x，规定 x 轴向北为正；以赤道的投影为横坐标轴 y，规定 y 轴向东为正。高斯投影如图 3-5 所示。

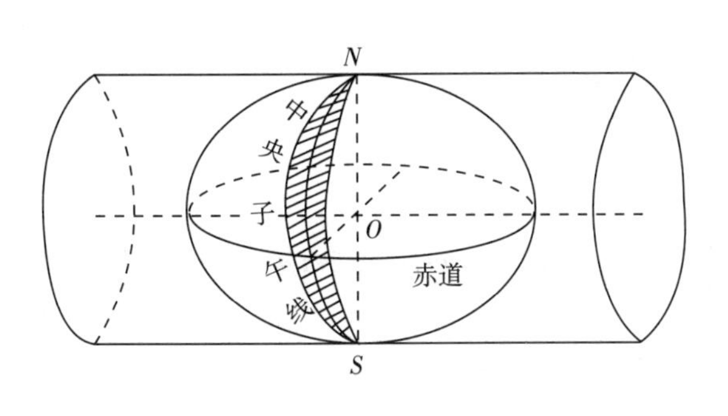

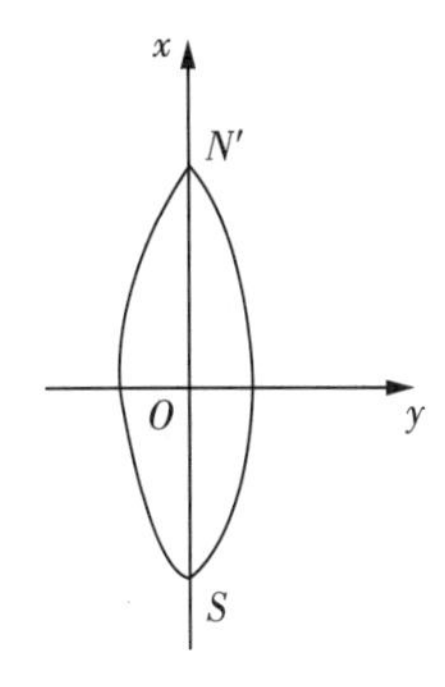

图 3-5　高斯投影

2. WGS-84 大地坐标转换为高斯平面直角坐标

WGS-84 大地坐标转换为高斯平面直角坐标必须满足的条件：

(1) 中央子午线投影后为直线；

(2) 中央子午线投影后长度不变；

(3) 投影具有正形投影条件。

计算经纬度对高斯平面的投影，由条件(1) 知中央子午线东西两侧的投影必然对称于中央子午线，即

$$\begin{cases} x = x(q, l) \\ y = y(q, l) \end{cases} \tag{3-4}$$

式中，x 为 l 的偶函数；y 为 l 的奇函数；$l \leqslant 30°30'$，即 $l''/\rho'' \approx 1/20$。

对于式(3-4)，按 l 展开级数：

$$\begin{cases} x = m_0 + m_2 l^2 + m_4 l^4 + \cdots + m_i l^i + \cdots \\ y = m_1 + m_3 l^3 + m_5 l^5 + \cdots + m_i l^i + \cdots \end{cases} \tag{3-5}$$

式中，m_i 为纬度 B 的函数。

对 l 和 q 求导：

$$\begin{cases} \dfrac{\partial x}{\partial l} = 2m_2 l + 4m_4 l^3 + \cdots \\ \dfrac{\partial x}{\partial q} = \dfrac{\mathrm{d}m_0}{\mathrm{d}q} + \dfrac{\mathrm{d}m_2}{\mathrm{d}q} l^2 + \dfrac{\mathrm{d}m_4}{\mathrm{d}q} l^4 + \cdots \\ \dfrac{\partial y}{\partial l} = m_1 + 3m_3 l^2 + 5m_5 l^4 + \cdots \\ \dfrac{\partial y}{\partial q} = \dfrac{\mathrm{d}m_1}{\mathrm{d}q} l + \dfrac{\mathrm{d}m_3}{\mathrm{d}q} l^3 + \dfrac{\mathrm{d}m_5}{\mathrm{d}q} l^5 + \cdots \end{cases} \tag{3-6}$$

由条件(3) 知：

$$\begin{cases} \dfrac{\partial x}{\partial l} = -\dfrac{\partial y}{\partial q} \\ \dfrac{\partial x}{\partial q} = \dfrac{\partial y}{\partial l} \end{cases} \tag{3-7}$$

将式(3-7) 代入柯西条件，可得

$$\begin{cases} \dfrac{\mathrm{d}m_0}{\mathrm{d}q} + \dfrac{\mathrm{d}m_2}{\mathrm{d}q} l^2 + \dfrac{\mathrm{d}m_4}{\mathrm{d}q} l^4 + \cdots = m_1 + 3m_3 l^2 + 5m_5 l^4 + \cdots \\ -\dfrac{\mathrm{d}m_1}{\mathrm{d}q} l - \dfrac{\mathrm{d}m_3}{\mathrm{d}q} l^3 - \dfrac{\mathrm{d}m_5}{\mathrm{d}q} l^5 - \cdots = 2m_2 l + 4m_4 l^3 + \cdots \end{cases} \tag{3-8}$$

由同次项相等可得

$$m_1 = \frac{\mathrm{d}m_0}{\mathrm{d}q}, \quad m_2 = -\frac{1}{2}\frac{\mathrm{d}m_1}{\mathrm{d}q}, \quad m_3 = \frac{1}{3}\frac{\mathrm{d}m_2}{\mathrm{d}q} \tag{3-9}$$

根据条件(2) 中央子午线投影后长度不变，得到 x 为投影前赤道到该点的子午线长 X，即 $x=m_0=X$，则对于中央子午线有

$$\delta_V\begin{cases}\dfrac{\mathrm{d}X}{\mathrm{d}B}=M\\[2ex]\dfrac{\mathrm{d}B}{\mathrm{d}q}=\dfrac{N\cos B}{M}=\dfrac{r}{M}=V^2\cos B\end{cases}\tag{3-10}$$

式中，$N=\dfrac{a}{\sqrt{1-e^2\sin^2B}}$；$V=\sqrt{1+e'^2\cos^2B}$，$e'^2=\dfrac{a^2-b^2}{b^2}$。

$$\begin{cases}m_1=\dfrac{\mathrm{d}m_0}{\mathrm{d}q}=\dfrac{\mathrm{d}m_0}{\mathrm{d}B}\dfrac{\mathrm{d}B}{\mathrm{d}q}=\dfrac{\mathrm{d}X}{\mathrm{d}B}\dfrac{N\cos B}{M}=r=N\cos B=\dfrac{c}{V}\cos B\\[2ex]m_2=-\dfrac{1}{2}\dfrac{\mathrm{d}m_1}{\mathrm{d}q}=-\dfrac{1}{2}\dfrac{\mathrm{d}m_1}{\mathrm{d}B}\dfrac{\mathrm{d}B}{\mathrm{d}q}=\dfrac{N}{2}\sin B\cos B\end{cases}\tag{3-11}$$

式中，$c=\dfrac{a^2}{b}$；$M=\dfrac{c}{V^3}=\dfrac{N}{V^2}=\dfrac{a(1-e^2)}{(1-e^2\sin^2B)^{\frac{3}{2}}}$。

其各阶导数为

$$\begin{aligned}&\frac{\mathrm{d}X}{\mathrm{d}q}=N\cos B\\&\frac{\mathrm{d}^2X}{\partial q^2}=\frac{\mathrm{d}}{\mathrm{d}B}\left(\frac{\mathrm{d}X}{\mathrm{d}q}\right)\frac{\mathrm{d}B}{\mathrm{d}q}=-N\sin B\cos B\\&\frac{\mathrm{d}^3X}{\partial q^3}=N\sin B\cos^3B(t^2-1-\eta^2)\\&\frac{\mathrm{d}^4X}{\partial q^4}=N\sin B\cos^3B(5-t^2+9\eta^2+4\eta^4)\\&\frac{\mathrm{d}^5X}{\partial q^5}=N\cos^5B(5-18t^2+t^4+14\eta^2-58t^2\eta^2)\\&\frac{\mathrm{d}^6X}{\partial q^6}=N\sin B\cos^5B(-61+58t^2-t^4-270\eta^2+330t^2\eta^2)\end{aligned}\tag{3-12}$$

进一步得高斯投影正算公式如下：

$$\begin{cases}x=X+\dfrac{N}{2}\sin B\cos Bl^2+\dfrac{N}{24}\sin B\cos^3B(5-t^2+9\eta^2+4\eta^4)+\dfrac{N}{720}\sin B\cos^5B(61-58t^2+t^4)l^6\\[2ex]y=N\cos Bl+\dfrac{N}{6}\cos^3B(1-t^2+\eta^2)l^3+\dfrac{N}{120}\cos^5B(5-18t^2+t^4+14\eta^2-58t^2\eta^2)l^5\end{cases}\tag{3-13}$$

式中，$N=a/\sqrt{1-e^2\sin^2B}$；$t=\tan B$；$\eta^2=e'^2\cos^2B$；$l=(L-L_0)''/\rho''$，ρ'' 表示度分秒中的秒，L 是某点的经度，L_0 是子午线的经度；X 为子午线弧长，$\mathrm{d}x=M\mathrm{d}B$。子午线弧长计

算示意图如图 3 - 6 所示。

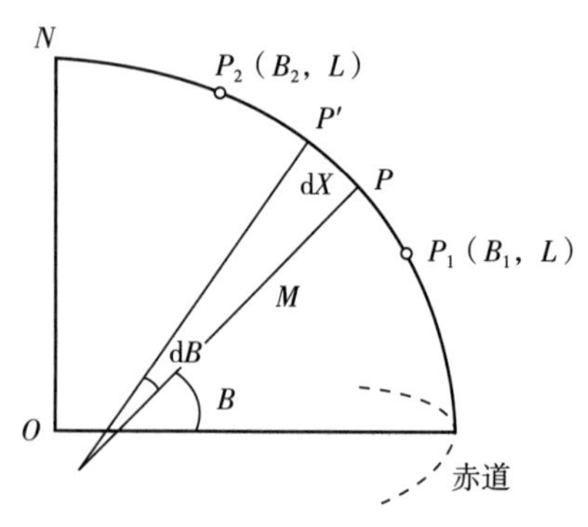

图 3 - 6　子午线弧长计算示意图

故 $X=\int_0^B M\mathrm{d}B$，其中 $M=a(1-e^2)(1-e^2\sin^2 B)^{-\frac{3}{2}}$，按牛顿二项定理展开级数，取至 8 次项：

$$M=m_0+m_2\sin^2 B+m_4\sin^4 B+m_6\sin^6 B+m_8\sin^8 B \tag{3-14}$$

式中，$m_0=a(1-e^2)$；$m_2=\frac{3}{2}e^2 m_0$；$m_4=\frac{5}{4}e^2 m_2$；$m_6=\frac{7}{6}e^2 m_4$；$m_8=\frac{9}{8}e^2 m_6$。

$$\begin{cases}\sin^2 B=\frac{1}{2}-\frac{1}{2}\cos 2B\\ \sin^4 B=\frac{3}{8}-\frac{1}{2}\cos 2B+\frac{1}{8}\cos 4B\\ \sin^6 B=\frac{5}{16}-\frac{15}{32}\cos 2B+\frac{3}{16}\cos 4B-\frac{1}{32}\cos 6B\\ \sin^4 B=\frac{3}{8}-\frac{1}{2}\cos 2B+\frac{1}{8}\cos 4B-\frac{1}{16}\cos 6B+\frac{1}{128}\cos 8B\\ \cdots\cdots\end{cases} \tag{3-15}$$

将式(3 - 15) 代入式(3 - 14)，整理得

$$M=a_0-a_2\cos 2B+a_4\cos 4B-a_6\cos 6B+a_8\cos 8B \tag{3-16}$$

式中，

$$\begin{cases}a_0=m_0+\frac{1}{2}m_2+\frac{3}{8}m_4+\frac{5}{16}m_6+\frac{25}{128}m_8\\ a_2=\frac{1}{2}m_2+\frac{1}{2}m_4+\frac{15}{32}m_6+\frac{7}{16}m_8\\ a_4=\frac{1}{8}m_4+\frac{3}{16}m_6+\frac{7}{32}m_8\\ a_6=\frac{1}{32}m_6+\frac{1}{16}m_8\\ a_8=\frac{1}{128}m_8\end{cases} \tag{3-17}$$

将式(3 - 17) 积分，整理得

$$X=a_0 B-\frac{a_2}{2}\sin 2B+\frac{a_4}{4}\sin 4B-\frac{a_6}{6}\sin 6B+\frac{a_8}{8}\sin 8B \tag{3-18}$$

为了方便计算，令

$\sin 2B = 2\sin B\cos B$，

$\sin 4B = 2\sin B\cos B - 4\sin^3 B\cos B$，

$\sin 6B = 6\sin B\cos B - 32\sin^3 B\cos B + 32\sin^5 B\cos B$，

$\sin 8B = 8\sin B\cos B - 80\sin^3 B\cos B + 192\sin^5 B\cos B - 128\sin^7 B\cos B$。

经整理，将式(3-18)变为

$$X = a_0 B - \sin B\cos B\left[(a_2 - a_4 + a_6 - a_8) + \left(2a_4 - \frac{16}{3}a_6 + 10a_8\right)\sin^2 B + \left(\frac{16}{3}a_6 - 24a_8\right)\sin^4 B + 16a_8\sin^6 B\right] \tag{3-19}$$

对于式(3-13)得到的横坐标 y 值，最终需要加 500000，防止其为负值。

3. 高斯平面直角坐标转换为 WGS-84 大地坐标

高斯平面直角坐标转换为 WGS-84 大地坐标必须满足的条件：

(1)x 坐标轴投影成中央子午线，是投影的对称轴；

(2)x 轴上的长度投影保持不变；

(3) 投影具有正形投影条件。

计算高斯平面直角坐标在 WGS-84 大地坐标下的投影：

$$\begin{cases} B = f_1(x, y) \\ l = f_2(x, y) \end{cases} \tag{3-20}$$

对于式(3-20)，按 F 展开级数：

$$\begin{aligned} B &= n_0 + n_2 y^2 + n_4 y^4 + \cdots \\ l &= n_1 + n_3 y^3 + n_5 y^5 + \cdots \end{aligned} \tag{3-21}$$

式中，n_i 为 x 的函数($i = 0, 1, 2, \cdots$)。

对 x 和 y 求导，且由柯西-黎曼条件可得

$$\begin{cases} \dfrac{\partial x}{\partial l} = -\dfrac{\partial y}{\partial q} \\ \dfrac{\partial x}{\partial q} = \dfrac{\partial y}{\partial l} \end{cases} \tag{3-22}$$

注意到，$\mathrm{d}q = \dfrac{M\mathrm{d}B}{N\cos B}$，故式(3-22)改写为

$$\begin{cases} \dfrac{\partial B}{\partial x} = \dfrac{N\cos B}{M}\dfrac{\partial l}{\partial y} \\ \dfrac{\partial B}{\partial y} = -\dfrac{N\cos B}{M}\dfrac{\partial l}{\partial x} \end{cases} \tag{3-23}$$

将式(3-23)分别对 x 和 y 求偏导数，必有

$$\begin{cases}\dfrac{\mathrm{d}n_0}{\mathrm{d}x}+\dfrac{\mathrm{d}n_2}{\mathrm{d}x}y^2+\dfrac{\mathrm{d}n_4}{\mathrm{d}x}y^4+\cdots=\dfrac{N\cos B}{M}(n_1+3n_3l^2+5n_5l^4+\cdots)\\ 2n_2y+4n_4y^3+\cdots=-\dfrac{N\cos B}{M}\left(\dfrac{\mathrm{d}n_1}{\mathrm{d}x}y+\dfrac{\mathrm{d}n_3}{\mathrm{d}x}l^3+\dfrac{\mathrm{d}n_5}{\mathrm{d}x}l^5+\cdots\right)\end{cases}\tag{3-24}$$

式中，$N=\dfrac{a}{\sqrt{1-e^2\sin^2 B}}$。

由同次项相等可得

$$n_1=\frac{M}{N\cos B}\frac{\mathrm{d}n_0}{\mathrm{d}x},\ n_2=-\frac{1}{2}\frac{N\cos B}{M}\frac{\mathrm{d}n_1}{\mathrm{d}x},\ n_3=\frac{1}{3}\frac{M}{N\cos B}\frac{\mathrm{d}n_2}{\mathrm{d}x},\ n_4=-\frac{1}{4}\frac{N\cos B}{M}\frac{\mathrm{d}n_3}{\mathrm{d}x},\ \cdots\tag{3-25}$$

已知中央子午线投影后长度不变，即 $y=0$ 时 $B=n_0=B_f$。n_0 理解为底点 F 的纬度 B_f，也就是 $x=X$ 时的子午弧长所对应的纬度，设所对应的等量纬度为 q_f，也就是在底点展开为 y 的幂级数，得 $n_0=q_f$，

$$n_1=\frac{\mathrm{d}n_0}{\mathrm{d}x}=\frac{\mathrm{d}q_f}{\mathrm{d}X}=\left(\frac{\mathrm{d}q}{\mathrm{d}X}\right)_f=\left(\frac{\mathrm{d}q}{\mathrm{d}B}\frac{\mathrm{d}B}{\mathrm{d}X}\right)_f=\left(\frac{M}{N\cos B}\frac{1}{M}\right)_f=\frac{1}{N_f\cos B_f}=\frac{1}{r_f}\tag{3-26}$$

其各阶导数为

$$\begin{cases}n_2=-\dfrac{1}{2}\dfrac{N_f\cos B_f}{M_f}\left(\dfrac{\mathrm{d}n_1}{\mathrm{d}X}\right)_f=-\dfrac{1}{2}\dfrac{N_f\cos B_f}{M_f}\left(\dfrac{\mathrm{d}n_1}{\mathrm{d}B}\dfrac{\mathrm{d}B}{\mathrm{d}X}\right)_f=t_f/(2N_f^2M_f)\\ n_3=\dfrac{2t_f^2+1+\eta_f^2}{6N_f^3\cos B_f}\\ n_4=\dfrac{t_f(5+6t_f^2+\eta_f^2-4\eta_f^4)}{24N_f^4M_f}\\ n_5=\dfrac{5+28t_f^2+24t_f^4+6\eta_f^2+84\eta_f^4t_f^2}{120N_f^5\cos B_f}\\ n_6=\dfrac{t_f(61+180t_f^2+120t_f^4+46\eta_f^2+48\eta_f^2t_f^2)}{720N_f^6M_f}\end{cases}\tag{3-27}$$

得高斯投影反算公式如下：

$$\begin{cases}l=\dfrac{1}{N_f\cos B_f}y-\dfrac{N}{6N_f^3\cos B_f}(1+2t_f^2+\eta_f^2)y^3+\dfrac{1}{120N_f^5\cos B_f}(5+28t_f^2+24t_f^4+6\eta_f^2+8\eta_f^2t_f^2)y^5\\ B=B_f-\dfrac{t_f}{2M_fN_f}y^2+\dfrac{t_f}{24M_fN_f^3}(5+3t_f^2+\eta_f^2-9\eta_f^2t_f^2)y^4-\dfrac{t_f}{720M_fN_f^5}(61+90t_f^2+45t_f^4)y^6\end{cases}\tag{3-28}$$

式中，$N_f=a/\sqrt{1-e^2\sin^2 B_f}$；$t_f=\tan B_f$；$\eta_f^2=e'^2\cos^2 B_f$。

式中，B_f 的求解公式为

$$B_f = \beta + B_{f1}\sin 2\beta + B_{f2}\sin 4\beta + B_{f3}\sin 6\beta \tag{3-29}$$

$$\begin{cases} \beta = X/[a(1-e^2/4-3e^4/64-5e^6/256)] \\ B_{f1} = 3e_1 - 27e_1^3/32 \\ B_{f2} = 21e_1^2/16 - 55e_1^4/32 \\ B_{f3} = 151e_1^3/96 \end{cases} \tag{3-30}$$

式中，$e = 1 - b^2/a^2$；$e_1 = (a-b)/(a+b)$。

说明：我国使用 6 度带和 3 度带。

中央子午线与带号的关系：6 度带从 0 度开始，自西向东编号为 $L_0 = 6n - 3$；3 度带在 6 度带基础上形成，$L = 6N'$。

我国 6 度带的范围是 13 ～ 23，3 度带的范围是 25 ～ 45。我国 6 度带、3 度带划分如图 3 - 7 所示。为了避免横坐标 y 出现负值，规定将 y 值加上 500000。

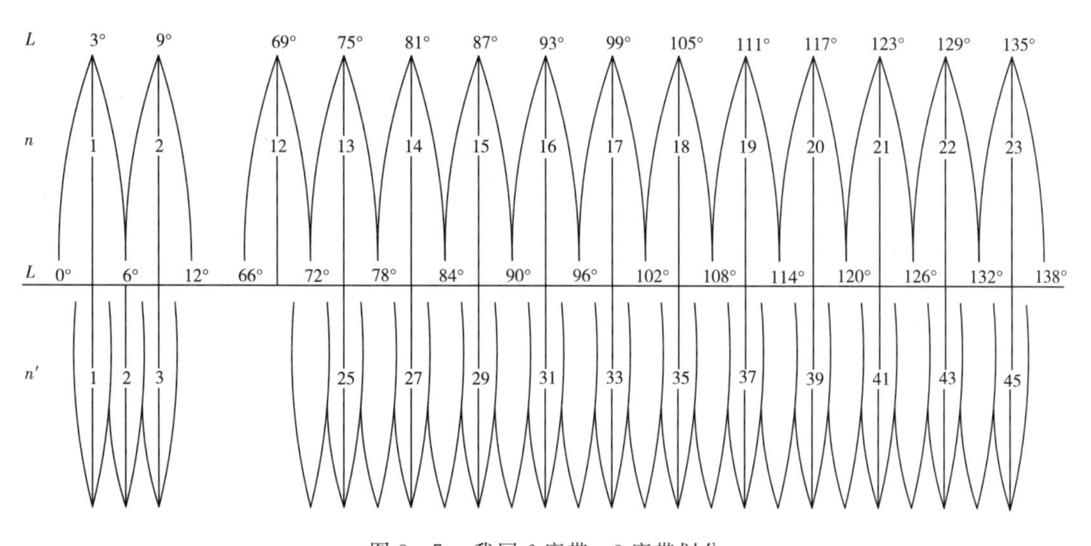

图 3 - 7　我国 6 度带、3 度带划分

三、实验主要参数及获取方法

1. WGS - 84 大地坐标转换为高斯平面直角坐标

发送指令“log bestposa”，获取接收机在 WGS - 84 大地坐标系下的经度、纬度和高程。

指令“log bestposa”返回的数据格式如下：

```
# BESTPOSA, COM1, 0, 60.0, FINESTEERING, 1709, 270776.300, 00000000, 0000, 1114; <1>,
  <2>, <3>, <4>, <5>, <6>, <7>, <8>, <9>, <10>, <11>, <12>,
  <13>, <14>, <15>, <16>, <17>, <18>, <19>, <20>, <21> * hh
  <CR><LF>
```

<1> 解算状态

SOL_COMPUTED　　完全解算

INSUFFICIENT_OBS 观测量不足

COLD_START 冷启动，尚未完全解算

＜2＞定位类型

NONE 未解算

FIXEDPOS 已设置固定坐标

SINGLE 单点解定位

PSRDIFF 伪距差分解定位

NARROW_FLOAT 浮点解

WIDE_INT 宽带固定解

NARROE_INT 窄带固定解

SUPER WIDE_LINE 超宽带解

＜3＞纬度，单位为度(°)

＜4＞经度，单位为度(°)

＜5＞海拔高，单位为 m

＜6＞大地水准面差异(空)

＜7＞坐标系统

＜8＞纬度标准差

＜9＞经度标准差

＜10＞高程标准差

＜11＞基站 ID

＜12＞差分龄期，单位为 s

＜13＞解算时间

＜14＞跟踪到的卫星颗数

＜15＞参与 RTK 解算的卫星颗数

＜16＞L1 参与 PVT 解算的卫星颗数

＜17＞L1、L2 参与 PVT 解算的卫星颗数

＜18＞预留

＜19＞扩展解算状态

＜20＞预留

＜21＞参与解算的信号

具体示例：

```
#BESTPOSA，COM2，0，60.0，FINESTEERING，1994，113013.100，00000000，0000，1114；
 SOL_COMPUTED，SINGLE，31.77541091300，117.32225477412，31.6023， -4.1057，WGS-84，
 0.8865，1.0293，3.4780，"AAAA"，99.000，1.000，10，10，10，10，0，0，0，9*fd4ae4c9
```

数据解析：

#BESTPOSA，COM2，0，60.0，FINESTEERING，1994，113013.100，00000000，0000，1114；(报文头)

SOL_COMPUTED(完全解算)，SINGLE(单点解定位)，31.77541091300(纬度)，117.32225477412(经度)，31.6023(海拔高)， -4.1057，WGS-84(坐标系统)，0.8865(纬度标准差)，1.0293(经度标准差)，3.4780(海拔高标准差)，"AAAA"，99.000，1.000(解算时间)，10(跟踪到的卫星颗数)，10，10，10，0，0，0，9*fd4ae4c9

2. 高斯平面直角坐标转换为 WGS-84 大地坐标

由于 GNSS 接收机一般无法直接获取高斯平面直角坐标，因此如需开展相应的坐标转换实验，可手动设置高斯平面直角坐标，作为输入参数。

四、实验内容及步骤

1. 验证性实验

步骤 1：将 GNSS 接收机接上电源，并通过 RS-232 串口连接到 PC 机，打开 GNSS 接收机电源开关。

步骤 2：在 PC 机上找到“WGS-84 大地坐标与高斯平面直角坐标的转换”→“验证性实验”文件夹，双击“WGSToGauss.dsw”文件，通过 Visual C++ 编辑器打开工程文件并运行，进入实验界面。WGS-84 大地坐标与高斯平面直角坐标的转换如图 3-8 所示。

步骤 3：选择串口号，设置波特率为“115200”，点击“打开串口”按钮。

步骤 4：单击“获取”按钮，可在“WGS-84 大地坐标系”输出框中得到经度、纬度和高程。

步骤 5：单击向下的箭头按钮，可将 WGS-84 大地坐标转换为高斯平面直角坐标并显示出来。

步骤 6：单击向上的箭头按钮，可将高斯平面直角坐标转换为 WGS-84 大地坐标并显示出来。

步骤 7：单击“清除”按钮，可清除所有编辑框中的数据。

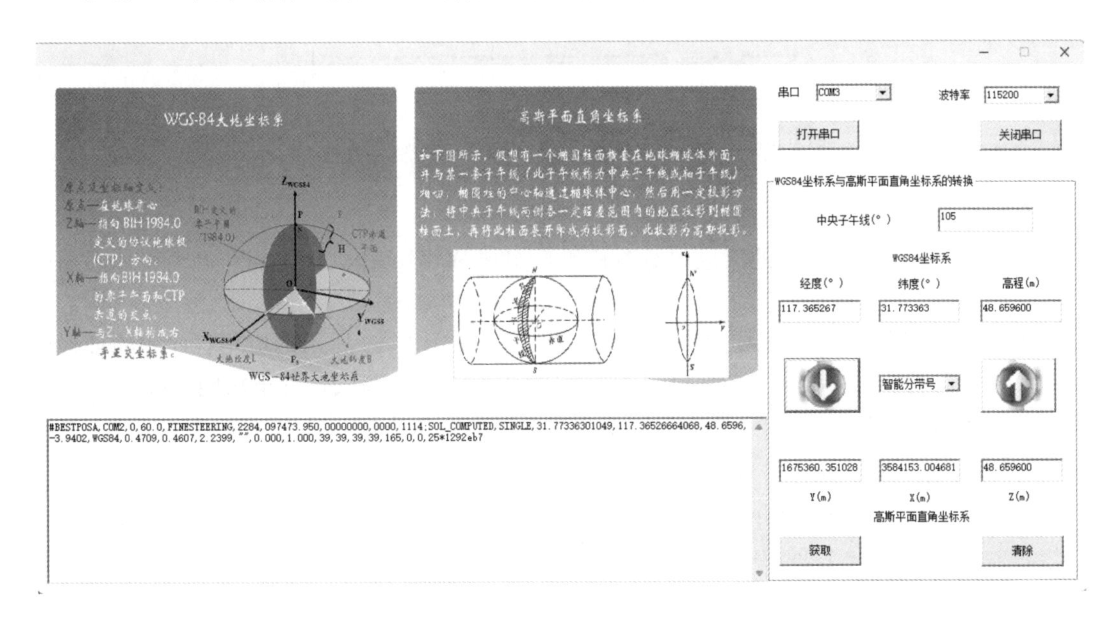

图 3-8　WGS-84 大地坐标与高斯平面直角坐标的转换

2. 设计性实验

步骤 1：将 GNSS 接收机接上电源，并通过 RS-232 串口连接到 PC 机，打开 GNSS 接收机电源开关。

步骤 2：在 PC 机上找到“WGS-84 大地坐标与高斯平面直角坐标的转换”→“设计性实

验”文件夹，双击“WGSToGauss.dsw”文件，通过 Visual C++ 编辑器打开工程文件，进入编程环境(图 3-9)。

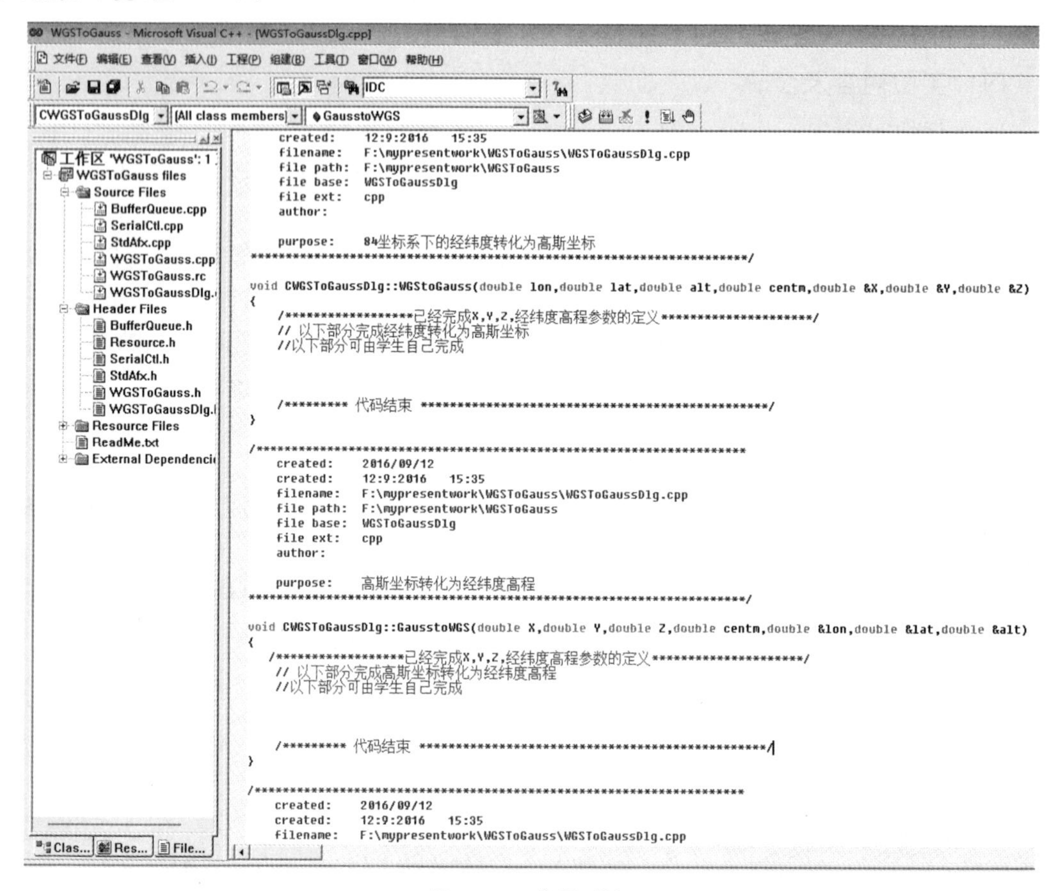

图 3-9　编程环境

步骤 3：在注释行提示的区域内编写代码，实现 WGS-84 大地坐标与高斯平面直角坐标之间的转换。

步骤 4：代码编写完成后，编译、链接、运行，在图 3-9 所示的应用程序中验证代码功能。若代码功能不正确，则返回编程环境修改代码，继续调试，直至功能正确。

参考代码(将 WGS-84 大地坐标转换为高斯平面直角坐标)：

```
const double a = 6378137.0;
//const double LC = 119.4;
const double FE = 500000;
const double FN = 0;
const double k0 = 1;
const double b = 6378137.0 * (1 - 1 / 298.257223563);    //b
const double e = sqrt(1 - pow(b / 6378137.0, 2));    //e^2
const double ep = sqrt(pow(6378137.0 / b, 2) - 1); //e′
const double d = pow(b, 2)/ a;      //b * b/a = a(1 - e * e)
const double MCoefficient1 = d * (1 + 3 * pow(e, 2)/ 4 + 45 * pow(e, 4)/ 64 + 175 * pow(e,
```

```
6)/ 256 + 11025 * pow(e, 8)/ 16384); //a0
const double MCoefficient2 = d * (3 * pow(e, 2)/ 4 + 45 * pow(e, 4)/ 64 + 175 * pow(e, 6)/
256 + 11025 * pow(e, 8)/ 16384); //(a2 - a4 + a6 - a8)
const double MCoefficient3 = d * (15 * pow(e, 4)/ 32 + 175 * pow(e, 6)/ 384 +
3675 * pow(e, 8)/ 8192); //(2a4 - 16/3 * a6 + 10 * a8)
const double MCoefficient4 = d * (35 * pow(e, 6)/ 96 + 735 * pow(e, 8)/ 2048);
//(16/3 * a6 - 24 * a8)
const double MCoefficient5 = d * (315 * pow(e, 8)/ 1024); //16 * a8
const double PI = 3.14159265358979;
void CWGSToGaussDlg::WGStoGauss(double lon, double lat, double alt, double centm, double
&X, double &Y, double &Z)
{
const double T = pow(tan(lat * PI / 180), 2); //tanB^2
const double C = pow(ep * cos(lat * PI / 180), 2); //(e'cosB)^2
const double A = (lon - centm) * cos(lat * PI / 180) * PI / 180; //[(L - L0)"/p"] * cosB

double M = MCoefficient1 * lat * PI / 180;
M -= (MCoefficient2 * sin(lat * PI / 180) + MCoefficient3 * pow(sin(lat * PI / 180), 3) +
MCoefficient4 * pow(sin(lat * PI / 180), 5) + MCoefficient5 * pow(sin(lat * PI / 180),
7)) * cos(lat * PI / 180);
double N = pow(a, 2)/(b * sqrt(1 + C));

X = M + N * tan(lat * PI / 180) * (pow(A, 2)/ 2 + (5 - T + 9 * C + 4 * pow(C, 2)) * pow(A,
4)/ 24);
X += N * tan(lat * PI / 180) * (61 - 58 * T + pow(T, 2) + 270 * C - 330 * T * C) * pow(A,
6)/ 720;
X *= k0;
Y = FE + k0 * N * (A + (1 - T + C) * pow(A, 3)/ 6 + (5 - 18 * T + pow(T, 2) + 14 * C - 58 *
T * C) * pow(A, 5)/ 120);
Z = alt;
}
```

参考代码(将高斯平面直角坐标转换为 WGS-84 大地坐标)：

```
const double e1 = (1 - b/a)/(1 + b/a);    //(a - b)/(a + b)
const double jDenominator = a * (1 - pow(e, 2)/4 - 3 * pow(e, 4)/64 - 5 * pow(e, 6)/256); //j
const double BfCoefficient1 = 3 * e1/2 - 27 * pow(e1, 3)/32;    //Bf1
const double BfCoefficient2 = 21 * pow(e1, 2)/16 - 55 * pow(e1, 4)/32; //Bf2
const double BfCoefficient3 = 151 * pow(e1, 3)/96;    //Bf3

void CWGSToGaussDlg::GausstoWGS(double X, double Y, double Z, double centm, double
&lon, double &lat, double & alt)
{
```

```
    double j = ((X - FN)/k0)/jDenominator; //j
double Bf = j + BfCoefficient1 * sin(2 * j) + BfCoefficient2 * sin(4 * j) + BfCoefficient3
  * sin(6 * j); //Bf

double Tf = pow(tan(Bf), 2);    //(tanBf)^2
double Cf = pow(ep, 2) * pow(cos(Bf), 2);    //(e′)^2 * (cosBf)^2
double Rf = a * (1 - pow(e, 2))/pow(1 - pow(e, 2) * pow(sin(Bf), 2), 1.5); //Mf
double Nf = a/sqrt(1 - pow(e, 2) * pow(sin(Bf), 2)); //Nf
double D = (Y - FE)/(k0 * Nf);

//double baita = (X)/6367452.133; // 直接法求解以及在 1975 年国际椭球的条件下获得的求解公式
// double Bf1 = baita + 2.518828475/1000 * sin(2 * baita) + 3.701007/1000000 * sin(4 * baita)
   + 7.447/1000000000 * sin(6 * baita);

    lat = Bf * 180/PI - Nf * tan(Bf)/(Rf) * (pow(D, 2)/2 - (5 + 3 * Tf + Cf -
     9 * Tf * Cf) * pow(D, 4)/24 + (61 + 90 * Tf + 45 * pow(Tf, 2)) *
pow(D, 6)/720) * 180/PI;
    lon = centm + (D - (1 + 2 * Tf + Cf) * pow(D, 3)/6 + (5 + 28 * Tf + 6 * Cf + 8 * Tf * Cf +
     24 * pow(Tf, 2)) * pow(D, 5)/120)/cos(Bf) * 180/PI;
alt = Z;
}
```

编程提示：

(1) 在编程时需要定义的变量主要有计算高斯平面直角坐标的两个变量，以及计算的中间结果和最终结果。

(2) 通过“log bestposa”指令获取接收机的当前经度、纬度和高程，根据公式计算出高斯平面直角坐标系下的坐标，并显示在程序对话框中。

(3) 对手动输入的高斯平面直角坐标系下的坐标，根据公式计算出 WGS-84 大地坐标系下的经度、纬度和高程，并显示在程序对话框中。

(4) 串口数据采集、变量赋值、计算结果输出等操作可以参考上述算法代码。

(5) 在上述程序框架下编程实现 WGS-84 大地坐标与高斯平面直角坐标的转换。

(6) 计算两种坐标系的坐标时，建议每隔 1 s 获取一次卫星数据。

实验七　接收机授时

一、实验目的

了解导航卫星授时原理，包括单向测量授时和共视测量授时；掌握使用 GNSS 接收机获取精准时间信息的方法。

二、实验原理

1. 单向测量授时原理

用户接收机时钟产生的时间通常与系统时间不同步。假设对应于信号接收时间 t_u 的系统时间实际上为 t，那么可将系统时间为 t 时的接收机时钟 t_u 记为 $t_u(t)$，即

$$t_u(t) = t + \Delta t_u(t) \tag{3-31}$$

式中，$\Delta t_u(t)$ 为接收机钟差。

当观测卫星数 $\geqslant 4$ 时，通过定位解算可以得到接收机钟差，以此实现与系统时间的同步。在接收机位置已知的情况下，也可以只观测一颗卫星实现授时，即利用一台接收机在已知点上测量定时。

根据伪距测量公式，有

$$P^{(j)} = \sqrt{(x^{(j)} - x_u)^2 + (y^{(j)} - y_u)^2 + (z^{(j)} - z_u)^2} + b_u - B^{(j)} + I^{(j)} + T^{(j)} + \varepsilon^{(j)} \tag{3-32}$$

由于卫星位置和接收机坐标已知，因此卫星钟差、电离层延迟和对流层延迟可由导航电文给出的参数或者精确模型进行修正。如果是双频接收机，还可以用双频伪距消除电离层延迟的方法进行电离层延迟修正。因此，只有接收机钟差为未知量。

理论上，单颗卫星就可以确定钟差，即

$$\Delta t_u = \frac{1}{c}[P^{(j)} - \rho^{(j)}] + \Delta t^{(j)} + \frac{1}{c}(I^{(j)} + T^{(j)}) \tag{3-33}$$

式中，$\rho^{(j)} = \sqrt{(x^{(j)} - x_u)^2 + (y^{(j)} - y_u)^2 + (z^{(j)} - z_u)^2}$；$\Delta t^{(j)}$ 为卫星钟差。

若观测多颗北斗卫星，并进行多次重复观测，则可提高定时精度。在确定用户时钟相对北斗时的偏差后，可根据导航电文给出的信息，计算相应的协调时。所以，由此确定的协调时的精度，除取决于卫星的轨道误差、观测站的坐标误差、卫星钟差和大气折射改正误差外，还取决于根据导航电文得出的参数，即北斗时与 UTC(Coordinated Universal Time，协调世界时) 时差(BDT - UTC) 的精度。

2. 共视测量授时原理

共视测量授时技术的基本原理是在两个观测站上各放置一台北斗接收机，并同步观测同一颗卫星，来测定两用户时钟的相对偏差。通常称其为共视比对定时法。

设两观测站 A 、B 共同观测卫星 j，得到的伪距为

$$P_A^{(j)} = \rho_A^{(j)} + c \cdot \Delta t_A - c \cdot \Delta t^{(j)} + I_A + T_A + \varepsilon_A \tag{3-34}$$

$$P_B^{(j)} = \rho_B^{(j)} + c \cdot \Delta t_B - c \cdot \Delta t^{(j)} + I_B + T_B + \varepsilon_B \tag{3-35}$$

两式作差，得

$$P_B^{(j)} - P_A^{(j)} = (\rho_B^{(j)} - \rho_A^{(j)}) + c \cdot (\Delta t_B - \Delta t_A) + \delta I_{AB} + \delta T_{AB} + \delta \varepsilon_{AB} \tag{3-36}$$

式中，$\delta I_{AB} = I_B - I_A$；$\delta T_{AB} = T_B - T_A$。

于是，在观测站坐标已知的情况下，两观测站用户时钟的相对钟差为

$$\Delta t_{AB} = \frac{1}{c}\left[(P_B^{(j)} - P_A^{(j)}) - (\rho_B^{(j)} - \rho_A^{(j)})\right] - \frac{1}{c}(\delta I_{AB} + \delta T_{AB}) \tag{3-37}$$

由此可见，共视法可以消除卫星钟差的影响。同时，卫星的轨道误差及大气折射误差的影响也将明显减弱。因此，利用共视比对定时法进行时间对比，所得相对钟差的精度较高。

三、实验主要参数及获取方法

发送指令“log timea”，以获取当前 GPS 周、周内秒及闰秒。

指令“log timea”返回的数据格式如下：

```
#TIMEA, COM2, 0, 60.0, FINESTEERING, 1994, 113367.550, 00000000, 0000, 1114; <1>,
  <2>, <3>, <4>, <5>, <6>, <7>, <8>, <9>, <10>, <11> *hh<
  CR><LF>
```

<1> 时钟模型状态

VALID	时钟模型是有效的
CONVERGING	时钟模型接近有效
ITERATING	时钟模型正在迭代有效性
INVALID	时钟模型无效
ERROR	时钟模型错误

<2> 电路板时钟偏移

<3> 电路板时钟偏移标准偏差

<4> GPS 时间与 UTC 时间的偏差(闰秒)

<5> UTC 年

<6> UTC 月(0 ~ 12)

<7> UTC 天(0 ~ 31)

<8> UTC 时(0 ~ 23)

<9> UTC 分(0 ~ 59)

<10> UTC 毫秒(0 ~ 60999)

<11> UTC 状态

具体示例：

```
#TIMEA, COM2, 0, 60.0, FINESTEERING, 1994, 113367.550, 00000000, 0000, 1114; VALID,
  2.060750525e-06, 0.000000000e+00, -18.00000000148, 2018, 3, 26, 7, 29,
  9550, VALID*ff6efb9f
```

数据解析：

#TIMEA, COM2, 0, 60.0, FINESTEERING, 1994(GPS周), 113367.550(周内秒), 000000 00, 0000, 1114；(报文头)

VALID，2.060750525e-06，0.000000000e+00，-18.00000000148(闰秒)，2018(UTC 年)，3(UTC 月)，26(UTC 天)，7(UTC 时)，29(UTC 分)，9550(UTC 毫秒)，VALID(有效)*ff6efb9f

注意：GPS 周和周内秒在报文头中获得。

四、实验内容与步骤

以合肥星北航测 PIA400 接收机（图 1-1）为例，进行验证性实验。

步骤 1：将 GNSS 接收机接上电源，并将基准站通过 COM1 连接到 PC 机，打开北斗接收机开关。运行 PC 机上的 XCOM 串口调试助手，并进行如下操作。

步骤 2：选择串口号，设置波特率为“115200”，选中“打开串口”单选按钮（图 3-10）。

图 3-10　实验界面

步骤 3：输入时间读取指令“log timea”，点击“发送”按钮（图 3-11）。

步骤 4：观察接收到的 timea 数据，可得到周（2281）、周内秒（369056.000）、闰秒（18.0）、UTC 时间（2023 年 9 月 28 日 6 时 30 分 38000 毫秒）。

图 3－11　接收到的时间信息数据

实验八　GPS 时间、UTC 时间、CST 时间的转换

一、实验目的

理解并掌握 GPS 周、周内秒、UTC 时间、CST（China Standard Time，中国标准时间）时间等概念，掌握使用 C＋＋编程将 GPS 周秒转为协调世界时及北京时间的方法。

二、实验说明

1. GPS 周、周内秒

GPS 周（GPS Week）是 GPS 系统内部采用的时间系统。其时间零点定义为 1980 年 1 月 5 日夜晚与 1980 年 1 月 6 日凌晨之间的 0 点，最大时间单位是周（1 周：604800 s），每 1024 周（7168 天）为一个循环周期。第一个 GPS 周循环点为 1999 年 8 月 22 日 0 时 0 分 0 秒，即从这一刻起，周数重新从 0 开始算起。GPS 周的星期记数规则是“Sunday”为“0”，“Monday”为“1”，依此类推，依次记作 0～6。GPS 周记数（GPS Week Number）为 GPS 周星期记数。

GPS 周、周内秒的表示方法：从 1980 年 1 月 6 日 0 时开始起算的周数加上周内时间的秒数（从每周周六/周日之夜开始起算的秒数）。例如，1980 年 1 月 6 日 0 时 0 分 0 秒的 GPS 周为第 0 周，第 0 秒；2004 年 5 月 1 日 10 时 5 分 15 秒的 GPS 周为第 1268 周，第 554715 秒，GPS 周记数为 12686，第 554715 秒。

2. 闰秒

闰秒（或称为跳秒）是对 UTC 做出加一秒或减一秒的调整。国际原子时的准确度为每日数纳秒，而世界时的准确度为每日数毫秒。对于这种情况，折中时标 UTC 于 1972 年面世。为确保 UTC 与世界时相差不超过 0.9 s，在有需要的情况下会在 UTC 内加上正或负一整秒。这一技术措施就称为闰秒。

3. 儒略历

儒略历是由古罗马皇帝儒略·恺撒执行的一种阳历。该历法规定一年分为 12 个月，其中 1、3、5、7、8、10、12 月为大月，每月有 31 日；4、6、9、11 月为小月，每月有 30 日；2 月在平年有 28 日，在闰年有 29 日（凡年份能被 4 整除的年份为闰年，不能被 4 整除的年份为平年）。按上述规定，平年长度为 365 日，闰年长度为 366 日，其平均长度为 365.25 日。一个儒略世纪为 36525 日。在天文学和空间大地测量中，在计算一些变化非常缓慢的参数时，经常采用儒略世纪作为单位。

由于实际使用过程中累积的误差随着时间越来越大，因此 1582 年教皇格里高利十三世颁布并推行了以儒略历为基础改善而来的格里历，只有被 400 年整除的世纪才算闰年，其平均每年的长度为 365.2425 日，与回归年的长度 365.24218968 日十分接近，即沿用至今的公历。

4. 儒略日和简化儒略日

在天文学中有一种连续纪日的儒略日（Julian Data，JD），其以儒略历公元前 4713 年 1 月 1 日的 GMT（Greenwich Mean Time，格林尼治平均时）正午为第 0 日的开始；还有一种简化儒略日（Modified Julian Data，MJD）：MJD=JD−2400000.5。

MJD 的第 0 日是从公历 1858 年 11 月 17 日的 GMT 零时开始的。写完前一个句号时的 MJD 是 53583.22260，其中小数部分是以 UTC 时间在当天逝去的秒数除以 86400 得到的。0.22260 约为 UTC 时间的 5：20，加上中国的时区就是 13：20。

5. 年积日

年积日是仅在一年中使用的连续计时法。每年的 1 月 1 日计为第 1 日，2 月 1 日为第 32 日。平年的 12 月 31 日为第 365 日，闰年的 12 月 31 日为第 366 日。

6. UTC 时间

UTC 又称为协调世界时、世界统一时间、世界标准时间、国际协调时间。由于其英文（CUT）和法文（TUC）的缩写不同，为了妥协，将其简称为 UTC。UTC 是以原子时秒长为基础，在时刻上尽量接近于世界时的一种时间计量系统。

7. CST 时间

CST 也称为北京时间，是中国在东经 120°的时区采用的标准时间，包括海峡两岸及香港、澳门。CST 时间与 UTC 相差 8 个小时，即 CST=UTC+8。注意，CST 还可以表示其他不同的时区，因此具体地理位置可能会有不同的解释。

三、实验原理

1. GPS 周秒转换为 UTC 时间、CST 时间

首先，将 GPS 周秒转为简化儒略日：

$$\mathrm{mjd} = 44244 + \mathrm{GPS}_{\mathrm{week}} \times 7 + \mathrm{GPS}_{\mathrm{weeksecond}}/86400 \tag{3-38}$$

式中，mjd 为由 GPS 周秒转换而来的简化儒略日(天)；44244 为 UTC 时间下 1980-1-600：00：00 对应的简化儒略日；86400 为一天的秒数。

然后，计算 UTC，即公历的年、月、日、时、分、秒。

$$\begin{cases} a = \mathrm{int}\ (\mathrm{jd} + 0.5) \\ b = a + 1537 \\ c = \mathrm{int}\,[(b - 122.1)/365.25] \\ d = \mathrm{int}\ (365.25c) \\ e = \mathrm{int}\,[(b - d)/30.6001] \\ D = b - d - \mathrm{int}\ (30.6001e) + \mathrm{FRAC}(jd + 0.5) \\ M = e - 1 - 12\ \mathrm{int}\ (e/14) \\ Y = c - 4715 - \mathrm{int}\,[(7 + M)/10] \end{cases} \tag{3-39}$$

式中，Y 为年；M 为月；D 为计算出来的天数(包括时分秒)；$\mathrm{jd} = \mathrm{mjd} + 2400000.5$；$\mathrm{FRAC}(\mathrm{jd} + 0.5)$ 为取$(\mathrm{jd} + 0.5)$ 小数部分的值。

因为处理器的字长限制，所以计算机不能精确表示 30.6。例如，5 乘 30.6 刚好是 153，而在处理器内部却表示成 152.9999998，会使取整操作(INT) 与预期不符。因此，用 30.6001 代替 30.6，以期得到正确的结果(事实上，30.601 甚至 30.61 亦可)。对于时分秒的计算如下：

$$\begin{cases} \mathrm{temp} = D - \mathrm{int}\ (D) \\ h = \mathrm{int}\ (24\ \mathrm{temp}) \\ m = \mathrm{int}\ [60\,(24\ \mathrm{temp} - h)] \\ s = \mathrm{int}\ \{60\ [60\,(24\ \mathrm{temp} - h) - m] + 0.5\} \end{cases} \tag{3-40}$$

式中，h 为小时；m 为分钟；s 为秒数。

以上 Y、M、D、h、m、s 就是 UTC 时间。

如果要将 UTC 转为 CST 时间，需要在 UTC 时间基础上先加上 8 个小时，即

$$\mathrm{jd} \leftarrow \mathrm{jd} + 8.0/24 \tag{3-41}$$

然后重复计算式(3-39) 和式(3-40)，得到 CST 时间。

最后，还可以转换出星期日期：

$$\text{week}_{\text{date}} = (\text{mjd} - 44244)\%7 \tag{3-42}$$

式中，$\text{week}_{\text{date}}$ 为星期日期；44244 为 1980-1-6 零时的简化儒略日，此天日期是星期日。

对$\text{week}_{\text{date}}$ 日期进行判断，若$\text{week}_{\text{date}}=0$，则为星期日，依此类推。

2. UTC 时间转换为 GPS 周秒

首先，计算儒略日。获取编辑框中的 UTC 时间，需自己输入，其中年月日的格式为“Y-M-D”，时分秒的格式为“h：m：s”，如“2016-11-6，20：18：30”。提取其中的参数年(Y)、月(M)、日(D)、时(h)、分(m)、秒(s)，计算儒略日，如下：

$$\begin{aligned}\text{jd} = & \text{int}(365.25Y) + \text{int}[30.6001(M+1)] \\ & + D + (h + m/60 + s/3600)/24 + 1720981.5\end{aligned} \tag{3-43}$$

或：

$$\begin{aligned}\text{jd} = & 1721013.5 + 367Y - \text{int}(7\{Y + \text{int}[(M+9)/12]\}/4) \\ & + D + (h + m/60 + s/3600)/24 + \text{int}(275M/9)\end{aligned} \tag{3-44}$$

式中，常数 1721013.5 为公历 1 年 1 月 1 日零时的儒略日。

式(3-44)中，若 $M\leqslant 2$，则 $M=M+12$，$Y=Y-1$；若 $M>2$，则 $M=M$，$Y=Y$。

然后，即可计算 GPS 周秒：

$$\begin{aligned}&\text{week} = (\text{mjd} - 44244)/7 \\ &\text{weeksecond} = 86400[(\text{mjd} - 44244) - 7\text{week}]\end{aligned} \tag{3-45}$$

式中，$\text{mjd}=\text{jd}-2400000.5$。

四、实验主要参数及获取方法

发送指令“log timea”，以获取当前 GPS 周、周内秒以及闰秒。

指令“log timea”返回的数据格式如下：

```
#TIMEA，COM2，0，60.0，FINESTEERING，1994，113367.550，00000000，0000，1114；<1>，
  <2>，<3>，<4>，<5>，<6>，<7>，<8>，<9>，<10>，<11>*hh<
  CR><LF>
```

<1>时钟模型状态

VALID　时钟模型是有效的

CONVERGING　时钟模型接近有效

ITERATING　时钟模型正在迭代有效性

INVALID　时钟模型无效

ERROR　时钟模型错误

<2>电路板时钟偏移

<3>电路板时钟偏移标准偏差

<4>GPS 时间与 UTC 时间的偏差(闰秒)

<5>UTC 年

＜ 6 ＞ UTC 月(0 - 12)

＜ 7 ＞ UTC 天(0 - 31)

＜ 8 ＞ UTC 时(0 - 23)

＜ 9 ＞ UTC 分(0 - 59)

＜ 10 ＞ UTC 毫秒(0 - 60999)

＜ 11 ＞ UTC 状态

具体示例：

```
# TIMEA, COM2, 0, 60.0, FINESTEERING, 1994, 113367.550, 00000000, 0000, 1114; VALID,
  2.060750525e -06, 0.000000000e+00, -18.00000000148, 2018, 3, 26, 7, 29, 9550,
  VALID * ff6efb9f
```

数据解析：

#TIMEA，COM2，0，60.0，FINESTEERING，1994(GPS周)，113367.550(周内秒)，000000 00，0000，1114；(报文头)

VALID，2.060750525e -06，0.000000000e+00， -18.00000000148(闰秒)，2018(UTC 年)，3(UTC 月)，26(UTC 天)，7(UTC 时)，29(UTC 分)，9550(UTC 毫秒)，VALID(有效) * ff6efb9f

注意：GPS 周和周内秒在报文头中获得。

五、实验内容及步骤

1. 验证性实验

步骤 1：将 GNSS 接收机接上电源，并通过 RS-232 串口连接到 PC 机，打开 GNSS 接收机电源开关。

步骤 2：在 PC 机上找到"GPS 时间、UTC 时间、CST 时间转换"→"验证性实验"文件夹，双击"GPSTime.dsw"文件，通过 Visual C++ 编辑器打开工程文件并运行，进入实验界面(图3-12)。

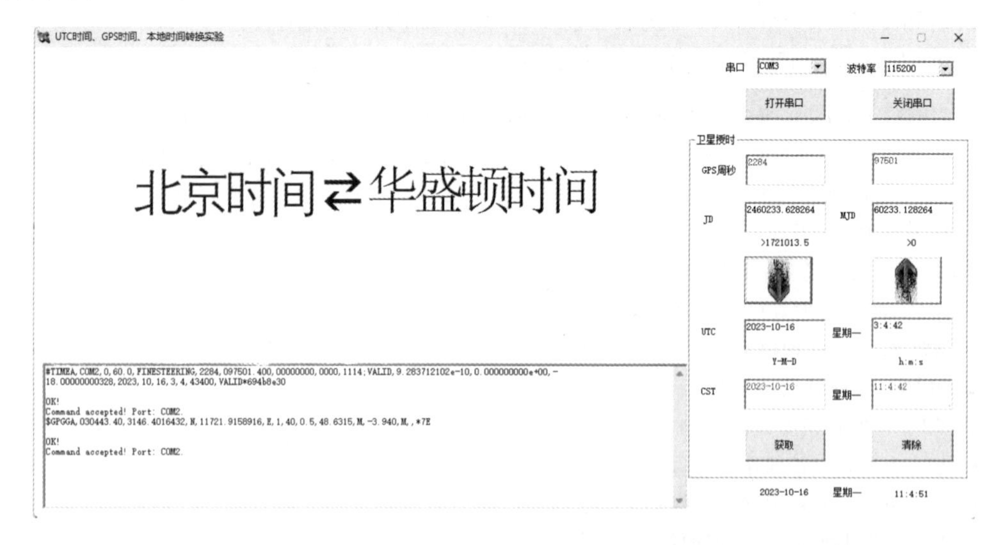

图 3-12　UTC 时间、GPS 时间与 CST 时间的转换

步骤 3：选择串口号，设置波特率为“115200”，点击“打开串口”按钮。

步骤 4：点击“获取”按钮，在“GPS 周秒”输出框中获得当前 GPS 周、周内秒。

步骤 5：点击向下的箭头按钮，可在 UTC、CST 的输出框中显示转换出来的时间，并与计算机系统当前的北京时间进行比较，也可与指令接收框中“log gpgga”指令返回的 UTC 时间进行比较，检验程序计算结果的正确性。

步骤 6：点击向上的箭头按钮，可将 UTC 时间转换为 GPS 周秒、儒略日、简化儒略日信息。其中，UTC 时间可以是手动输入的时间，注意其输入的格式。

2. 设计性实验

步骤 1：将 GNSS 接收机接上电源，并通过 RS-232 串口连接到 PC 机，打开 GNSS 接收机电源开关。

步骤 2：在 PC 机上找到“GPS 时间、UTC 时间、CST 时间转换”→“设计性实验”文件夹，双击“GPSTime.dsw”文件，通过 Visual C++ 编辑器打开工程文件，进入编程环境（图 3-13）。

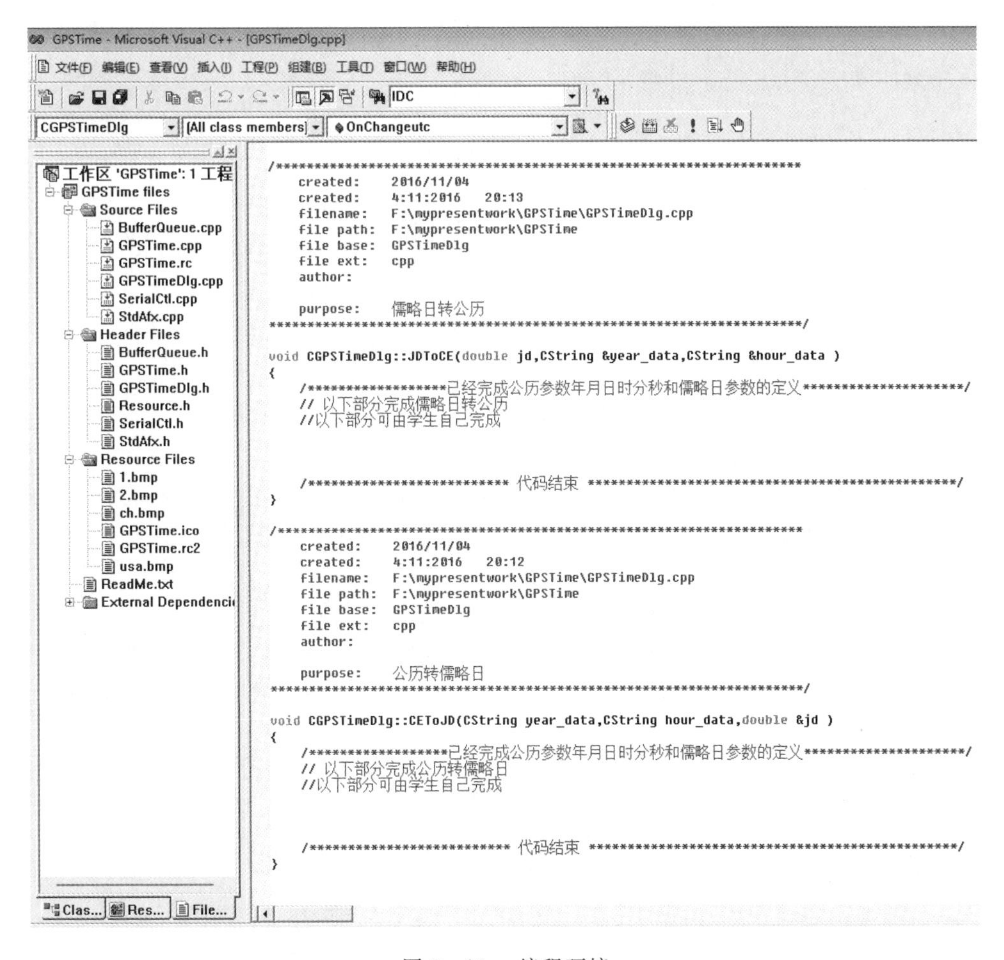

图 3-13　编程环境

步骤 3：在注释行提示的区域内编写代码，将 GPS 时间转换为 UTC 时间、CST 时间，以及将 UTC 时间转换回 GPS 时间。

步骤 4：代码编写完成后，编译、链接、运行，在图 3-13 所示的应用程序中验证代码功能。若代码功能不正确，则返回编程环境修改代码，继续调试，直至功能正确。

参考代码(将 GPS 周秒转换为简化儒略日)：

```
void CGPSTimeDlg::GPSWEEKToMJD(double gpsweek, double gpsweeksecond, double &mjd)
{
mjd = 44244 + gpsweek * 7 + (gpsweeksecond)/86400.0;
//计算简化儒略日，44244 是 1980：1：6 零时对应的简化儒略日
}
```

参考代码(将儒略日转换为 UTC 时间)：

```
void CGPSTimeDlg::JDToCE(double jd, CString &year_data, CString &hour_data)
{
double a, b, c, d, e, D, M, Y, hour, minute, second, temp;
CString tempy, tempm, tempd, temph, tempminute, temps;
a = int(jd + 0.5);
b = a + 1537;
c = int((b - 122.1)/365.25);
d = int(365.25 * c);
e = int((b - d)/30.6001);
D = b - d - int(30.6001 * e) + ((jd + 0.5) - int(jd + 0.5)); //日
M = e - 1 - 12 * int(e/14); //月
Y = c - 4715 - int((7 + M)/10); //年
temp = D - int(D);
hour = int(temp * 24); //小时
minute = int((temp * 24 - hour) * 60); //分钟
second = int(((temp * 24 - hour) * 60 - minute) * 60 + 0.5); // + 0.5 相当于四舍五入(秒)
if(second == 60){  //防止计算结果秒数出现 60 秒的情况
second = second - 60;
minute = minute + 1;
if(minute == 60){  //防止计算结果分钟出现 60 分钟的情况
minute = minute - 60;
hour = hour + 1;
}
if(hour == 24){  //防止计算结果小时出现 24 小时的情况
hour = hour - 24;
D = D + 1;
}
}
temp = int(D);
tempy.Format("%.f", Y);
```

```
tempm.Format("%.f", M);
tempd.Format("%.f", temp);
temph.Format("%.f", hour);
tempminute.Format("%.f", minute);
temps.Format("%.f", second);
year_data = tempy + "-" + tempm + "-" + tempd;
hour_data = temph + ":" + tempminute + ":" + temps;
}
```

参考代码(将简化儒略日转换为星期日期):

```
CString CGPSTimeDlg::Calweekdate(double mjd, CString &wdn)
{
int wd = (unsigned long(mjd - 44244) % 7); //1860年1月6日(MJD 44244)是星期天
switch(wd)
{
case 1:
        wdn = "星期一";
break;
case 2:
        wdn = "星期二";
break;
case 3:
        wdn = "星期三";
break;
case 4:
        wdn = "星期四";
break;
case 5:
        wdn = "星期五";
break;
case 6:
        wdn = "星期六";
break;
case 0:
        wdn = "星期天";
break;
default:
        break;
}
return wdn;
}
```

参考代码(将 UTC 时间转换为儒略日):

```
void CGPSTimeDlg::CEToJD(CString year_data, CString hour_data, double &jd)
{
CString temputcyear, temputctime, temp;
double y = 0, m = 1, d = 1, h = 0, mm = 0, s = 0;
temputcyear = year_data;
temputctime = hour_data;
int index1 = temputcyear.Find("-", 0);
int index2 = temputcyear.Find("-", index1 + 1);
if(index1! = -1){
temp = temputcyear.Left(index1);
y = atof(temp); //年
if(index2! = -1){
temp = temputcyear.Mid(index1 + 1, index2 - index1 - 1);
m = atof(temp); //月
temp = temputcyear.Mid(index2 + 1);
d = atof(temp); //日
}
else{
temp = temputcyear.Mid(index2 + 1);
m = atof(temp);
}
}
else{
y = atof(temputcyear);
}
int index3 = temputctime.Find(":", 0);
int index4 = temputctime.Find(":", index3 + 1);
if(index3! = -1){
temp = temputctime.Left(index3);
h = atof(temp); //小时
if(index4! = -1){
temp = temputctime.Mid(index3 + 1, index4 - index3 - 1);
mm = atof(temp); //分钟
temp = temputctime.Mid(index4 + 1);
s = atof(temp); //秒
}
else{
temp = temputctime.Mid(index3 + 1);
mm = atof(temp);
}
```

```
    }
    else{
    h = atof(temputctime);
    }
    if(m <= 2){
    y = y - 1;
    m = m + 12;
    }
    jd = int(365.25 * y) + int(30.6001 * (m + 1)) + d + (h + mm/60 + s/3600)/24 + 1720981.5; //儒
    略日
    }
```

参考代码(将简化儒略日转换为 GPS 周秒)：

```
void CGPSTimeDlg::MJDToGPSWEEK(double mjd, double &gpsweek, double &gpsweeksecond)
{
gpsweek = floor((mjd - 44244)/7); //GPS 周
gpsweeksecond = ((mjd - 44244) - gpsweek * 7) * 86400; //GPS 周内秒
}
```

编程提示：

(1) 在编程时需要定义的变量主要包含儒略日、简化儒略日、年、月、日、小时、分钟、秒等，以及计算的中间结果和最终结果。

(2) 向串口发送指令“log timea”，以请求获得 GPS 周、周内秒及闰秒。

(3) 利用 GPS 周秒计算出 UTC 时间和 CST 时间，显示在编辑框中。

(4) 串口数据采集、变量赋值、计算结果输出等操作可以参考图 3-13 所示的算法代码。

(5) 在上述程序框架下编程实现 GPS 周秒授时的功能。

(6) 计算卫星当前的 GPS 周秒，建议每隔 1 s 计算一次卫星时间。

第四章　卫星坐标、星座与仰角

实验九　实时卫星在轨坐标和速度计算

一、实验目的

理解并掌握卫星轨道相关理论，特别是卫星在轨坐标及运行速度的计算；掌握使用C++编程语言进行卫星在轨坐标及速度计算的方法。

二、实验原理

1. 计算归一化时间

因为卫星的星历数据都是相对于参考时间 t_{oe} 而言的，所以需要将观测时刻 t 做如下归一化：

$$t_k = t - t_{oe} \tag{4-1}$$

式中，t_k 的单位是 s，并且在计算 t_k 时要注意将其绝对值控制在一个星期之内，即如果 $t_k > 302400$，$t_k = t_k - 604800$；如果 $t_k < -302400$，$t_k = t_k + 604800$。其中，604800是一个星期内的秒数。

2. 计算卫星的平均角速度

根据开普勒第三定律，卫星运行的理论平均角速度 n_0 可以用下式计算：

$$n_0 = \sqrt{GM/a^3} = \sqrt{\mu/a^3} \tag{4-2}$$

式中，μ 为地球引力常数，且 $\mu = 3.986005 \times 1014\ \text{m}^3/\text{s}^2$；$a$ 为卫星椭圆轨道长半轴，来自星历数据。

同时，星历数据还传送了平均运动角速度校正值 Δn。

理论平均角速度 n_0 加上星历数据给出的 Δn，便得到最终使用的平均角速度 n：

$$n = n_0 + \Delta n \tag{4-3}$$

3. 计算卫星在 t_k 时刻的平近点角 M

$$M = M_0 + n t_k \tag{4-4}$$

式中，M_0 为卫星星历给出的参考时刻的平近点角；n 为2中得到的平均角速度；t_k 为1中得到的归一化时间。

4. 计算卫星在 t_k 时刻的偏近点角 E 和偏近点角 E 的变化率

$$\begin{cases} E = M + e\sin E \\ \mathrm{d\_}\ E = n/(1 - e\cos E) \end{cases} \tag{4-5}$$

式中，e 为卫星椭圆轨道的偏心率。

上述方程可用迭代法进行解算，一般来说，10 次左右的迭代就已足够精确。

5. 计算卫星在归一化时刻的真近点角 f

$$\begin{cases} r\cos f = a\cos E - ae \\ r\sin f = b\sin E = a\sqrt{1-e^2}\sin E \end{cases} \tag{4-6}$$

式中，a 为卫星轨道长半轴；b 为卫星轨道短半轴。由式(4-6) 可得

$$f = \arctan\left(\frac{\sqrt{1-e^2}\sin E}{\cos E - e}\right) \tag{4-7}$$

式中，E 为偏近点角。

但是，式(4-7) 在 $E = 180°$ 时发散，需要特殊处理。

6. 计算升交点角距 φ 和升交点角距的变化率 d _ φ

$$\begin{cases} \varphi = f + \omega \\ \mathrm{d\_}\ \varphi = \mathrm{d\_}\ f = \sqrt{(1-e^2)}\ \mathrm{d\_}\ E/(1 - e\cos E) \end{cases} \tag{4-8}$$

式中，ω 为卫星轨道的近地点角距，来自星历参数。

7. 计算摄动修正项 $\delta\mu$、δr 和 δi

$$\begin{aligned} &\text{升交点角距修正项 } \delta\mu = C_{\mu c}\cos 2\varphi + C_{\mu s}\sin 2\varphi \\ &\text{卫星地心向径修正项 } \delta r = C_{rc}\cos 2\varphi + C_{rs}\sin 2\varphi \\ &\text{卫星轨道倾角修正项 } \delta i = C_{ic}\cos 2\varphi + C_{is}\sin 2\varphi \end{aligned} \tag{4-9}$$

式(4-9) 中，$C_{\mu c}$，$C_{\mu s}$，C_{rc}，C_{rs}，C_{ic}，C_{is} 均来自卫星星历数据。其摄动修正项 $\delta\mu$、δr 和 δi 的变化率分别为 d _ $\delta\mu$、d _ δr 和 d _ δi：

$$\begin{cases} \mathrm{d\_}\ \delta\mu = 2\mathrm{d\_}\ \varphi(C_{\mu s}\cos 2\varphi - C_{\mu c}\sin 2\varphi) \\ \mathrm{d\_}\ \delta r = 2\mathrm{d\_}\ \varphi(C_{rs}\cos 2\varphi - C_{rc}\sin 2\varphi) \\ \mathrm{d\_}\ \delta i = 2\mathrm{d\_}\ \varphi(C_{is}\cos 2\varphi - C_{ic}\sin 2\varphi) \end{cases} \tag{4-10}$$

8. 计算卫星的地心向径 r

$$r = a(1 - e\cos E) \tag{4-11}$$

这一步需要用到式(4-5) 中得到的偏近点角 E。

9. 进行摄动改正

用式(4-9)得到的摄动修正项更新升交点角距φ、卫星地心向径r和卫星轨道倾角i：

$$\begin{cases}\varphi_k=\varphi+\delta\mu\\ r_k=r+\delta r\\ i_k=i_0+\mathrm{idot}\cdot t_k+\delta i\end{cases}\tag{4-12}$$

式中，φ_k、r_k、i_k分别为修正后的升交点角距、卫星地心向径和卫星轨道倾角；i_0为在t_{oe}时刻卫星轨道倾角；idot为卫星轨道倾角对时间的变化率，来自卫星星历数据。

其修正后的升交点角距、卫星地心向径和卫星轨道倾角的变化率为d_φ_k、d_r_k、d_i_k：

$$\begin{cases}\mathrm{d\_}\ \varphi_k=\mathrm{d\_}\ \varphi+\mathrm{d\_}\ \delta\mu\\ \mathrm{d\_}\ r_k=ae\sin(E)\mathrm{d\_}\ E+\mathrm{d\_}\ \delta r\\ \mathrm{d\_}\ i_k=\mathrm{idot}+\mathrm{d\_}\ \delta i\end{cases}\tag{4-13}$$

10. 计算卫星在椭圆轨道直角坐标系中的位置坐标

在以地心为原点、以椭圆长轴为x轴的椭圆直角坐标系里，卫星的位置坐标为

$$\begin{cases}x=r_k\cos\varphi_k\\ y=r_k\sin\varphi_k\end{cases}\tag{4-14}$$

其卫星位置坐标的变化率为d_x、d_y为

$$\begin{cases}\mathrm{d\_}\ x=\mathrm{d\_}\ r_k\cos\varphi_k-r_k\sin\varphi_k\mathrm{d\_}\ \varphi_k\\ \mathrm{d\_}\ y=\mathrm{d\_}\ r_k\sin\varphi_k+r_k\cos\varphi_k\mathrm{d\_}\ \varphi_k\end{cases}\tag{4-15}$$

11. 计算卫星椭圆轨道在归一化时刻的升交点赤经Ω_k及其变化率d_Ω_k

由于有扰动项，因此升交点赤经不是常数，而由下式决定：

$$\begin{cases}\Omega_k=\Omega_e+(\dot{\Omega}-\omega_{ie})\cdot t_k-\omega_{ie}t_{oe}\\ d\_\ \Omega_k=\dot{\Omega}-\omega_{ie}\end{cases}\tag{4-16}$$

式中，Ω_e来自星历数据，其意义并不是在参考时刻的升交点赤经，而是始于格林尼治子午圈到卫星轨道升交点的准经度；$\dot{\Omega}$为轨道升交点赤经对时间的变化率；$\omega_{ie}=7.2921151467\times10^{-5}$ rad/s，为地球自转角速率。

12. 计算卫星在空间直角坐标系下的坐标

把卫星在椭圆轨道直角坐标系中的坐标进行旋转变换，得到其在空间直角坐标系中的坐标：

$$\begin{cases} X = x\cos\Omega_k - y\cos i_k \sin\Omega_k \\ Y = x\sin\Omega_k + y\cos i_k \cos\Omega_k \\ Z = y\sin i_k \end{cases} \tag{4-17}$$

13. 计算卫星在空间直角坐标系下的运行速度

$$\begin{cases} V_X = -Y\mathrm{d\_}\ \Omega_k - (\mathrm{d\_}\ y\cos i_k - y\sin i_k \mathrm{d\_}\ i_k)\sin\Omega_k + \mathrm{d\_}\ x\cos\Omega_k \\ V_Y = X\mathrm{d\_}\ \Omega_k + (\mathrm{d\_}\ y\cos i_k - y\sin i_k \mathrm{d\_}\ i_k)\cos\Omega_k + \mathrm{d\_}\ x\sin\Omega_k \\ V_Z = \mathrm{d\_}\ y\sin i_k + y\cos i_k \mathrm{d\_}\ i_k \end{cases} \tag{4-18}$$

三、实验主要参数及获取方法

实时卫星空间轨道计算所用参数见表 4-1 所列。

表 4-1　实时卫星空间轨道计算所用参数

参数	意义	参数	意义
t_{oe}	参考时间	$\dot{\Omega}$	轨道升交点赤经对时间的变化率
$\sqrt{a}$	卫星椭圆轨道长半轴平方根	$C_{\mu c}$	升交点角距余弦改动项
e	卫星椭圆轨道的偏心率	$C_{\mu s}$	升交点角距正弦改动项
i_0	参考时间的倾斜角	C_{rc}	轨道半径余弦改动项
Ω_e	周内时等于 0 时的轨道升交点赤经	C_{rs}	轨道半径正弦改动项
ω	轨道近地角距	C_{ic}	倾斜余弦改动项
M_0	参考时间的平近点角	C_{is}	倾斜正弦改动项
Δn	平均运动角速度校正值	IODE	卫星钟参数
idot	卫星轨道倾角对时间的变化率	IODC	星历的期令号

通过向 GNSS 接收机发送“log bd2ephemb”指令，获取导航卫星的原始星历数据报文，从中可以提取表 4-1 中的 18 个参数，进而用于卫星在轨坐标的计算。

具体示例：向 GNSS 接收机发送“log bd2ephemb”指令后，接收机返回的二进制数据如下。

AA 44 12 1C 47 00 02 20 C8 00 00 00 BD B4 CB 07 14 7C 1E 10 00 00 10 00 13 2F 01 00 C8 00 01 00 8D 00
00 00 00 00 00 00 00 00 7F 02 01 00 00 00 B0 1E 04 00 00 00 00 00 C0 7A 10 41 00 00 00 00 C0 7A 10 41
00 00 00 00 00 00 00 00 00 00 00 00 40 5D CA 3D 00 00 00 40 87 98 42 3F 83 48 64 7F 98 08 00 C0 DA 80
9B 3F 83 E9 1A 3E 00 00 00 00 5F EB 2C 3F 00 00 40 29 69 5D B9 40 C3 52 65 BB D6 2F 04 C0 D2 F9 E9 EF
4A 46 BA 3F 02 07 3A 10 D6 70 F8 3F E5 31 7C 49 83 FA 03 BE 86 3D 11 B0 C2 E4 F9 3D 00 00 00 00 00 64
C1 3E 00 00 00 00 20 71 F4 3E 00 00 00 00 00 7C 82 C0 00 00 00 00 00 3B 51 40 00 00 00 00 00 C0 73 BE

```
00 00 00 00 00 00 76 BE 7B 56 AB 55 88 7E 4E 3E 28 4A FF E0 75 55 46 BE 6D 1E 6F 42
```

注意：以上数据仅为某一颗可视卫星的星历数据，限于篇幅，其他所有可视卫星的星历数据不再全部罗列。

数据解析：

【Header 报文头】3 个同步字节加上 25 字节的报文头信息，共计 28 字节，如下(具体信息见书末附录表 A1)：

```
AA 44 12 1C 47 00 02 20 C8 00 00 00 BD B4 CB 07 14 7C 1E 10 00 00 10 00 13 2F 01 00
```

【Data 数据域】长度可变，如下(具体信息见书末附录表 A2)：

```
C8 00  //wSize，即数据域长度为 200 字节
01  //blFlag
00  //bHealth
8D  //ID 为 141，BD 卫星
00  //bReserved
00 00     //uMsgID
00 00     //m _ wIdleTime
00 00  //iodc
00 00     //accuracy
7F 02     //week
01 00 00 00  //iode = 1
B0 1E 04 00     //tow = 270000
00 00 00 00 C0 7A 10 41     // 参数 toe = 270000
00 00 00 00 C0 7A 10 41     //toc = 270000
00 00 00 00 00 00 00 00     //af2 = 0.0
00 00 00 00 40 5D CA 3D     //af1 = 4.795631e - 011
00 00 00 40 87 98 42 3F     //af0 = 5.674992e - 004
83 48 64 7F 98 08 00 C0     //Ms0 = - 2.004197e + 000
DA 80 9B 3F 83 E9 1A 3E     //deltan = 1.566494e - 009
00 00 00 00 5F EB 2C 3F     //es = 2.206377e - 004
00 00 40 29 69 5D B9 40     //roota = 6.493411e + 003
C3 52 65 BB D6 2F 04 C0     //omega0 = - 2.5223359e + 000
D2 F9 E9 EF 4A 46 BA 3F     //i0 = 1.026315e - 001
02 07 3A 10 D6 70 F8 3F     //ws = 1.527548e + 000
E5 31 7C 49 83 FA 03 BE     //omegaot = - 5.814528e - 010
86 3D 11 B0 C2 E4 F9 3D     //itoet = 3.768014e - 010
00 00 00 00 00 64 C1 3E     //Cuc = 2.073124e - 006
00 00 00 00 20 71 F4 3E     //Cus = 1.949491e - 005
00 00 00 00 00 7C 82 C0     //Crc = - 5.915000e + 002
00 00 00 00 00 3B 51 40     //Crs = 6.892188e - 001
00 00 00 00 00 C0 73 BE     //Cic = - 7.357448e - 008
00 00 00 00 00 00 76 BE     //Cis = - 8.195639e - 008
```

```
7B 56 AB 55 88 7E 4E 3E      //tgd
28 4A FF E0 75 55 46 BE      //tgd2
```

【CRC 检验位】对包含报文头在内的所有数据进行校验，如下：

```
6D 1E 6F 42  //CRC
```

四、实验内容及步骤

1. 验证性实验

步骤 1：将 GNSS 接收机接上电源，并通过 RS-232 串口连接到 PC 机，打开 GNSS 接收机电源开关。

步骤 2：在 PC 机上找到“实时卫星在轨坐标计算”→“验证性实验”文件夹，双击“BDORBIT.dsw”文件，通过 Visual C++ 编辑器打开工程文件并运行，进入实验界面。BD 实时卫星空间轨道计算如图 4-1 所示。

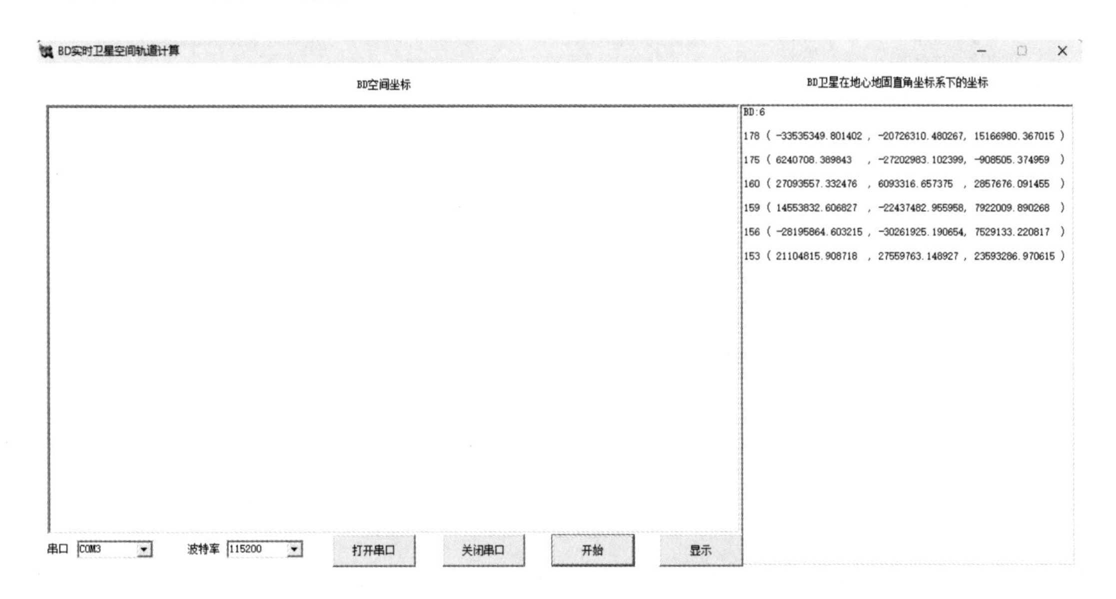

图 4-1　BD 实时卫星空间轨道计算

步骤 3：选择串口号，设置波特率为“115200”，点击“打开串口”按钮。

步骤 4：点击“开始”按钮，可在“BD 卫星在地心地固直角坐标系下的坐标”输出框中显示可视卫星编号和坐标，并加载第三方地图软件“Google Earth”。

步骤 5：点击“显示”按钮，卫星即可在“Google Earth”上直观地显示出来。

2. 设计性实验

步骤 1：将 GNSS 接收机接上电源，并通过 RS-232 串口连接到 PC 机，打开 GNSS 接收机电源开关。

步骤 2：在 PC 机上找到“实时卫星在轨坐标计算”→“设计性实验”文件夹，双击“BDORBIT.dsw”文件，通过 Visual C++ 编辑器打开工程文件，进入编程环境(图 4-2)。

步骤 3：在注释行提示区域内编写代码，实现卫星位置及其速度的计算。

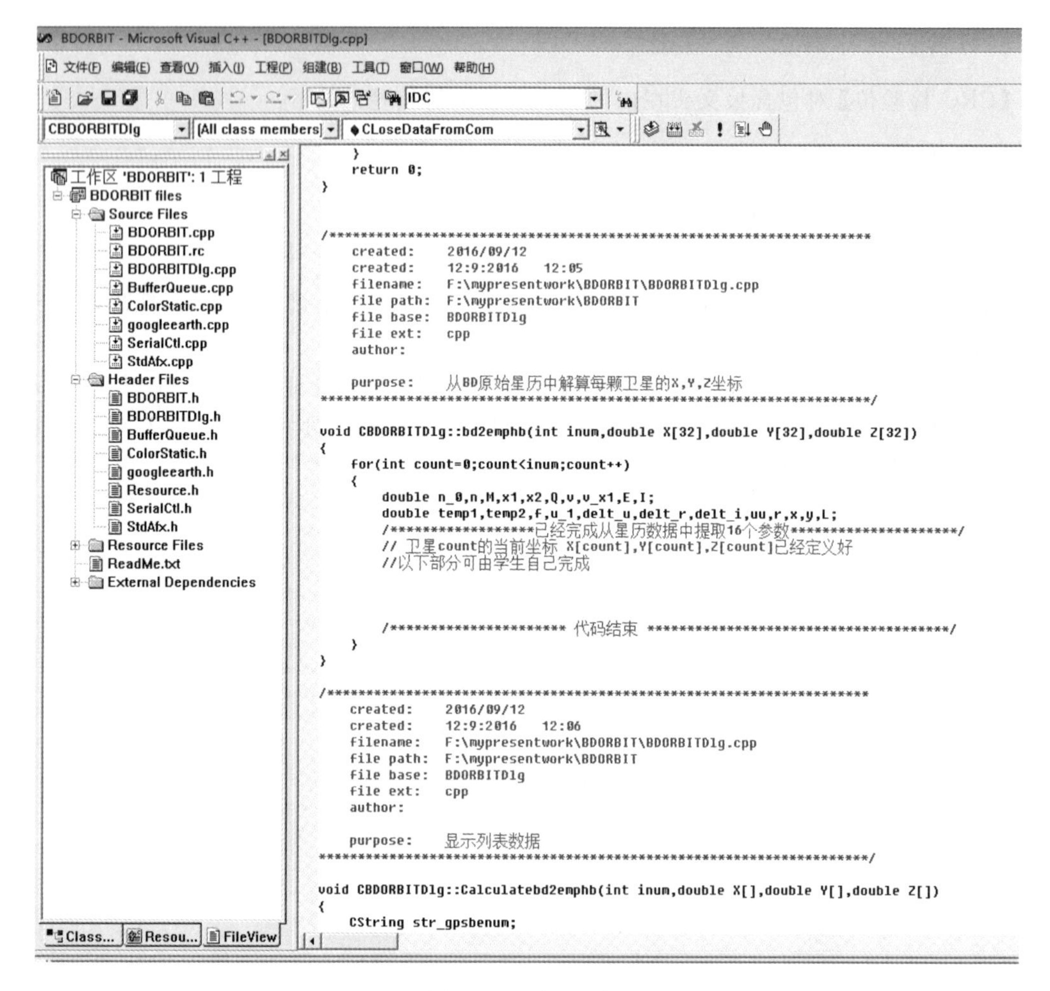

图 4-2　编程环境

步骤 4：代码编写完成后，编译、链接、运行，在图 4-1 所示的应用程序中验证代码功能。若代码功能不正确，则返回编程环境修改代码，继续调试，直至代码功能正确。

参考代码(北斗卫星在轨坐标计算)：

```
void CBDORBITDlg:: bd2emphb(int inum, double X[32], double Y[32], double Z[32])
{
for(int count = 0; count < inum; count ++)
{
double n_0, n, M, x1, x2, Q, v, v_x1, E, I;
double temp1, temp2, f, u_1, delt_u, delt_r, delt_i, uu, r, x, y, L;

tk[count] = t[count] - t_oe[count];

if(tk[count] > 302400)      // 调整 tk 的值
tk[count] = tk[count] - 604800;
```

```
if(tk[count] <- 302400)
tk[count] = tk[count] + 604800;

n_0 = sqrt(GM)/pow(A_sqrt[count], 3); // 计算平均角速度
n = n_0 + delt_n[count];
// 平均角速度加上导航电文中给出的摄动修正项正数，得到卫星的平均角速度
M = M_0[count] + n * (tk[count]); // 观测时刻卫星平近点角的计算
x1 = M - e_s[count];
x2 = M + e_s[count];
while(fabs(x2 - x1) > threshhold)// 迭代法计算偏近点角 E
{
Q = (x2 + x1)/2;
v = M + e_s[count] * sin(Q) - Q;
if(v == 0)
{
E = Q;
break;
}
else
{
v_x1 = M + e_s[count] * sin(x1) - x1;
if(v * v_x1 > 0)x1 = Q;
else x2 = Q;
}
}

E = (x1 + x2)/2;

temp1 = sqrt(1 - pow(e_s[count], 2)) * sin(E); // 计算真近点角 f
temp2 = cos(E) - e_s[count];
f = atan2(temp1, temp2);

u_1 = w[count] + f;   // 计算升交角距 u_1

delt_u = C_uc[count] * cos(2 * u_1) + C_us[count] * sin(2 * u_1);   // 计算摄动修正项
delt_r = C_rc[count] * cos(2 * u_1) + C_rs[count] * sin(2 * u_1);
delt_i = C_ic[count] * cos(2 * u_1) + C_is[count] * sin(2 * u_1);

uu = u_1 + delt_u;                              // 进行摄动修正
r = pow(A_sqrt[count], 2) * (1 - e_s[count] * cos(E)) + delt_r;
I = i_0[count] + delt_i + i_dot[count] * (tk[count]);
```

```
x = r * cos(uu);    // 计算卫星在轨道面坐标系中的位置
y = r * sin(uu);

L = OMEGA_0[count] + (OMEGA_dot[count] - w_e) * (tk[count]) - w_e * t_oe[count];
// 计算在观测瞬间升交点的经度 L

X[count] = x * cos(L) - y * cos(I) * sin(L);    // 计算卫星在地球坐标系中的位置
Y[count] = x * sin(L) + y * cos(I) * cos(L);
Z[count] = y * sin(I);
double t1 = 0.078;
// 修正信号传输时间内卫星位置相对的改变量
X[count] = X[count] * cos(w_e * t1) + Y[count] * sin(w_e * t1);
Y[count] = - X[count] * sin(w_e * t1) + Y[count] * cos(w_e * t1);
Z[count] = Z[count];
}
}
```

编程提示：

(1) 在编程时需要定义的变量主要有用于计算卫星位置的 18 个参数，这 18 个参数来自串口实时接收的原始星历数据（通过向串口发送指令“log bd2ephemb”获得）。另外，还需要定义计算的中间结果和最终结果。

(2) 计算出各颗卫星的位置后，将每颗卫星在空间直角坐标系下的坐标显示在程序对话框中，以便对结果进行验证。

(3) 串口数据采集、变量定义和幅值、计算结果输出等操作见参考代码。

(4) 在上述程序框架下编程实现卫星坐标计算。

(5) 通过指令“log satxyza”获取卫星坐标，以验证上述计算结果的正确性。

(6) 以上实验为基于北斗信号的实验操作，基于 GPS 信号的实验操作与以上过程类似。

实验十　实时卫星在轨坐标星座图显示

一、实验目的

理解并掌握卫星轨道相关理论，特别是卫星在轨星座图的绘制；掌握使用 C++ 编程语言将卫星在轨坐标转换为星座图显示的方法。

二、实验原理

将卫星在轨坐标转换为星座图显示时，会用到站心地平直角坐标系。

站心地平直角坐标系：以站心点的法线为 Z 轴，在地平面上以子午线方向为 X 轴，Y 与 X、Z 轴正交，指向东为正。站心地平直角坐标系如图 4-3 所示。

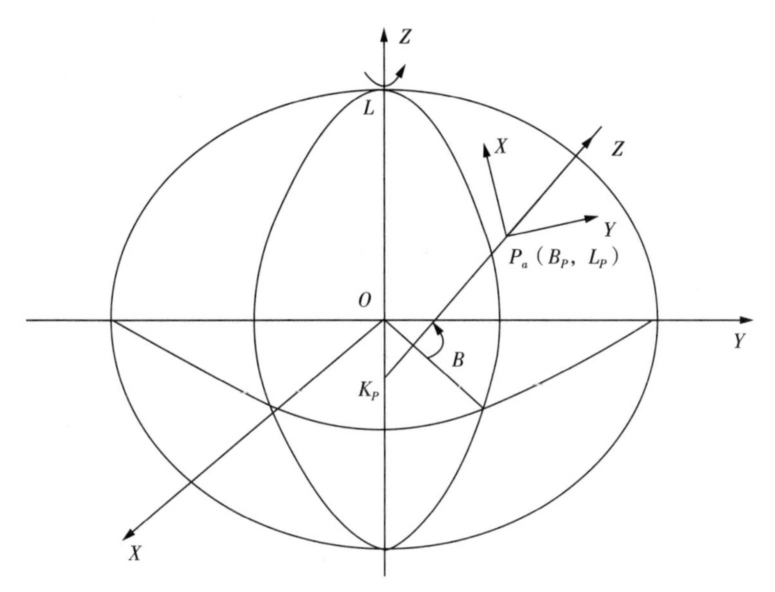

P_a— 观测点；B_P— 纬度；L_P— 经度；B— 仰角；K_P— 坐标极点；L— 地球半径。

图 4-3　站心地平直角坐标系

将站心坐标轴 X、Y、Z 变换成与空间直角坐标系的指向一致，需要以下三个步骤：Z 坐标轴反向、绕 Y 轴旋转 $90°+B$、绕 Z 轴旋转 $-L$。其具体如下：

$$\boldsymbol{R}=\boldsymbol{R}_Z(-L_0)\boldsymbol{R}_Y(90°+B_0)\begin{pmatrix}1&0&0\\0&1&0\\0&0&-1\end{pmatrix}=\begin{pmatrix}-\sin B_0\cos L_0&-\sin L_0&\cos B_0\cos L_0\\-\sin B_0\sin L_0&\cos L_0&\cos B_0\sin L_0\\\cos B_0&0&\sin B_0\end{pmatrix}$$

式中，$\boldsymbol{R}_Z(-L_0)=\begin{pmatrix}\cos L_0&-\sin L_0&0\\\sin L_0&\cos L_0&0\\0&0&1\end{pmatrix}$；$\boldsymbol{R}_Y(90°+B_0)=\begin{pmatrix}-\sin B_0&0&-\cos B_0\\0&1&0\\\cos B_0&0&-\sin B_0\end{pmatrix}$。

所以，站心地平直角坐标到空间直角坐标的变换公式如下：

$$\begin{pmatrix}X\\Y\\Z\end{pmatrix}=\begin{pmatrix}X_{P_0}\\Y_{B_0}\\Z_B\end{pmatrix}+R\begin{pmatrix}x\\y\\z\end{pmatrix}=\begin{pmatrix}(N_0+H_0)\cos B_0\cos L_0\\(N_0+H_0)\cos B_0\sin L_0\\ [N_0(1-e^2)+H_0]\sin B_0\end{pmatrix}$$

$$+\begin{pmatrix}-\sin B_0\cos L_0&-\sin L_0&\cos B_0\cos L_0\\-\sin B_0\sin L_0&\cos L_0&\cos B_0\sin L_0\\\cos B_0&0&\sin B_0\end{pmatrix}\begin{pmatrix}x\\y\\z\end{pmatrix}$$

由上式可得空间直角坐标到站心地平直角坐标的变换公式为

$$\begin{pmatrix} x \\ y \\ z \end{pmatrix} = R^{\mathrm{T}} \begin{pmatrix} X - X_{P_0} \\ Y - Y_{P_0} \\ Z - Z_{P_0} \end{pmatrix} = \begin{pmatrix} -\sin B_0 \cos L_0 & -\sin B_0 \sin L_0 & \cos B_0 \\ -\sin L_0 & \cos L_0 & 0 \\ \cos B_0 \cos L_0 & \cos B_0 \sin L_0 & \sin B_0 \end{pmatrix} \begin{pmatrix} X - X_{P_0} \\ Y - Y_{P_0} \\ Z - Z_{P_0} \end{pmatrix} \tag{4-19}$$

以上计算过程以计算机易于实现的语言描述如下。

(1) 得到观测点的 WGS－84 大地坐标：经度 Lon、纬度 Lat、高程 Alt 及其弧度值 B_p、L_p、H。

$$\begin{cases} B_p = \pi(\mathrm{Lat}/180) \\ L_p = \pi(\mathrm{Lon}/180) \\ H = \mathrm{Alt} \end{cases} \tag{4-20}$$

(2) 计算观测点的空间直角坐标：

$$\begin{cases} X_p = (\mathrm{RE} + H)\cos B_p \cos L_p \\ Y_p = (\mathrm{RE} + H)\cos B_p \sin L_p \\ Z_p = (\mathrm{RE} + H)\sin B_p \end{cases} \tag{4-21}$$

式中，X_p、Y_p、Z_p 为观测点的空间直角坐标；RE＝6371004，为地球半径。

(3) 计算卫星的站心坐标：

$$\begin{cases} X_{zs} = [-\sin(B_p)\cos(L_p)](X - X_p) + [-\sin(B_p)]\sin(L_p)(Y - Y_p) + [\cos(B_p)(Z - Z_p)] \\ Y_{zs} = -\sin(L_p)(X - X_p) + \cos(L_p)(Y - Y_p) \\ Z_{zs} = [\cos(B_p)\cos(L_p)](X - X_p) + [\cos(B_p)\sin(L_p)](Y - Y_p) + [\sin(B_p)(Z - Z_p)] \end{cases} \tag{4-22}$$

(4) 计算卫星的高度角 E_l，方位角 A_z：

$$\begin{cases} A_z = a\ \tan(Y_{zs}/X_{zs}) \\ E_l = a\ \tan\{Z_{zs}/[\mathrm{sqrt}(X_{zs}X_{zs} + Y_{zs}Y_{zs})]\} \end{cases} \tag{4-23}$$

式中，E_l、A_z 是这颗卫星的高度角、方位角。

若 $X_{zs} < 0$，则 $A_z = A_z + \pi$；若 $Y_{zs} < 0$，则 $A_z = A_z + 2\pi$，其他 $A_z = A_z$；若 $Z_{zs} < 0$，则 $E_l = E_l + \pi$。

(5) 计算卫星在星座图极坐标系中的半径 V_r 和角度 V_a：

$$\begin{cases} V_r = r(\pi/2 - E_l)/(\pi/2) \\ V_a = 2\pi - A_z + \pi/2 \end{cases} \tag{4-24}$$

式中，r 为星座图圆盘半径长度，可设置为 210 像素点；方位角 V_a 是与 Y 轴的夹角，计算时取值为$(2\pi - Az)$，为了使角度为正数可加上 2π。

(6) 计算卫星在 MFC 软件界面上的坐标：

$$\begin{cases} yy = 210 - 210V_r \sin V_a \\ xx = 210 + 210V_r \cos V_a \end{cases} \tag{4-25}$$

式中，210 为背景位图 bitmap1 的半径；yy、xx 为在 MFC 软件界面中的星座图上的坐标，以背景位图 bitmap1 左上角的点作为二维坐标系的原点，向下为 y 轴正方向，向右为 x 轴正方向。

三、实验主要参数及获取方法

(1) 发送指令“log bestposa”，以获取观测点的经度 Lon、纬度 Lat 和高程 Alt。

指令“log bestposa”返回的数据格式如下：

BESTPOSA，COM1，0，60.0，FINESTEERING，1709，270776.300，00000000，0000，1114；＜1＞，＜2＞，＜3＞，＜4＞，＜5＞，＜6＞，＜7＞，＜8＞，＜9＞，＜10＞，＜11＞，＜12＞，＜13＞，＜14＞，＜15＞，＜16＞，＜17＞，＜18＞，＜19＞，＜20＞，＜21＞ * hh＜CR＞＜LF＞

＜1＞解算状态

SOL_COMPUTED　　完全解算

INSUFFICIENT_OBS　　观测量不足

COLD_START　　冷启动，尚未完全解算

＜2＞定位类型

NONE　　未解算

FIXEDPOS　　已设置固定坐标

SINGLE　　单点解定位

PSRDIFF　　伪距差分解定位

NARROW_FLOAT　　浮点解

WIDE_INT　　宽带固定解

NARROE_INT　　窄带固定解

SUPER WIDE_LINE　　超宽带解

＜3＞纬度，单位为度(°)

＜4＞经度，单位为度(°)

＜5＞海拔高，单位为 m

＜6＞大地水准面差异(空)

＜7＞坐标系统

＜8＞纬度标准差

＜9＞经度标准差

＜10＞高程标准差

＜11＞基站 ID

＜12＞差分龄期，单位为秒

＜13＞解算时间

< 14 > 跟踪到的卫星颗数
< 15 > 参与 RTK 解算的卫星颗数
< 16 > L1 参与 PVT 解算的卫星颗数
< 17 > L1、L2 参与 PVT 解算的卫星颗数
< 18 > 预留
< 19 > 扩展解算状态
< 20 > 预留
< 21 > 参与解算的信号

具体示例：

#BESTPOSA，COM2，0，60.0，FINESTEERING，1994，113013.100，00000000，0000，1114；SOL_COMPUTED，SINGLE，31.77541091300，117.32225477412，31.6023，-4.1057，WGS-84，0.8865，1.0293，3.4780，"AAAA"，99.000，1.000，10，10，10，10，0，0，0，9*fd4ae4c9

数据解析：

#BESTPOSA，COM2，0，60.0，FINESTEERING，1994，113013.100，00000000，0000，1114；(报文头)

SOL_COMPUTED(完全解算)，SINGLE(单点解定位)，31.77541091300(纬度)，117.32225477412(经度)，31.6023(海拔高)，-4.1057，WGS-84(坐标系统)，0.8865(纬度标准差)，1.0293(经度标准差)，3.4780(海拔高标准差)，"AAAA"，99.000，1.000(解算时间)，10(跟踪到的卫星颗数)，10，10，10，0，0，0，9*fd4ae4c9

(2) 发送指令"log satxyza"，以获取卫星的空间直角坐标 X、Y、Z。

指令"log satxyza"返回数据的格式如下：

#SATXYZA，COM2，0，60.0，FINESTEERING，1994，113181.100，00000000，0000，1114； < 1 >，< 2 >，< 3 >，< 4 >，< 5 >，< 6 >，< 7 >，< 8 >，< 9 >，< 10 >，< 11 >，…，*hh < CR >< LF >

< 1 > 保留
< 2 > 可视卫星数
< 3 > 卫星编号(1～32 GPS 卫星，38～61 GLONASS 卫星，141～177 BD 卫星，120～138 SBAS 卫星)
< 4 > 卫星 X 坐标(空间直角坐标系，单位为 m)
< 5 > 卫星 Y 坐标(空间直角坐标系，单位为 m)
< 6 > 卫星 Z 坐标(空间直角坐标系，单位为 m)
< 7 > 卫星时钟校正(m)
< 8 > 电离层延时(m)
< 9 > 对流层延迟(m)
< 10 > 保留
< 11 > 保留
… 由 < 3 > 开始到 < 11 > 结束，重复以上内容
< hh > CRC 校验位

具体示例：

#SATXYZA，COM2，0，60.0，FINESTEERING，1994，113181.100，00000000，0000，1114；0.0，8，8，-4902005.2253，25555347.4436，4977087.0565，-28670.665，5.482391146，2.908835305，

0.000000000，0.000000000，23，1253526.7442，26065015.9077，3765312.8181，－65458.296，6.587542287，3.523993430，0.000000000，0.000000000，141，－32289200.7183，27092594.1458，1070136.6139，159164.480，5.108123563，3.311221640，0.000000000，0.000000000，143，－14869528.1700，39414572.0856，537724.3673，－75227.629，4.734850104，3.030386190，0.000000000，0.000000000，144，－39620847.7231，14473666.4440，419461.1068，－19484.076，6.686936039，4.573544993，0.000000000，0.000000000，145，21852665.4578，36009296.4377，－1448772.7596，－56919.927，9.671918298，8.162159789，0.000000000，0.000000000，146，－7592256.6317，34686429.0063，－22222533.3286，120154.588，12.259749444，8.435826552，0.000000000，0.000000000，148，－24695625.7042，33036988.0345，－9205176.2883，75037.306，6.432671006，3.928459176，0.000000000，0.000000000＊1E3AFFC3

数据解析：

＃SATXYZA，COM2，0，60.0，FINESTEERING，1994，113181.100，00000000，0000，1114；(报文头)

0.0，8(共计8颗可视卫星)，

8(第一颗可视卫星编号为8，GPS卫星)，－4902005.2253(8号GPS卫星在空间直角坐标系中的X坐标，单位为m)，25555347.4436(8号GPS卫星在空间直角坐标系中的Y坐标，单位为m)，4977087.0565(8号GPS卫星在空间直角坐标系中的Z坐标，单位为m)，－28670.665(卫星时钟校正)，5.482391146(电离层延时)，2.908835305(对流层延迟)，0.000000000，0.000000000，

23(第二颗可视卫星编号为23，GPS卫星)，1253526.7442(23号GPS卫星在空间直角坐标系中的X坐标，单位为m)，26065015.9077(23号GPS卫星在空间直角坐标系中的Y坐标，单位为m)，3765312.8181(23号GPS卫星在空间直角坐标系中的Z坐标，单位为m)，－65458.296，6.587542287，3.523993430，0.000000000，0.000000000，

141(第三颗可视卫星编号为141，BD卫星)，－32289200.7183(141号BD卫星在空间直角坐标系中的X坐标，单位为m)，27092594.1458(141号BD卫星在空间直角坐标系中的Y坐标，单位为m)，1070136.6139(141号BD卫星在空间直角坐标系中的Z坐标，单位为m)，159164.480，5.108123563，3.311221640，0.000000000，0.000000000，

143(第四颗可视卫星编号为143，BD卫星)，－14869528.1700(143号BD卫星在空间直角坐标系中的X坐标，单位为m)，39414572.0856(143号BD卫星在空间直角坐标系中的Y坐标，单位为m)，537724.3673(143号BD卫星在空间直角坐标系中的Z坐标，单位为m)，－75227.629，4.734850104，3.030386190，0.000000000，0.000000000，

144(第五颗可视卫星编号为144，BD卫星)，－39620847.7231(144号BD卫星在空间直角坐标系中的X坐标，单位为m)，14473666.4440(144号BD卫星在空间直角坐标系中的Y坐标，单位为m)，419461.1068(144号BD卫星在空间直角坐标系中的Z坐标，单位为m)，－19484.076，6.686936039，4.573544993，0.000000000，0.000000000，

145(第六颗可视卫星编号为145，BD卫星)，21852665.4578(145号BD卫星在空间直角坐标系中的X坐标，单位为m)，36009296.4377(145号BD卫星在空间直角坐标系中的Y坐标，单位为m)，－1448772.7596(145号BD卫星在空间直角坐标系中的Z坐标，单位为m)，－56919.927，9.671918298，8.162159789，0.000000000，0.000000000，

146(第七颗可视卫星编号为146，BD卫星)，－7592256.6317(146号BD卫星在空间直角坐标系中的X坐标，单位为m)，34686429.0063(146号BD卫星在空间直角坐标系中的Y坐标，单位为m)，－22222533.3286(146号BD卫星在空间直角坐标系中的Z坐标，单位为m)，120154.588，12.259749444，8.435826552，0.000000000，0.000000000，

148(第八颗可视卫星编号为148，BD卫星)，－24695625.7042(148号BD卫星在空间直角坐标系中的

X 坐标，单位为 m)，33036988.0345(148 号 BD 卫星在空间直角坐标系中的 *Y* 坐标，单位为 m)，-9205176.2883(148 号 BD 卫星在空间直角坐标系中的 *Z* 坐标，单位为 m)，75037.306，6.432671006，3.928459176，0.000000000，0.000000000 * 1E3AFFC3

四、实验内容及步骤

1. 验证性实验

步骤 1：将 GNSS 接收机接上电源，并通过 RS-232 串口连接到 PC 机，打开 GNSS 接收机电源开关。

步骤 2：在 PC 机上找到“实时卫星在轨坐标星座图显示”→“验证性实验”文件夹，双击“BDORBIT.dsw”文件，通过 Visual C++ 编辑器打开工程文件并运行，进入实验界面。BD 实时卫星空间坐标星座图显示如图 4-4 所示。

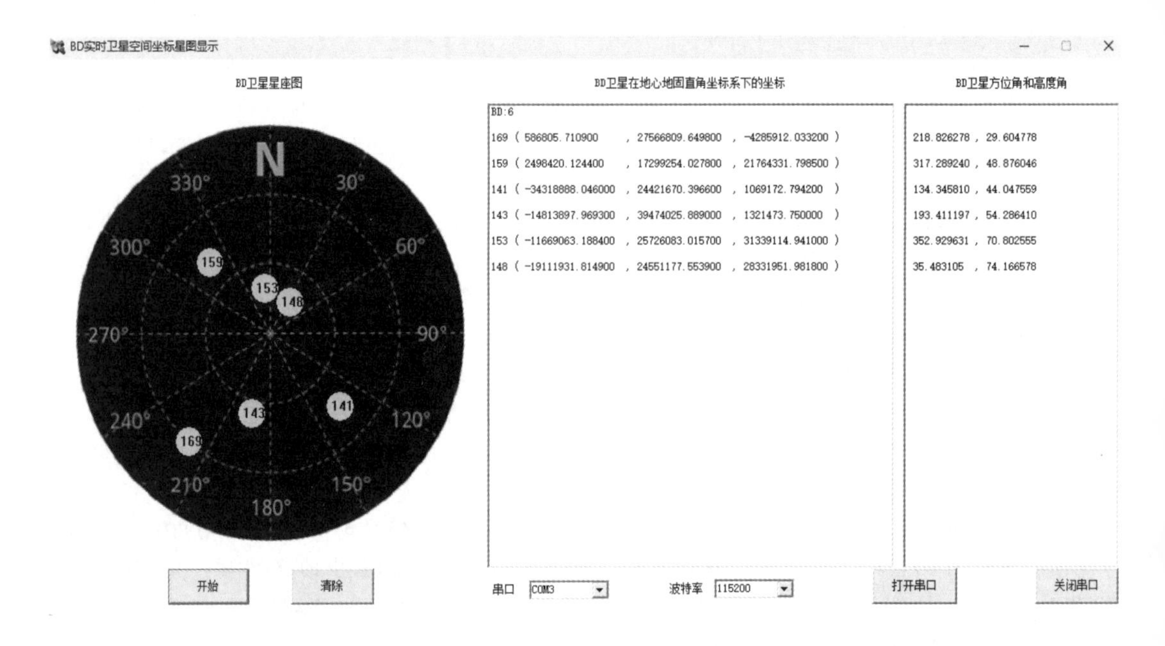

图 4-4 BD 实时卫星空间坐标星座图显示

步骤 3：选择串口号，设置波特率为“115200”，点击“打开串口”按钮。

步骤 4：单击“开始”按钮，可在“BD 卫星在地心地固直角坐标系下的坐标”输出框中显示卫星编号和空间坐标；可在“BD 卫星方位角和高度角”输出框中显示方位角和高度角；可在左侧星座图中查看可视卫星的空间分布情况，卫星的高度角越大，越接近圆盘中心。

步骤 5：点击“清除”按钮，可清空输出框中的数据和显示的星座图。

2. 设计性实验

步骤 1：将 GNSS 接收机接上电源，并通过 RS-232 串口连接到 PC 机，打开 GNSS 接收机电源开关。

步骤 2：在 PC 机上找到“实时卫星在轨坐标星座图显示”→“设计性实验”文件夹，

双击“BDORBIT. dsw”文件，通过 Visual C＋＋编辑器打开工程文件，进入编程环境（图4－5）。

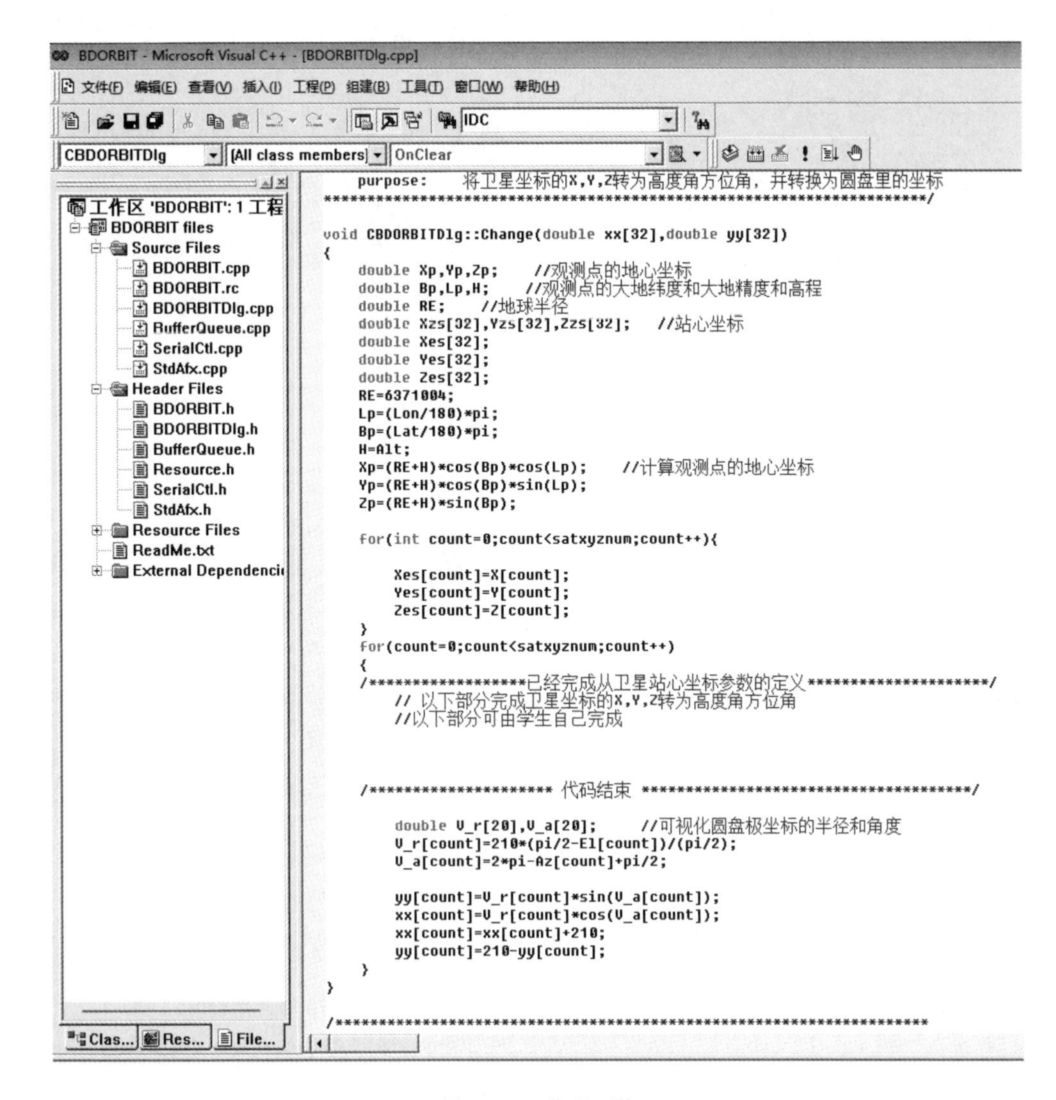

图 4－5　编程环境

步骤 3：在注释行提示区域内编写代码，实现关于卫星空间位置转换为平面坐标的计算。

步骤 4：代码编写完成后，编译、链接、运行，在图 4－4 所示的应用程序中验证代码功能。若代码功能不正确，则返回编程环境修改代码，继续调试，直至代码功能正确。

参考代码(实时卫星在轨坐标星座图显示)：

```
void CBDORBITDlg:: Change(double xx[32], double yy[32])
{
double Xp, Yp, Zp;      // 观测点的地心坐标
```

```
double Bp, Lp, H;        //观测点的大地纬度、大地精度和高程
    double RE;      //地球半径
    double Xzs[32], Yzs[32], Zzs[32];    //站心坐标
    double Xes[32];
    double Yes[32];
    double Zes[32];
    RE = 6371004;
    Lp = (Lon/180) * pi;
    Bp = (Lat/180) * pi;
    H = Alt;
    Xp = (RE + H) * cos(Bp) * cos(Lp);      //计算观测点的地心坐标
    Yp = (RE + H) * cos(Bp) * sin(Lp);
    Zp = (RE + H) * sin(Bp);

    for(int count = 0; count < satxyznum; count ++){

    Xes[count] = X[count];
    Yes[count] = Y[count];
    Zes[count] = Z[count];
    }
    for(count = 0; count < satxyznum; count ++)
    {
    Xzs[count] = ((- sin(Bp) * cos(Lp)) * (Xes[count] - Xp) + (- sin(Bp)) * sin(Lp) * (Yes[count] -
     Yp) + (cos(Bp) * (Zes[count] - Zp)));    //坐标转换
    Yzs[count] = (- sin(Lp) * (Xes[count] - Xp) + cos(Lp) * (Yes[count] - Yp));
    Zzs[count] = ((cos(Bp) * cos(Lp)) * (Xes[count] - Xp) + (cos(Bp) * sin(Lp)) * (Yes[count] -
     Yp) + (sin(Bp) * (Zes[count] - Zp)));

    Az[count] = atan(Yzs[count]/Xzs[count]);            //方位角和高度角计算
    El[count] = atan(Zzs[count]/(sqrt(Xzs[count] * Xzs[count] + Yzs[count] * Yzs[count])));

    if(Xzs[count] < 0)
    Az[count] = Az[count] + pi;            //高度角和方位角调整
    else if(Yzs[count] < 0)
    Az[count] = Az[count] + 2 * pi;
    else Az[count] = Az[count];

    if(Zzs[count] < 0)
    El[count] = El[count] + pi;

    double V_r[20], V_a[20];       //可视化圆盘极坐标的半径和角度
    V_r[count] = 210 * (pi/2 - El[count])/(pi/2);
```

```
    V _ a[count] = 2 * pi - Az[count] + pi/2;

    yy[count] = V _ r[count] * sin(V _ a[count]);
    xx[count] = V _ r[count] * cos(V _ a[count]);
    xx[count] = xx[count] + 210;
    yy[count] = 210 - yy[count];
    }
    }
```

编程提示：

(1) 在编程时需要获取的变量主要有观测点的经度、纬度和高程，以及每颗卫星的空间坐标，这些数据来自串口实时接收的导航电文；另外，还需要定义计算的中间结果和最终结果。

(2) 计算出接收机(观测点) 地心坐标后，可进一步将每颗卫星的空间直角坐标转换为站心地平直角坐标，再转换为高度角和方位角，显示在程序对话框中，以便对结果进行验证。

(3) 串口数据采集、变量定义与赋值、计算结果输出等操作可以参考代码。

(4) 在上述程序框架下编程实现卫星实时空间坐标在星座图上的显示。

(5) 通过指令"log gpgsv" 获取高度角和方位角，以验证上述计算结果的正确性。

(6) 以上实验为基于北斗信号的实验操作，基于 GPS 信号的实验操作与以上过程类似。

实验十一　导航卫星信号信噪比与导航卫星仰角的关系

一、实验目的

了解导航卫星仰角(ELEV) 随时间的变化规律，掌握导航卫星信噪比(SNR)、卫星高度角、卫星方位角的基本概念及其计算方法，总结导航卫星信噪比与导航卫星仰角的关系。

二、实验原理

1. 信噪比

信噪比是有用信号强度相对噪声强度的比例，是对有噪信号中信号功率大小的表征。信噪比的计量单位是 dB，其计算方法是 10 lg(PS/PN)，其中 PS 和 PN 分别代表有用信号和噪声信号的有效功率。随着信噪比的减小，信号逐渐淹没在噪声中。

2. 卫星仰角

卫星仰角又称为卫星高度角，是指观测矢量(观测点指向卫星的矢量) 高出由东向和北向两轴所组成的水平面的角度，即观测矢量与观测点水平面的夹角。

3. 信噪比与卫星仰角的关系

导航卫星信号的信噪比与其仰角具有较大的相关性。一般情况下，卫星仰角越大(卫星越靠近观测点的正上方），卫星信号信噪比越大；反之，卫星仰角越小（卫星越靠近地平面），卫星信号信噪比越小，因为此时卫星信号的传播易受到遮挡，易形成多径效应，同时受电离层、对流层等误差影响越大。

三、实验主要参数及获取方法

发送指令“log gpgsv”，以获取卫星编号、高度角、方向角和信噪比。

指令“log gpgsv”返回数据的格式如下：

$GPGSV，3，1，09，14，67，095，51，31，55，331，50，25，38，041，50，22，25，188，46 * 70

$GPGSV，＜1＞，＜2＞，＜3＞，＜4＞，＜5＞，＜6＞，＜7＞ * hh＜CR＞＜LF＞

＜1＞消息总数

＜2＞消息编号

＜3＞可视卫星总数

＜4＞卫星编号

＜5＞高度角（最大为 90°）

＜6＞方位角（0°～359°）

＜7＞信噪比

… 下一颗可视卫星的编号、高度角、方位角、信噪比 …

具体示例：

$GPGSV，3，1，09，18，17，173，32，27，69，035，，16，40，050，，08，64，230，49 * 75

$GPGSV，3，2，09，11，18，195，43，09，36，275，，07，24，317，，26，19，073， * 72

$GPGSV，3，3，09，23，37，226，48，，，，，，，，，，，， * 4F

$BDGSV，2，1，05，142，37，230，43，143，53，193，40，145，17，250，40，146，13，193，29 * 60

$BDGSV，2，2，05，149，26，219，39，，，，，，，，，，，， * 65

数据解析：

$GPGSV，3（消息总数），1（消息编号），09（可视卫星总数），18（卫星编号），17（高度角），173（方位角），32（信噪比），27（卫星编号），69（高度角），035（方位角），（信噪比），16（卫星编号），40（高度角），050（方位角），（信噪比），08（卫星编号），64（高度角），230（方位角），49（信噪比）* 75（校验位）

$GPGSV，3，2（消息编号），09（可视卫星总数），11（卫星编号），18（高度角），195（方位角），43（信噪比），09（卫星编号），36（高度角），275（方位角），（信噪比），07（卫星编号），24（高度角），317（方位角），（信噪比），26（卫星编号），19（高度角），073（方位角）， * 72

$GPGSV，3，3（消息编号），09（可视卫星总数），23（卫星编号），37（高度角），226（方位角），48（信噪比），，，，，，，，，，，， * 4F

$BDGSV，2，1（消息编号），05（可视卫星总数），142（卫星编号），37（高度角），230（方位角），43（信噪比），143（卫星编号），53（高度角），193（方位角），40（信噪比），145（卫星编号），17（高度角），250（方位角），40（信噪比），146（卫星编号），13（高度角），193（方位角），29（信噪比）* 60

$BDGSV，2，2（消息编号），05（可视卫星总数），149（卫星编号），26（高度角），219（方位角），39（信噪比），，，，，，，，，，，， * 65

四、实验内容及步骤

1. 验证性实验

步骤1：将GNSS接收机接上电源，并通过RS-232串口连接到PC机，打开GNSS接收机电源开关。

步骤2：在PC机上找到“导航卫星信号信噪比与导航卫星仰角的关系”→“验证性实验”文件夹，双击“ElevAndSNR.dsw”文件，通过Visual C++编辑器打开工程文件并运行，进入实验界面。导航卫星信号信噪比与导航卫星仰角的关系如图4-6所示。

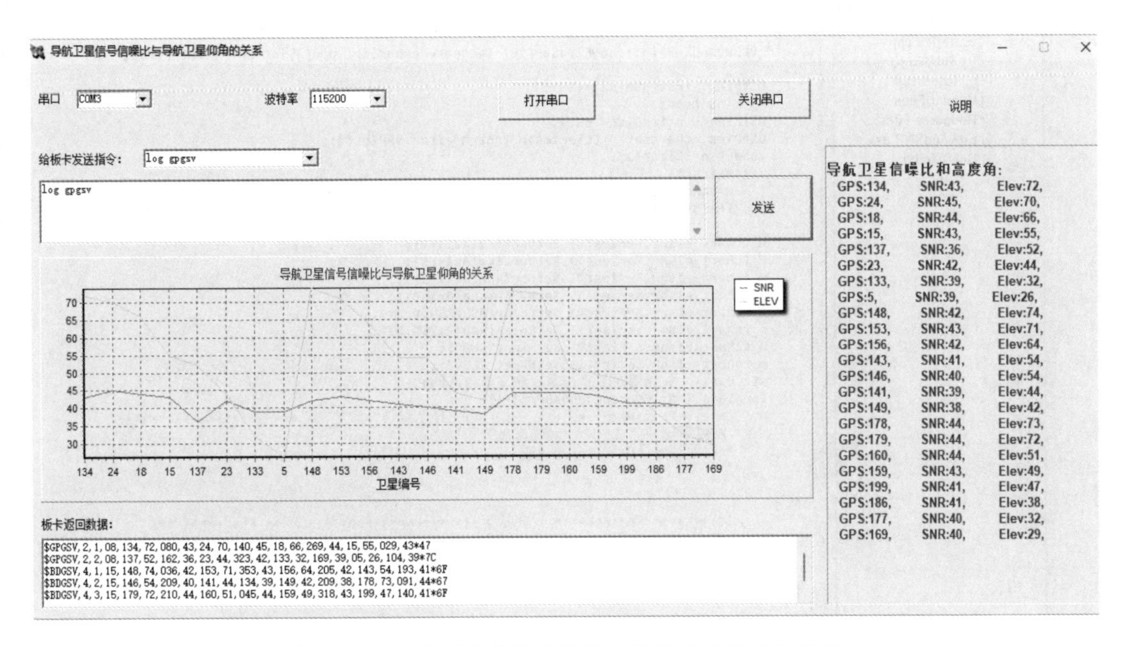

图4-6　导航卫星信号信噪比与导航卫星仰角的关系

步骤3：选择串口号，设置波特率为“115200”，点击“打开串口”按钮。

步骤4：在数据发送编辑框中输入指令“log gpgsv”（按Enter键），点击“发送”按钮；

步骤5：在接收数据框中查看数据返回情况，同时在右侧的输出框中显示获取的所有可视卫星的信噪比和仰角数据，并在左侧绘制关系曲线。

由此可见，对于众多可视卫星，其仰角较小时，其信噪比也会减小。

2. 设计性实验

步骤1：将GNSS接收机接上电源，并通过RS-232串口连接到PC机，打开GNSS接收机电源开关。

步骤2：在PC机上找到“导航卫星信号信噪比与导航卫星仰角的关系”→“设计性实验”文件夹，双击“ElevAndSNR.dsw”文件，通过Visual C++编辑器打开工程文件，进入编程环境（图4-7）。

步骤3：在注释行提示区域内编写代码，从接收机返回的数据报文中提取各个可视卫星的信噪比和仰角数据，并进行可视化显示。

步骤4：代码编写完成后，编译、链接、运行，在图4-6所示的应用程序中验证代码

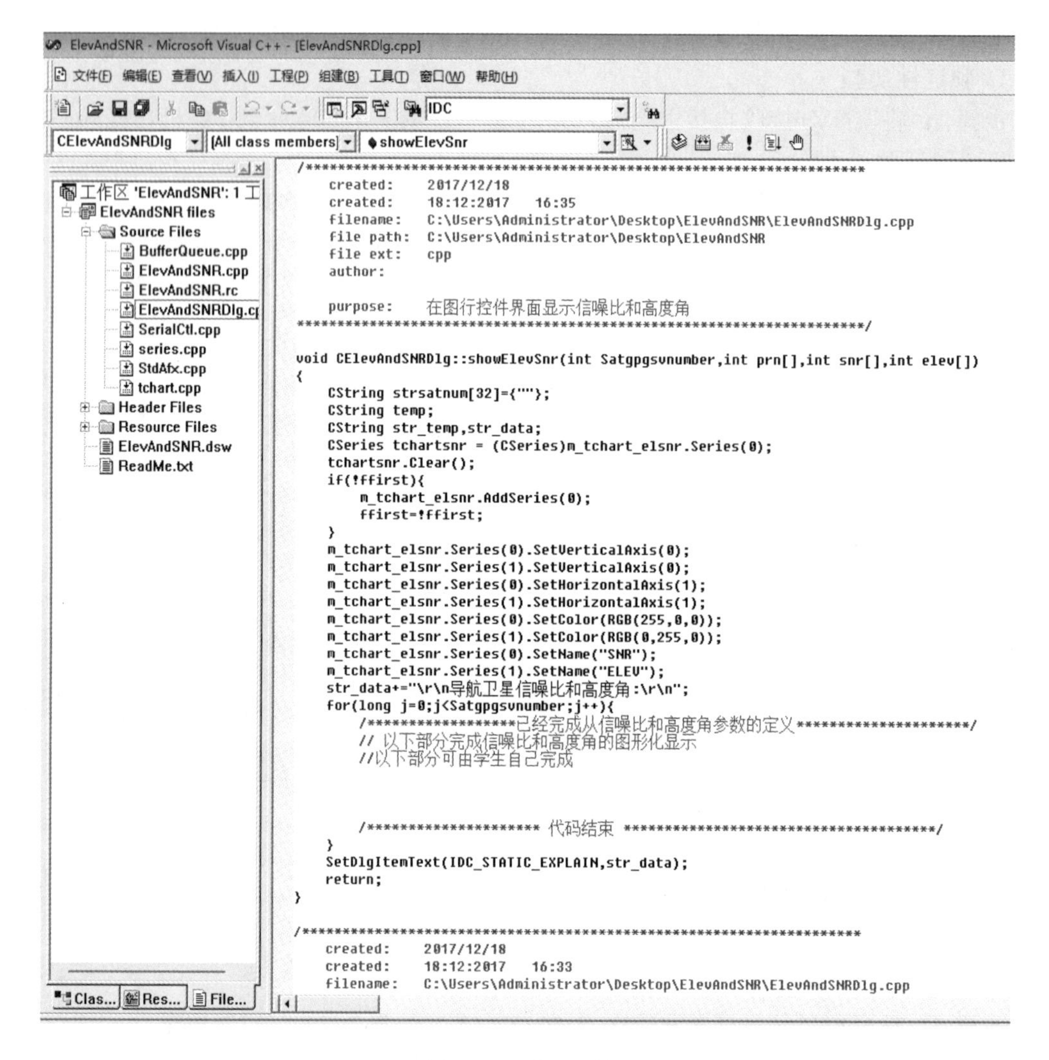

图 4-7　编程环境

功能。若代码功能不正确，则返回编程环境修改代码，继续调试，直至功能正确。

参考代码（从 GPGSV 指令中解析导航卫星信噪比、高度角和方位角数据）：

```
LRESULT CElevAndSNRDlg:: ReceiveMSG(WPARAM wParam, LPARAM lParam)
{
m_pBufQ = (CBufferQueue *)wParam;
byte *btData = new byte[BUFFSIZE];
UINT uiDataLen = 0;
byte* pbtData = btData;
CString strtmpC = _T("");
CString strtmpc = _T("");
string str_wholeRecData;
```

```
CString strion = _T("");
int iQueueLen = m_pBufQ->GetQueueLen();
for(int i = 0; i<iQueueLen; ++i){
if(!m_pBufQ->GetData(&pbtData, uiDataLen)){
break;
}
else {
for(int k = 0; k<uiDataLen; k++){
unsigned char bt = *(char*)(pbtData + k);
strtmpc.Format(_T("%c"), bt);
strtmpC += strtmpc;
}
}
str_wholeDecRecData += strtmpC;
}
str_wholeRecData = str_wholeDecRecData;
//提取高度角、方位角、信噪比
string *str_tempgsv = new string("");
if(GetGPGSVs(str_wholeRecData, str_tempgsv)){
str_gpgsv = *str_tempgsv;
if(str_gpgsv.length() > 0){
GetEveryGPGSV(str_gpgsv, streverygpgsv, gpgsvgpsbdnumber, gpgsvgpsbdnum);
GetEleAziSnr(streverygpgsv, gpgsvgpsbdnum, prn, elev, azimuth, snr, Satgpgsvnumber);
showElevSnr(Satgpgsvnumber, prn, snr, elev);
CString command = (*str_tempgsv).c_str();
SetDlgItemText(IDC_EDIT_RECV, command);
str_gpgsv = "";
str_wholeDecRecData = "";
Satgpgsvnumber = 0;
}
}

return 0;
}
```

参考代码(绘制导航卫星信号信噪比与导航卫星仰角之间的关系曲线)：

```
void CElevAndSNRDlg::showElevSnr(int Satgpgsvnumber, int prn[], int snr[], int elev[])
{
CString strsatnum[32] = {""};
CString temp;
CString str_temp, str_data;
CSeries tchartsnr = (CSeries)m_tchart_elsnr.Series(0);
```

```
tchartsnr.Clear();
if(!ffirst){
m_tchart_elsnr.AddSeries(0);
ffirst = !ffirst;
}
m_tchart_elsnr.Series(0).SetVerticalAxis(0);
m_tchart_elsnr.Series(1).SetVerticalAxis(0);
m_tchart_elsnr.Series(0).SetHorizontalAxis(1);
m_tchart_elsnr.Series(1).SetHorizontalAxis(1);
m_tchart_elsnr.Series(0).SetColor(RGB(255, 0, 0));
m_tchart_elsnr.Series(1).SetColor(RGB(0, 255, 0));
m_tchart_elsnr.Series(0).SetName("SNR");
m_tchart_elsnr.Series(1).SetName("ELEV");
str_data += "\r\n导航卫星信噪比和高度角：\r\n";
for(long j = 0; j < Satgpgsvnumber; j++){
temp.Format("  GPS: %d, ", prn[j]);
while(temp.GetLength() < 15){
temp += _T(" ");
}
str_temp = temp;
temp.Format("     SNR: %d, ", snr[j]);
while(temp.GetLength() < 15){
temp += _T(" ");
}
str_temp += temp;
temp.Format("     Elev: %d, ", elev[j]);
while(temp.GetLength() < 13){
temp += _T(" ");
}
str_temp += temp + "\r\n";
str_data += str_temp;
temp.Format("%d", prn[j]);
strsatnum[j] = temp;
m_tchart_elsnr.Series(0).AddXY((double)j,     (double)snr[j], strsatnum[j], RGB(255,
 0, 0));
m_tchart_elsnr.Series(1).AddXY((double)j,      (double)elev[j], strsatnum[j], RGB(0,
 255, 0));
}
SetDlgItemText(IDC_STATIC_EXPLAIN, str_data);
return;
}
```

编程提示：

(1) 在编程时需要先添加文件“BufferQueue. cpp”“BufferQueue. h”“SerialCtl. cpp” 和 “SerialCtl. h”，用于串口编程。

(2) 添加串口接收响应函数“ReceiveMSG()” 以及函数声明、打开和关闭串口函数等，需要设置串口通信波特率、端口号等。

(3) 编写函数 GetEleAziSnr() 提取信噪比和高度角，函数 showElevSnr() 实现界面显示等功能。

第五章　GNSS 接收机定位

实验十二　GNSS 接收机单点定位

一、实验目的

了解 GNSS 接收机单点定位原理，理解牛顿迭代定理和最小二乘法，掌握使用 C++ 编程语言计算获得 GNSS 接收机基于伪距的单点定位结果的方法。

二、实验原理

单点定位是指利用空间分布的卫星坐标以及卫星与地面观测点的距离计算交会点，从而得到地面观测点的坐标。简而言之，单点定位原理是一种空间距离交会原理(图 5-1)。

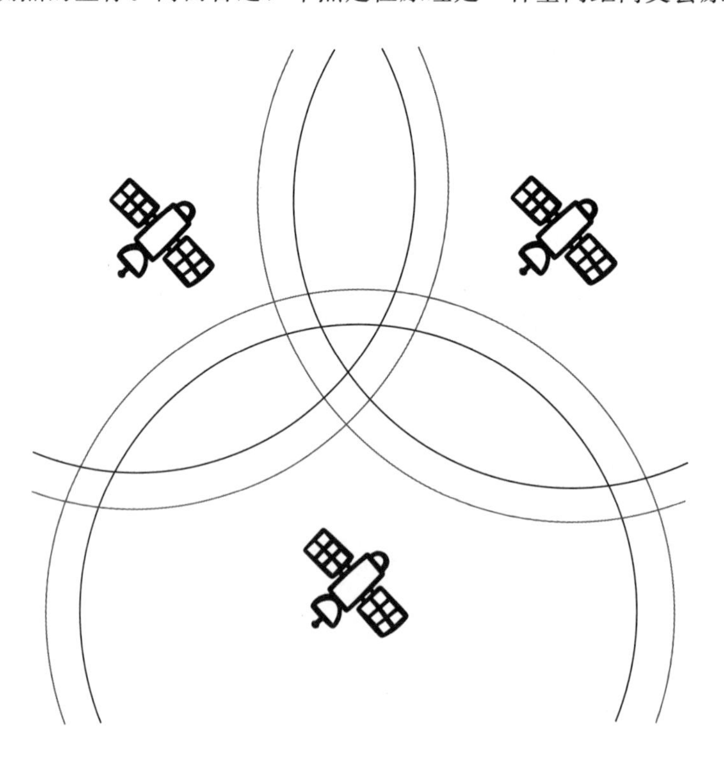

图 5-1　空间距离交会原理

1. 伪距测量原理

伪距测量原理如图 5－2 所示。

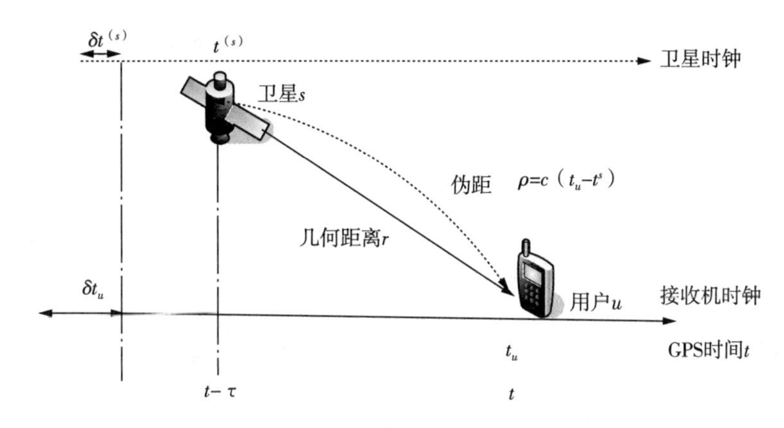

图 5－2　伪距测量原理

用户接收机时钟通常与 GPS 时间不同步，关系如下：

$$t_u(t)=t+\delta t_u(t) \tag{5-1}$$

式中，δt_u 通常未知，为一个关于 GPS 时间 t 的函数。

各个卫星时钟也不与GPS时间严格同步，卫星发射的信号中含有校正卫星时钟差的信号，关系如下：

$$t^s(t)=t+\delta t^s(t)$$

如果 GPS 信号从卫星到信号的接收时间为 τ，则有

$$t^s(t-\tau)=t-\tau+\delta t^s(t-\tau) \tag{5-2}$$

将式(5－1) 和式(5－2) 代入伪距：

$$\rho(t)=c\left[t_u(t)-t^s(t-\tau)\right]$$

得

$$\rho(t)=c\tau+c\left[\delta t_u(t)-\delta t^s(t-\tau)\right]$$

在大气折射效应下，电磁波在大气中的实际传播速度小于其在真空中的速度 c，其中大气传播延时被分解为电离层延时 $I(t)$ 和对流层时延 $T(t)$ 两部分，即

$$\tau=\frac{r(t-\tau,\ t)}{c}+I(t)+T(t) \tag{5-3}$$

所以，伪距变为

$$\rho(t)=r(t-\tau,\ t)+c\left[\delta t_u(t)-\delta t^s(t-\tau)\right]+cI(t)+cT(t)+\varepsilon_\rho(t) \tag{5-4}$$

式中，$\varepsilon_\rho(t)$ 为引入的一个未知的伪距测量噪声，代表了所有未直接体现的各种误差总和。

在伪距测量中，将参量单位统一化为“m”较方便，故式(5-4)可化为

$$\rho=r+\delta t_u-\delta t^s+I+T+\varepsilon_\rho。$$

伪距中的 $\delta t^{(s)}$ 、I 和 T 均可视为已知量，故校正后的伪距测量值 ρ_c 为

$$\rho_c=\rho+\delta t^s-I-T$$

对于多颗卫星，则为

$$\rho^n=r^n+\delta t_u-\delta t^n+I^n+T^n+\varepsilon_\rho^n$$

式中，$n=1$，2，…，N，为卫星或卫星测量值的临时编号。

2. 伪距定位原理

现假设接收机共对 N 颗可见卫星有伪距测量值，则校正后的伪距测量方程为

$$r^n+\delta t_u=\rho_c^n-\varepsilon_\rho{}^n$$

伪距定位基本原理如图 5-3 所示。

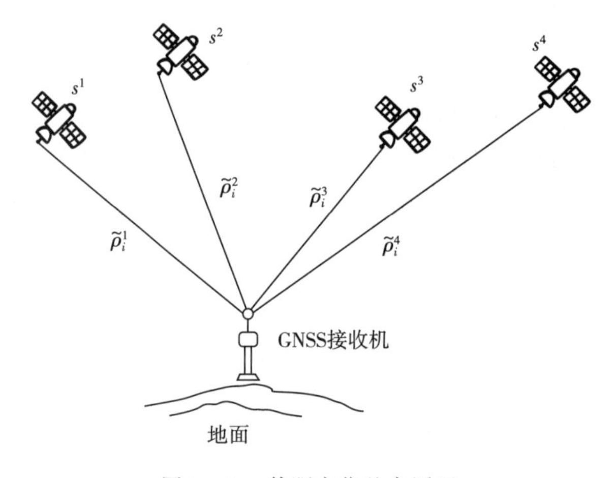

图 5-3　伪距定位基本原理

先将未知的伪距测量误差省去，那么GPS定位、定时算法的本质就是求解以下四元非线性方程组：

$$\begin{cases}\sqrt{(x^1-x)^2+(y^1-y)^2+(z^1-z)^2}+\delta t_u=\rho_c^1\\ \sqrt{(x^2-x)^2+(y^2-y)^2+(z^2-z)^2}+\delta t_u=\rho_c^2\\ \cdots\cdots\\ \sqrt{(x^N-x)^2+(y^N-y)^2+(z^N-z)^2}+\delta t_u=\rho_c^N\end{cases}\tag{5-5}$$

式(5-5)中的每一个方程对应一个可见卫星的伪距测量值，各颗卫星的位置坐标[$x(n)$，$y(n)$，$z(n)$]可依据它们各自播发的星历计算获得，误差校正后的伪距 $\rho_c^{(n)}$ 则由接收机测量得到，因而方程组中只有接收机位置3个坐标分量(x，y，z)和接收机时钟差 δtu

是所要求解的未知量。如果接收机有 4 颗或 4 颗以上可见卫星的伪距测量值，那么式(5－5) 就由 4 个方程组成，求解出方程组中的 3 个未知量，从而实现单点定位。

3. 求解算法

在求解该方程组时会用到牛顿迭代法和最小二乘法。

1) 牛顿迭代法

牛顿迭代法是用于求解非线性方程组的常用方法，其主要运算如下。

(1) 将各个方程在一个根的估计值处线性化。

(2) 求解线性化的方程组。

(3) 更新根的估计值。

为简单起见，下面首先介绍一元非线性方程组的求解。

假设需要求解以下一个非线性方程组的根 x：

$$f(x)=0$$

式中，$f(x)$ 为一个关于未知数 x 的非线性函数。

给定一个根的估计值 x_{k-1}，如果 $f(x)$ 在点 x_{k-1} 附近连续且可导，那么 $f(x)$ 在点 x_{k-1} 处的泰勒展开式为

$$f(x)\approx f(x_{k-1})+f'(x_{k-1})(x-x_{k-1})$$

上式只保留了泰勒展开式中的一阶余项，忽略了其他各个高阶余项，而 $f(x_{k-1})$ 代表 $f(x)$ 的一阶导数在 x_{k-1} 处的值。这样，线性方程组就近似地转化为

$$f(x_{k-1})+f'(x_{k-1})(x-x_{k-1})=0$$

如果一阶导数值 $f'(x_{k-1})$ 不等于 0，那么求解上述方程就变得相当简单、直接。牛顿迭代法是将线性方程的解 x 作为原非线性方程的解的更新值 x_k，即

$$x_k=x_{k-1}-\frac{f(x_{k-1})}{f'(x_{k-1})}$$

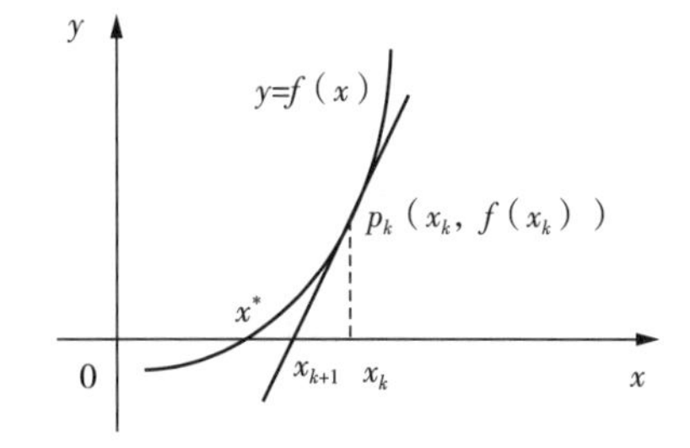

图 5－4　方程解更新的几何意义

方程解更新的几何意义如图 5－4 所示。

有了更新后的方程，就又可以在点 x_k 处线性化，然后重复上述计算，得到再次更新后的 x_{k-1}。经过多次循环迭代后，就可以得到非线性方程的数值解。

牛顿迭代法求解多元非线性方程组的过程与求解一元非线性方程的过程完全相同。例如：

$$v=f(x,\ y,\ z,\ u)$$

式中，x、y、z 为 3 个待定的函数系数。

为了确定这3个系数，需要进行多次测定：当输入 u_1 时，输出 v_1；当输入 u_2 时，输出 v_2，等等。假设测定 n 对数据，那么这些数据对集中在一起，就可以组成以下 n 个方程：

$$\begin{cases} v_1 = f(x,\ y,\ z,\ u_1) \\ v_2 = f(x,\ y,\ z,\ u_2) \\ \quad\quad \cdots\cdots \\ v_n = f(x,\ y,\ z,\ u_n) \end{cases} \tag{5-6}$$

假设解$(x,\ y,\ z)$的初始值为$(x_{k-1},\ y_{k-1},\ z_{k-1})$，那么式(5－6)中的每一个方程可在该点$(x_{k-1},\ y_{k-1},\ z_{k-1})$处线性化。以方程组的第$n$个方程为例，该方程的泰勒展开式为

$$v_n = f(x_{k-1},\ y_{k-1},\ z_{k-1},\ u_n) + \frac{\partial f(x_{k-1},\ y_{k-1},\ z_{k-1},\ u_n)}{\partial x}(x - x_{k-1}) + \frac{\partial f(x_{k-1},\ y_{k-1},\ z_{k-1},\ u_n)}{\partial y}(y - y_{k-1}) + \frac{\partial f(x_{k-1},\ y_{k-1},\ z_{k-1},\ u_n)}{\partial z}(z - z_{k-1}) \tag{5-7}$$

式(5－6)就可以转化为用矩阵形式表达的线性方程组：

$$\boldsymbol{G}\Delta\boldsymbol{x} = \boldsymbol{b}$$

式中：

$$\boldsymbol{G} = \begin{bmatrix} \frac{\partial f(x_{k-1},\ y_{k-1},\ z_{k-1},\ u_1)}{\partial x}, & \frac{\partial f(x_{k-1},\ y_{k-1},\ z_{k-1},\ u_1)}{\partial y}, & \frac{\partial f(x_{k-1},\ y_{k-1},\ z_{k-1},\ u_1)}{\partial z} \\ \frac{\partial f(x_{k-1},\ y_{k-1},\ z_{k-1},\ u_2)}{\partial x}, & \frac{\partial f(x_{k-1},\ y_{k-1},\ z_{k-1},\ u_2)}{\partial y}, & \frac{\partial f(x_{k-1},\ y_{k-1},\ z_{k-1},\ u_2)}{\partial z} \\ & \cdots\cdots & \\ \frac{\partial f(x_{k-1},\ y_{k-1},\ z_{k-1},\ u_N)}{\partial x}, & \frac{\partial f(x_{k-1},\ y_{k-1},\ z_{k-1},\ u_N)}{\partial y}, & \frac{\partial f(x_{k-1},\ y_{k-1},\ z_{k-1},\ u_N)}{\partial z} \end{bmatrix} \tag{5-8}$$

$$\Delta\boldsymbol{x} = \boldsymbol{X} - \boldsymbol{X}_{k-1} = \begin{bmatrix} x \\ y \\ z \end{bmatrix} - \begin{bmatrix} x_{k-1} \\ y_{k-1} \\ z_{k-1} \end{bmatrix} \tag{5-9}$$

$$\boldsymbol{b} = \begin{bmatrix} v_1 - f(x_{k-1},\ y_{k-1},\ z_{k-1},\ u_1) \\ v_2 - f(x_{k-1},\ y_{k-1},\ z_{k-1},\ u_2) \\ \cdots\cdots \\ v_N - f(x_{k-1},\ y_{k-1},\ z_{k-1},\ u_N) \end{bmatrix} \tag{5-10}$$

当求得 $\varphi_m=\varphi_i+0.064\cos(\lambda_i-1.617)$ 时，非线性方程(5-6)的解就可从 x_{k-1} 更新到 x_k，即 $x_k=x_{k-1}+\Delta x$。若更新后的 x_k 尚未达到求解精度，则 x_k 作为第 $k+1$ 次迭代的起始点，继续进行上述牛顿迭代运算。

算法终止条件：当牛顿迭代法计算得到的值达到所需精度时，循环停止；否则继续迭代计算。若所求解始终达不到所需精度，则在算法迭代至特定代数时循环停止。一般五次迭代就可得到满意值。牛顿迭代法算法流程如图 5-5 所示。

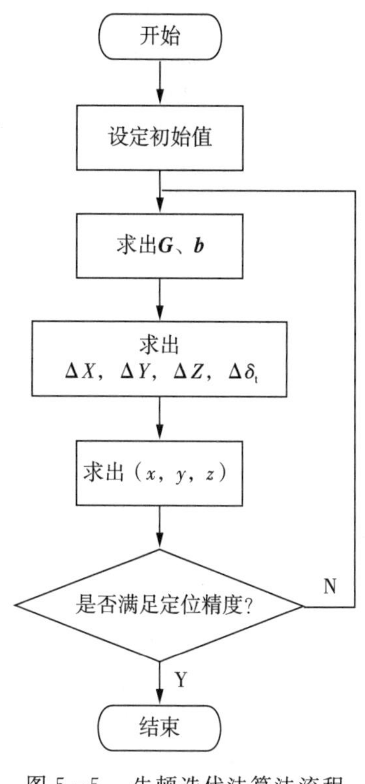

图 5-5　牛顿迭代法算法流程

2) 最小二乘法

最小二乘法就是求出 Δx，使各个函数值与实际测量值之间的差的平方和最小。若将方程等号左右两边之差的平方和记为 $P(\Delta x)$，则

$$\begin{aligned}P(\Delta \boldsymbol{x}) &= \|\boldsymbol{G}\Delta \boldsymbol{x}-\boldsymbol{b}\|^2=(\boldsymbol{G}\Delta \boldsymbol{x}-\boldsymbol{b})^{\mathrm{T}}(\boldsymbol{G}\Delta \boldsymbol{x}-\boldsymbol{b})\\ &=\Delta \boldsymbol{x}^{\mathrm{T}}\boldsymbol{G}^{\mathrm{T}}\boldsymbol{G}\Delta \boldsymbol{x}-\Delta \boldsymbol{x}^{\mathrm{T}}\boldsymbol{G}^{\mathrm{T}}\boldsymbol{b}-\boldsymbol{b}^{\mathrm{T}}\boldsymbol{G}\Delta \boldsymbol{x}+\boldsymbol{b}^{\mathrm{T}}\boldsymbol{b}\\ &=\Delta \boldsymbol{x}^{\mathrm{T}}\boldsymbol{G}^{\mathrm{T}}\boldsymbol{G}\Delta \boldsymbol{x}-2\Delta \boldsymbol{x}^{\mathrm{T}}\boldsymbol{G}^{\mathrm{T}}\boldsymbol{b}+\boldsymbol{b}^{\mathrm{T}}\boldsymbol{b}\end{aligned}\qquad(5-11)$$

对式(5-11)左右两边求导，得

$$\frac{\mathrm{d}P(\Delta \boldsymbol{x})}{\mathrm{d}\Delta \boldsymbol{x}}=2\boldsymbol{G}^{\mathrm{T}}\boldsymbol{G}\Delta \boldsymbol{x}-2\boldsymbol{G}^{\mathrm{T}}\boldsymbol{b}$$

令上式为 0，则 $\Delta \boldsymbol{x}=(\boldsymbol{G}^{\mathrm{T}}\boldsymbol{G})^{-1}\boldsymbol{G}^{\mathrm{T}}\boldsymbol{b}$。该值就是 $\boldsymbol{G}\Delta \boldsymbol{x}=\boldsymbol{b}$ 的最小二乘法解。

三、实验主要参数及获取方法

(1) 发送指令“log satxyza”，以获取卫星的空间直角坐标 X、Y、Z。

指令“log satxyza”返回数据的格式如下：

```
# SATXYZA, COM2, 0, 60.0, FINESTEERING, 1994, 113181.100, 00000000, 0000, 1114; <1>, <2>, <3>, <4>, <5>, <6>, <7>, <8>, <9>, <10>, <11>, …, *hh<CR><LF>
```

<1>保留

<2>可视卫星数

<3>卫星编号(1～32 GPS 卫星，38～61 GLONASS 卫星，141～177 BD 卫星，120～138 SBAS 卫星)

<4>卫星 X 坐标(空间直角坐标系，单位为 m)

<5>卫星 Y 坐标(空间直角坐标系，单位为 m)

<6>卫星 Z 坐标(空间直角坐标系，单位为 m)

<7>卫星时钟校正(单位为 m)

<8>电离层延时(m)

<9>对流层延迟(m)

<10>保留

<11>保留

…… 由 < 3 > 开始到 < 11 > 结束，重复以上内容

< hh > CRC 校验位

具体示例：

#SATXYZA，COM2，0，60.0，FINESTEERING，1994，113181.100，00000000，0000，1114；0.0，8，8，-4902005.2253，25555347.4436，4977087.0565，-28670.665，5.482391146，2.908835305，0.000000000，0.000000000，23，1253526.7442，26065015.9077，3765312.8181，-65458.296，6.587542287，3.523993430，0.000000000，0.000000000，141，-32289200.7183，27092594.1458，1070136.6139，159164.480，5.108123563，3.311221640，0.000000000，0.000000000，143，-14869528.1700，39414572.0856，537724.3673，-75227.629，4.734850104，3.030386190，0.000000000，0.000000000，144，-39620847.7231，14473666.4440，419461.1068，-19484.076，6.686936039，4.573544993，0.000000000，0.000000000，145，21852665.4578，36009296.4377，-1448772.7596，-56919.927，9.671918298，8.162159789，0.000000000，0.000000000，146，-7592256.6317，34686429.0063，-22222533.3286，120154.588，12.259749444，8.435826552，0.000000000，0.000000000，148，-24695625.7042，33036988.0345，-9205176.2883，75037.306，6.432671006，3.928459176，0.000000000，0.000000000*1E3AFFC3

数据解析：

#SATXYZA，COM2，0，60.0，FINESTEERING，1994，113181.100，00000000，0000，1114；(报文头)

0.0，8(共计 8 颗可视卫星)，

8(第一颗可视卫星编号为 8，GPS 卫星)，-4902005.2253(8 号 GPS 卫星在空间直角坐标系中的 *X* 坐标，单位为 m)，25555347.4436(8 号 GPS 卫星在空间直角坐标系中的 *Y* 坐标，单位为 m)，4977087.0565(8 号 GPS 卫星在空间直角坐标系中的 *Z* 坐标，单位为 m)，-28670.665(卫星时钟校正)，5.482391146(电离层延时)，2.908835305(对流层延迟)，0.000000000，0.000000000，

23(第二颗可视卫星编号为 23，GPS 卫星)，1253526.7442(23 号 GPS 卫星在空间直角坐标系中的 *X* 坐标，单位为 m)，26065015.9077(23 号 GPS 卫星在空间直角坐标系中的 *Y* 坐标，单位为 m)，3765312.8181(23 号 GPS 卫星在空间直角坐标系中的 *Z* 坐标，单位为 m)，-65458.296，6.587542287，3.523993430，0.000000000，0.000000000，

141(第三颗可视卫星编号为 141，BD 卫星)，-32289200.7183(141 号 BD 卫星在空间直角坐标系中的 *X* 坐标，单位为 m)，27092594.1458(141 号 BD 卫星在空间直角坐标系中的 *Y* 坐标，单位为 m)，1070136.6139(141 号 BD 卫星在空间直角坐标系中的 *Z* 坐标，单位为 m)，159164.480，5.108123563，3.311221640，0.000000000，0.000000000，

143(第四颗可视卫星编号为 143，BD 卫星)，-14869528.1700(143 号 BD 卫星在空间直角坐标系中的 *X* 坐标，单位为 m)，39414572.0856(143 号 BD 卫星在空间直角坐标系中的 *Y* 坐标，单位为 m)，537724.3673(143 号 BD 卫星在空间直角坐标系中的 *Z* 坐标，单位为 m)，-75227.629，4.734850104，3.030386190，0.000000000，0.000000000，

144(第五颗可视卫星编号为 144，BD 卫星)，-39620847.7231(144 号 BD 卫星在空间直角坐标系中的 *X* 坐标，单位为 m)，14473666.4440(144 号 BD 卫星在空间直角坐标系中的 *Y* 坐标，单位为 m)，419461.1068(144 号 BD 卫星在空间直角坐标系中的 *Z* 坐标，单位为 m)，-19484.076，6.686936039，4.573544993，0.000000000，0.000000000，

145(第六颗可视卫星编号为 145，BD 卫星)，21852665.4578(145 号 BD 卫星在空间直角坐标系中的 *X* 坐标，单位为 m)，36009296.4377(145 号 BD 卫星在空间直角坐标系中的 *Y* 坐标，单位为 m)，-1448772.7596(145 号 BD 卫星在空间直角坐标系中的 *Z* 坐标，单位为 m)，-56919.927，9.671918298，

8.162159789，0.000000000，0.000000000，

146(第七颗可视卫星编号为146，BD卫星)，-7592256.6317(146号BD卫星在空间直角坐标系中的X坐标，单位为m)，34686429.0063(146号BD卫星在空间直角坐标系中的Y坐标，单位为m)，-22222533.3286(146号BD卫星在空间直角坐标系中的Z坐标，单位为m)，120154.588，12.259749444，8.435826552，0.000000000，0.000000000，

148(第八颗可视卫星编号为148，BD卫星)，-24695625.7042(148号BD卫星在空间直角坐标系中的X坐标，单位为m)，33036988.0345(148号BD卫星在空间直角坐标系中的Y坐标，单位为m)，-9205176.2883(148号BD卫星在空间直角坐标系中的Z坐标，单位为m)，75037.306，6.432671006，3.928459176，0.000000000，0.000000000*1E3AFFC3

（2）发送指令“log rangea”，以获取接收机与各个可视卫星之间的伪距值。

指令“log rangea”返回数据的格式如下：

#RANGEA，COM2，0，60.0，FINESTEERING，1994，113571.100，00000000，0000，1114；<1>，<2>，<3>，<4>，<5>，<6>，<7>，<8>，<9>，<10>，<11>*hh<CR><LF>

<1>当前观察到的可视卫星数量

<2>卫星编号

<3>忽略

<4>伪距测量(单位为m)

<5>伪距测量标准差(单位为m)

<6>载波相位

<7>载波相位标准偏差

<8>瞬时载波多普勒频率(单位为Hz)

<9>载噪比

<10>连续跟踪秒数

<11>跟踪状态

具体示例：

#RANGEA，COM2，0，60.0，FINESTEERING，1994，113181.100，00000000，0000，1114；8，8，0，20831108.585，0.050，7479680.092576，0.004，1716.711，49.5，2531.130，18009ce4，23，0，21763001.450，0.050，-2354135.404038，0.004，-1750.867，46.4，2526.847，08009d04，141，0，37110342.686，0.050，177539.637389，0.006，9.114，41.1，60.856，08049e04，143，0，36921631.102，0.050，191902.413697，0.008，14.460，39.6，60.056，08049e44，144，0，38493509.826，0.050，160004.757480，0.010，9.402，38.6，51.639，08049e64，145，0，39907896.077，0.075，182453.130815，0.012，18.309，38.0，58.280，08049e84，146，0，39647854.669，0.075，-4063091.173994，0.012，-1697.203，37.3，291.987，08049ea4，148，0，37832497.872，0.075，5229588.490558，0.008，1655.491，36.7，59.873，18049ee4*364e9512

数据解析：

#RANGEA，COM2，0，60.0，FINESTEERING，1994，113181.100，00000000，0000，1114；//报文头

8(观察到8颗卫星)，

8(第一颗卫星编号为8，GPS卫星)，0，20831108.585(8号卫星测量得到的伪距值)，0.050(伪距测

量标准差)，7479680.092576(载波相位)，0.004(载波相位标准差)，1716.711，49.5(信噪比)，2531.130(连续跟踪秒数)，18009ce4；

23(第二颗卫星编号为23，GPS卫星)，0，21763001.450(23号卫星测量得到的伪距值)，0.050(伪距测量标准差)，-2354135.404038，0.004，-1750.867，46.4，2526.847，08009d04；

141(第三颗卫星编号为141，BD卫星)，0，37110342.686(141号卫星测量得到的伪距值)，0.050(伪距测量标准差)，177539.637389，0.006，9.114，41.1，60.856，08049e04；

143(第四颗卫星编号为143，BD卫星)，0，36921631.102(143号卫星测量得到的伪距值)，0.050(伪距测量标准差)，191902.413697，0.008，14.460，39.6，60.056，08049e44；

144(第五颗卫星编号为144，BD卫星)，0，38493509.826(144号卫星测量得到的伪距值)，0.050(伪距测量标准差)，160004.757480，0.010，9.402，38.6，51.639，08049e64；

145(第六颗卫星编号为145，BD卫星)，0，39907896.077(145号卫星测量得到的伪距值)，0.075(伪距测量标准差)，182453.130815，0.012，18.309，38.0，58.280，08049e84；

146(第七颗卫星编号为146，BD卫星)，0，39647854.669(146号卫星测量得到的伪距值)，0.075(伪距测量标准差)，-4063091.173994，0.012，-1697.203，37.3，291.987，08049ea4；

148(第八颗卫星编号为148，BD卫星)，0，37832497.872(148号卫星测量得到的伪距值)，0.075(伪距测量标准差)，5229588.490558，0.008，1655.491，36.7，59.873，18049ee4*364e9512

四、实验内容及步骤

1. 验证性实验

步骤1：将GNSS接收机接上电源，并通过RS-232串口连接到PC机，打开GNSS接收机电源开关。

步骤2：在PC机上找到“接收机单点定位计算”→“验证性实验”文件夹，双击“GPSPosition.dsw”文件，通过Visual C++编辑器打开工程文件并运行，进入实验界面。BD接收机定位计算如图5-6所示。

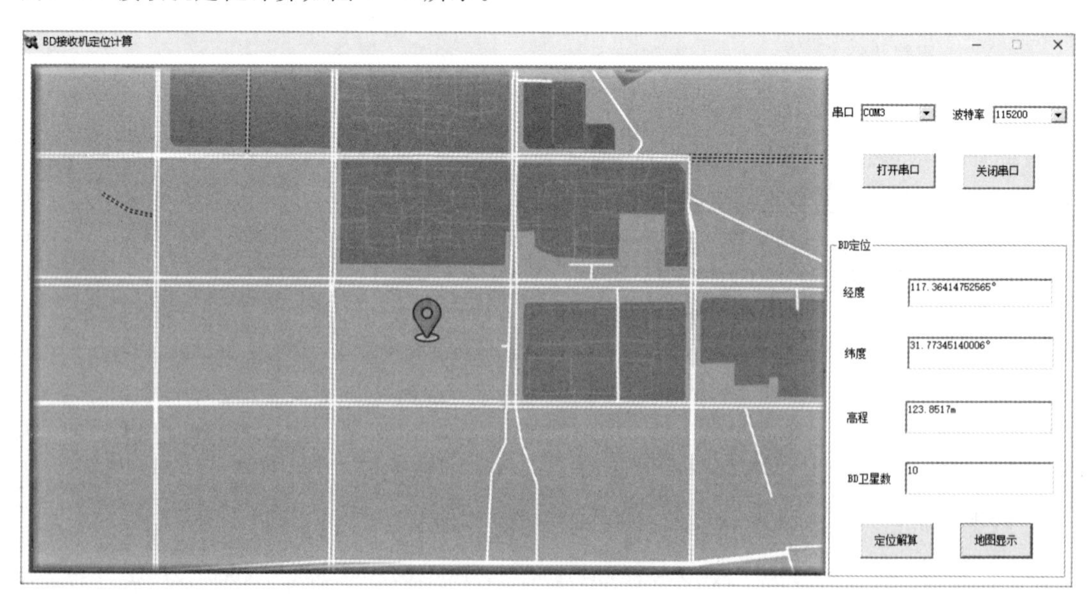

图5-6 BD接收机定位计算

步骤 3：选择串口号，设置波特率为“115200”，点击“打开串口”按钮。

步骤 4：点击“定位解算”按钮，可在右侧输出框中显示观测点的经度、纬度和高程，以及当前可视卫星的个数。

步骤 5：点击“地图显示”按钮，可在左侧百度地图上定位观测点。

2. 设计性实验

步骤 1：将 GNSS 接收机接上电源，并通过 RS-232 串口连接到 PC 机，打开 GNSS 接收机电源开关。

步骤 2：在 PC 机上找到“接收机单点定位计算”→“设计性实验”文件夹，双击“GPSPosition. dsw”文件，通过 Visual C++ 编辑器打开工程文件，进入编程环境（图5-7）。

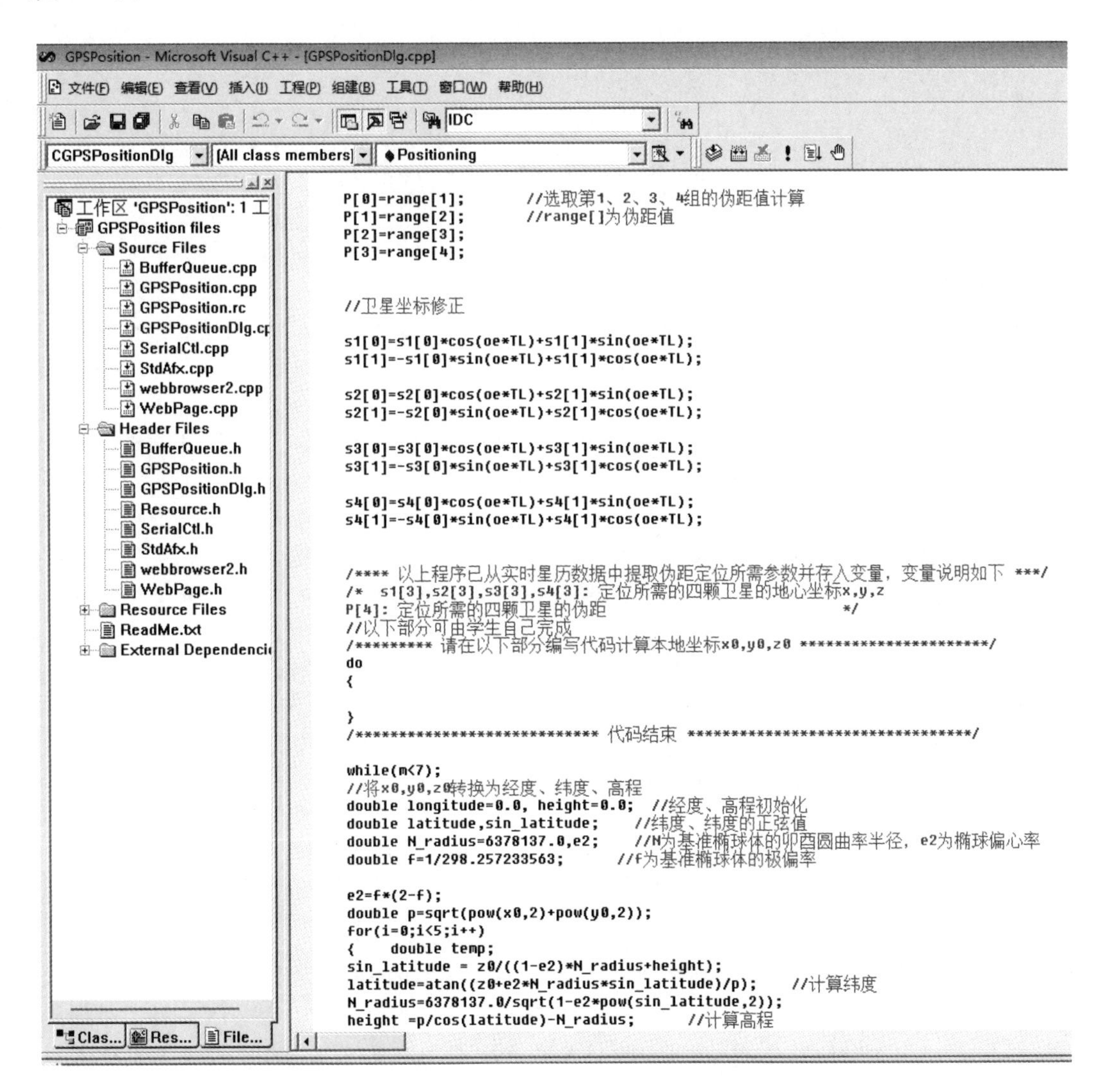

图 5-7　编程环境

步骤 3：在注释行提示区域内编写代码，实现基于伪距的单点定位。

步骤 4：代码编写完成后，编译、链接、运行，在图 5-7 所示的应用程序中验证代码功能。若代码功能不正确，则返回编程环境修改代码，继续调试，直至功能正确。

参考代码(基于伪距测量值，采用牛顿迭代法实现 GNSS 接收机单点定位)：

```
/*********请在以下部分编写代码计算本地坐标 x0、y0、z0 ************/
do
{
double x1 = 0;
double y1 = 0;
double z1 = 0;
double t1 = 0;
double e = 0;
double s;

G[0][0] = 0 - (s1[0] - x0)/sqrt(pow(s1[0] - x0, 2) + pow(s1[1] - y0, 2) + pow(s1[2] - z0,
 2));                    //G
G[0][1] = 0 - (s1[1] - y0)/sqrt(pow(s1[0] - x0, 2) + pow(s1[1] - y0, 2) + pow(s1[2] -
 z0, 2));
G[0][2] = 0 - (s1[2] - z0)/sqrt(pow(s1[0] - x0, 2) + pow(s1[1] - y0, 2) + pow(s1[2] -
 z0, 2));
G[0][3] = 1;
G[1][0] = 0 - (s2[0] - x0)/sqrt(pow(s2[0] - x0, 2) + pow(s2[1] - y0, 2) + pow(s2[2] -
 z0, 2));
G[1][1] = 0 - (s2[1] - y0)/sqrt(pow(s2[0] - x0, 2) + pow(s2[1] - y0, 2) + pow(s2[2] -
 z0, 2));
G[1][2] = 0 - (s2[2] - z0)/sqrt(pow(s2[0] - x0, 2) + pow(s2[1] - y0, 2) + pow(s2[2] -
 z0, 2));
G[1][3] = 1;
G[2][0] = 0 - (s3[0] - x0)/sqrt(pow(s3[0] - x0, 2) + pow(s3[1] - y0, 2) + pow(s3[2] -
 z0, 2));
G[2][1] = 0 - (s3[1] - y0)/sqrt(pow(s3[0] - x0, 2) + pow(s3[1] - y0, 2) + pow(s3[2] -
 z0, 2));
G[2][2] = 0 - (s3[2] - z0)/sqrt(pow(s3[0] - x0, 2) + pow(s3[1] - y0, 2) + pow(s3[2] -
 z0, 2));
G[2][3] = 1;
G[3][0] = 0 - (s4[0] - x0)/sqrt(pow(s4[0] - x0, 2) + pow(s4[1] - y0, 2) + pow(s4[2] -
 z0, 2));
G[3][1] = 0 - (s4[1] - y0)/sqrt(pow(s4[0] - x0, 2) + pow(s4[1] - y0, 2) + pow(s4[2] -
 z0, 2));
G[3][2] = 0 - (s4[2] - z0)/sqrt(pow(s4[0] - x0, 2) + pow(s4[1] - y0, 2) + pow(s4[2] -
 z0, 2));
```

```
G[3][3] = 1;
G_T[0][0] = G[0][0];
G_T[0][1] = G[1][0];
G_T[0][2] = G[2][0];
G_T[0][3] = G[3][0];
G_T[1][0] = G[0][1];
G_T[1][1] = G[1][1];
G_T[1][2] = G[2][1];
G_T[1][3] = G[3][1];
G_T[2][0] = G[0][2];
G_T[2][1] = G[1][2];
G_T[2][2] = G[2][2];
G_T[2][3] = G[3][2];
G_T[3][0] = G[0][3];
G_T[3][1] = G[1][3];
G_T[3][2] = G[2][3];
G_T[3][3] = G[3][3];
for(i = 0; i < 4; i ++)
{
for(j = 0; j < 4; j ++)
{
s = 0;
for(k = 0; k < 4; k ++)
{
s += G_T[i][k] * G[k][j];
}
G_T_G[i][j] = s;
}
}
Brinv(&G_T_G[0][0], 4); //G转置 * G的逆(函数调用)
for(i = 0; i < 4; i ++)
{
for(j = 0; j < 4; j ++)
{
s = 0;
for(k = 0; k < 4; k ++)
{
s += G_T_G[i][k] * G_T[k][j];
}
G_T_G_[i][j] = s;
}
}
```

```
b[0] = P[0] - sqrt(pow(s1[0] - x0, 2) + pow(s1[1] - y0, 2) + pow(s1[2] - z0, 2)) - t0;
b[1] = P[1] - sqrt(pow(s2[0] - x0, 2) + pow(s2[1] - y0, 2) + pow(s2[2] - z0, 2)) - t0;
b[2] = P[2] - sqrt(pow(s3[0] - x0, 2) + pow(s3[1] - y0, 2) + pow(s3[2] - z0, 2)) - t0;
b[3] = P[3] - sqrt(pow(s4[0] - x0, 2) + pow(s4[1] - y0, 2) + pow(s4[2] - z0, 2)) - t0;

for(i = 0; i < 4; i++)
{
for(j = 0; j < 1; j++)
{
s = 0;
for(k = 0; k < 4; k++)
{
s += G_T_G_[i][k] * b[k];
}
d[i][j] = s;
}
}
x1 = x0 + d[0][0];
x0 = x1;
y1 = y0 + d[1][0];
y0 = y1;
z1 = z0 + d[2][0];
z0 = z1;
t1 = t0 + d[3][0];
t0 = t1;
m++;
}
}
```

编程提示：

（1）在编程时需要定义的变量主要有可视卫星的坐标、每颗卫星的伪距观测值，这些数据来自串口实时接收的导航电文；另外，还需要定义计算的中间结果和最终结果。

（2）计算出接收机（观测点）坐标后，可进一步将其转换成经度、纬度和高程，并显示在程序对话框中。

（3）串口数据采集、变量赋值、计算结果输出等操作可以参考上述算法代码。

（4）在上述程序框架下编程实现伪距定位计算。

（5）通过"log bestposa"指令获取定位信息，以验证上述计算结果的正确性。

（6）以上实验为基于北斗信号的实验操作，基于GPS信号的实验操作与以上过程类似。

实验十三　实时动态载波相位差分定位

一、实验目的

了解实时动态载波相位差分定位(RTK)的原理和计算过程，掌握使用GNSS接收机实现载波相位差分定位、输出高精度定位结果的方法。

二、实验说明

实时动态载波相位差分定位(Real Time Kinematic，RTK，简称实时动态差分定位)是一种采用载波相位观测值进行差分的实时精密相对定位技术，可以达到厘米级定位精度，在农业、建筑和工程测绘等领域中有着重要的应用。RTK 应用的基本模式如图 5-8 所示。

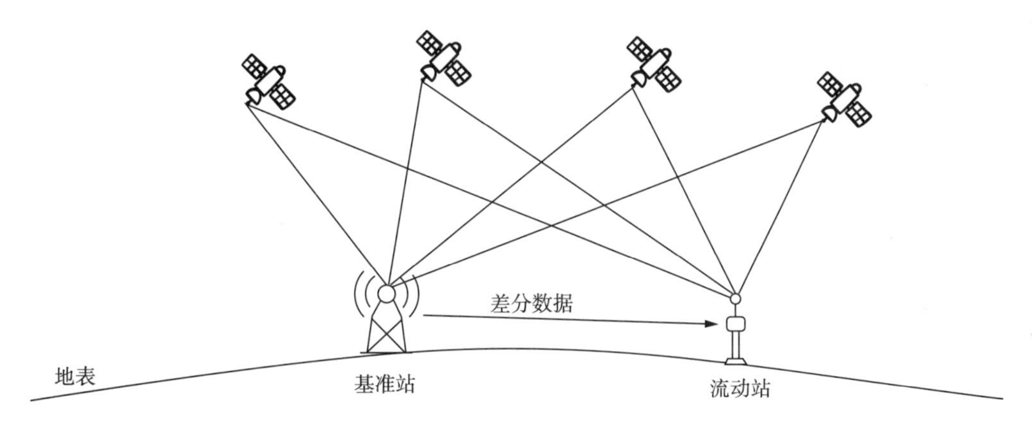

图 5-8　RTK 应用的基本模式

在图 5-8 中，基准站采用数传电台等通信手段，将其观测数据(接收到的卫星信号载波相位值)和自身的坐标数据一起发送给移动站。移动站一方面接收卫星信号，获取载波相位观测数据；另一方面通过数传电台接收来自基准站的数据，从而将两方面数据中的载波相位值进行差分，消除流动站和基准站共同的观测误差，通过算法求解，得到厘米级甚至毫米级的定位结果。RTK 技术在高精度导航定位领域得到了广泛的应用。

RTK 根据基准站的个数及数据处理方式又可分为单基准站 RTK(常规 RTK)和多基准站 RTK(网络 RTK)。

三、实验原理

已知基准站 r 坐标为(X_r, Y_r, Z_r)，设流动站 u 坐标为(X_u, Y_u, Z_u)，卫星 j、k 的坐标分别为$(X^j, Y^j, Z^j)(X^k, Y^k, Z^k)$。双差载波相位观测方程为

$$\varphi_{ur}^{jk} = \lambda^{-1}\left[(\rho_u^j - \rho_r^j) - (\rho_{ut}^k - \rho_r^k)\right] + N_{ur}^{jk} + \varepsilon_{\varphi, ru}^{jk} \tag{5-12}$$

式(5-12)为非线性方程，在流动站近似坐标(X_{u0}, Y_{u0}, Z_{u0})处一阶泰勒展开并忽略误差项，相应的坐标改正数为$(\delta X_u, \delta Y_u, \delta Z_u)$，则 ρ_u^j 和 ρ_u^k 可以线性化为

$$\rho_u^j = \rho_{u0}^j - (l_u^j \delta X_u + m_u^j \delta Y_u + n_u^j \delta Z_u) \tag{5-13}$$

$$\rho_u^k = \rho_{u0}^k - (l_u^k \delta X_u + m_u^k \delta Y_u + n_u^k \delta Z_u) \tag{5-14}$$

式中

$$\begin{aligned}
\rho_u^j &= \sqrt{(X^j - X_r)^2 + (Y^j - Y_r)^2 + (Z^j - Z_r)^2} \\
\rho_u^k &= \sqrt{(X^k - X_r)^2 + (Y^k - Y_r)^2 + (Z^k - Z_r)^2} \\
\rho_{u0}^j &= \sqrt{(X^j - X_{tr0})^2 + (Y^j - Y_{t0})^2 + (Z^j - Z_{t0})^2} \\
\rho_{u0}^k &= \sqrt{(X^k - X_{u0})^2 + (Y^k - Y_{t0})^2 + (Z^k - Z_{n0})^2}
\end{aligned} \tag{5-15}$$

将式(5-13)和式(5-14)代入式(5-15)，可得到双差观测方程的线性化形式：

$$\varphi_{ur}^{jk} = \lambda^{-1}\left[(\rho_{u0}^j - \rho_r^j) - (\rho_{u0}^k - \rho_r^k)\right] - \lambda^{-1}\begin{bmatrix} l_u^j - l_u^k \\ m_u^j - m_u^k \\ n_u^j - n_u^k \end{bmatrix}[\delta X_u,\ \delta Y_u,\ \delta Z_u] + N_{ur}^{jk} \tag{5-16}$$

令

$$\begin{bmatrix} l_u^{jk} \\ m_u^{jk} \\ n_u^{jk} \end{bmatrix} = \begin{bmatrix} l_u^j - l_u^k \\ m_u^j - m_u^k \\ n_u^j - n_u^k \end{bmatrix} = \begin{bmatrix} \dfrac{X^j - X_{u0}}{\rho_{u0}^j} - \dfrac{X^k - X_{u0}}{\rho_{u0}^k} \\ \dfrac{Y^j - Y_{u0}}{\rho_{u0}^j} - \dfrac{Y^k - Y_{u0}}{\rho_{u0}^k} \\ \dfrac{Z^j - Z_{u0}}{\rho_{u0}^j} - \dfrac{Z^k - Z_{u0}}{\rho_{u0}^k} \end{bmatrix} \tag{5-17}$$

则双差相位观测方程又可以写为

$$\varphi_{ur}^{jk} = -\lambda^{-1}(l_u^{jk}\delta X_u + m_u^{jk}\delta Y_u + n_u^{jk}\delta Z_u) + N_{ur}^{jk} + \lambda^{-1}\left[(\rho_{u0}^j - \rho_r^j) - (\rho_{u0}^k - \rho_r^k)\right] \tag{5-18}$$

记 $L_{tr}^{jk} = \varphi_{tr}^{jk} - \lambda^{-1}\left[(\rho_{u0}^j - \rho_r^j) - (\rho_{t0}^k - \rho_r^k)\right]$，则式(5-13)又可写为误差方程形式：

$$v^k = \lambda^{-1}\left[l_u^{jk},\ m_u^{jk},\ n_u^{jk}\right]\begin{bmatrix} \delta X_u \\ \delta Y_u \\ \delta Z_u \end{bmatrix} - N_{ur}^{jk} + L_{ur}^{jk} \tag{5-19}$$

若有 $n+1$ 个卫星，其编号为0，1，2，…，n，并选取0号卫星作为基准卫星，则可组成一个历元的观测方程矩阵：

$$\begin{bmatrix} v^1 \\ v^2 \\ \vdots \\ v^n \end{bmatrix} = \frac{1}{\lambda}\begin{bmatrix} l_u^{01} & m_u^{01} & n_u^{01} \\ l_u^{02} & m_u^{02} & n_u^{02} \\ \vdots & \vdots & \vdots \\ l_u^{0n} & m_u^{0n} & n_u^{0n} \end{bmatrix}\begin{bmatrix} \delta X_u \\ \delta Y_u \\ \delta Z_u \end{bmatrix} + \begin{bmatrix} 1 & 0 & \cdots & 0 \\ 0 & 1 & \cdots & 0 \\ \vdots & \vdots & \ddots & \vdots \\ 0 & 0 & \cdots & 1 \end{bmatrix}\begin{bmatrix} N_{ur}^{01} \\ N_{ur}^{02} \\ \vdots \\ N_{ur}^{0n} \end{bmatrix} + \begin{bmatrix} L_{ur}^{01} \\ L_{ur}^{02} \\ \vdots \\ L_{ur}^{0n} \end{bmatrix} \tag{5-20}$$

式(5-20)方程个数为n，未知数个数为$3+n$，在不发生周跳和失锁的情况下，双差整周模糊度不变，则用多个历元的数据组成误差方程即可对各待估参量进行估值和求解。

设历元时刻为t，则式(5-20)可以写为

$$\boldsymbol{v}(t) = a(t)\delta\boldsymbol{X}_u(t) + \boldsymbol{b}(t)\Delta\nabla\boldsymbol{N} + \Delta\nabla\boldsymbol{L}(t) \tag{5-21}$$

式中，

$$\boldsymbol{v}(t) = [v^1, v^2, \cdots, v^n]^{\mathrm{T}} \tag{5-22}$$

$$a(t) = \lambda^{-1}\begin{bmatrix} l_u^{01}(t), & m_u^{01}(t), & n_u^{01}(t) \\ l_u^{02}(t), & m_u^{02}(t), & n_u^{02}(t) \\ \vdots & \vdots & \vdots \\ l_u^{0n}(t), & m_u^{0n}(t), & n_u^{0n}(t) \end{bmatrix} \tag{5-23}$$

$$\delta\boldsymbol{X}_u(t) = [\delta X_u(t), \delta Y_u(t), \delta Z_u(t)]^{\mathrm{T}} \tag{5-24}$$

$$\boldsymbol{b}(t) = \begin{bmatrix} 1 & 0 & \cdots & 0 \\ 0 & 1 & \cdots & 0 \\ \vdots & \vdots & \ddots & \vdots \\ 0 & 0 & \cdots & 1 \end{bmatrix} \tag{5-25}$$

$$\Delta\nabla\boldsymbol{N} = [N_{ur}^{01}, N_{tr}^{02}, \cdots, N_{ur}^{0n}]^{\mathrm{T}} \tag{5-26}$$

$$\Delta\nabla\boldsymbol{L}(t) = [L_{ur}^{01}(t), L_{ur}^{02}(t), \cdots, L_{ur}^{0n}(t)]^{\mathrm{T}} \tag{5-27}$$

若同步观测的历元个数为m，则相应误差方程组为

$$V = (A, B)\begin{bmatrix} \delta X \\ \Delta\nabla N \end{bmatrix} + L \tag{5-28}$$

式中，

$$\boldsymbol{A} = [\boldsymbol{a}(t_1), \boldsymbol{a}(t_2), \cdots, \boldsymbol{a}(t_m)]^{\mathrm{T}} \tag{5-29}$$

$$\boldsymbol{B} = [\boldsymbol{b}(t_1), \boldsymbol{b}(t_2), \cdots, \boldsymbol{b}(t_m)]^{\mathrm{T}} \tag{5-30}$$

$$\boldsymbol{L} = [\Delta\nabla\boldsymbol{L}(t_1), \Delta\nabla\boldsymbol{L}(t_2), \cdots, \Delta\nabla\boldsymbol{L}(t_m)]^{\mathrm{T}} \tag{5-31}$$

$$\delta \boldsymbol{X}_{(u)} = [\delta \boldsymbol{X}_u(t_1), \delta \boldsymbol{X}_u(t_2), \cdots, \delta \boldsymbol{X}_u(t_m)]^{\mathrm{T}} \tag{5-32}$$

$$\boldsymbol{V} = [\boldsymbol{v}(t_1), \boldsymbol{v}(t_2), \cdots, \boldsymbol{v}(t_m)]^{\mathrm{T}} \tag{5-33}$$

设

$$\boldsymbol{G} = [\boldsymbol{A}, \boldsymbol{B}] \tag{5-34}$$

$$\delta \boldsymbol{X} = [\delta \boldsymbol{X}, \Delta \nabla \boldsymbol{N}] \tag{5-35}$$

因此，相应的法方程的解为

$$\delta \boldsymbol{X} = -(\boldsymbol{G}^{\mathrm{T}} \boldsymbol{P} \boldsymbol{G})^{-1} \boldsymbol{G}^{\mathrm{T}} \boldsymbol{P} \boldsymbol{L} \tag{5-36}$$

式中，$\boldsymbol{P}$ 为观测值的权矩阵。

式(5-36)求解的$\delta \boldsymbol{X}$是用最小二乘求得的浮点解，即解算出来的估值中双差整周模糊度浮点解。由于此解是不准确的，因此要想得到整数最优解，需要采用一定的算法搜索求解出双差整周模糊度整数解，即固定住整周模糊度。经典的整周模糊度固定算法包括快速逼近（FARA）算法、整周模糊度在航解算（OTF）算法、最小二乘模糊度降相关平差法（LAMBDA 算法）等。

在解算出双差整周模糊度整数解之后，即可计算出基线矢量。基于已知的基准站坐标，即可得到流动站的精确坐标。

RTK 定位解算的基本操作流程如图 5-9 所示。

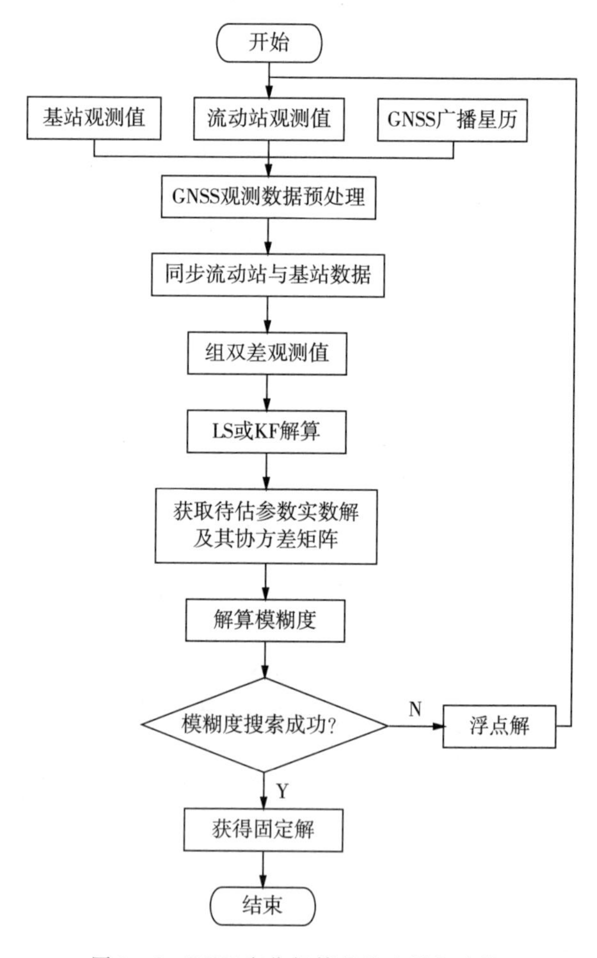

图 5-9　RTK 定位解算的基本操作流程

四、实验内容及步骤

以合肥星北航测 PIA400 接收机为例，进行 RTK 定位实验。该实验需要两套 GNSS 接收机系统，一套作为基准站，一套作为流动站。RTK 定位的实验装置如图 5-10 所示。在该实验中，基准站的差分数据传输采用有线方式，即采用 RS-232 串口进行差分数据传输，将基准站的 COM2 作为差分数据输出，将流动站的 COM1 作为差分数据输入，将流动站的 COM2 作为定位结果输出。

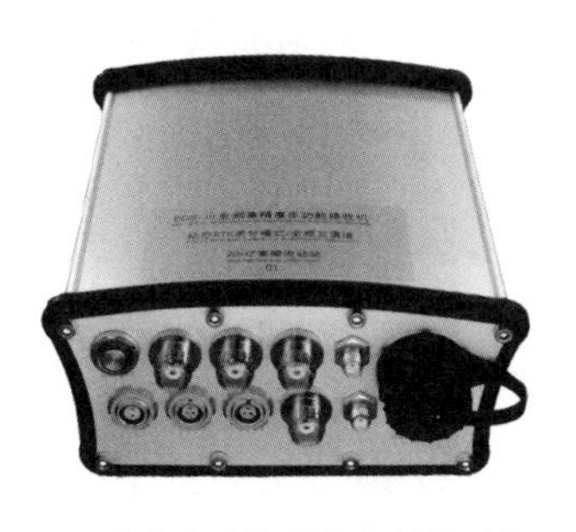

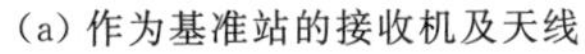

(a) 作为基准站的接收机及天线　　(b) 作为流动站的接收机及天线

图 5 - 10　RTK 定位的实验装置

1. 基准站操作

步骤 1：通过串口线将基准站接收机的 COM1 连接至 PC 机(图 5 - 11)，打开接收机电源开关，运行 PC 机上的 XCOM 串口调试助手。

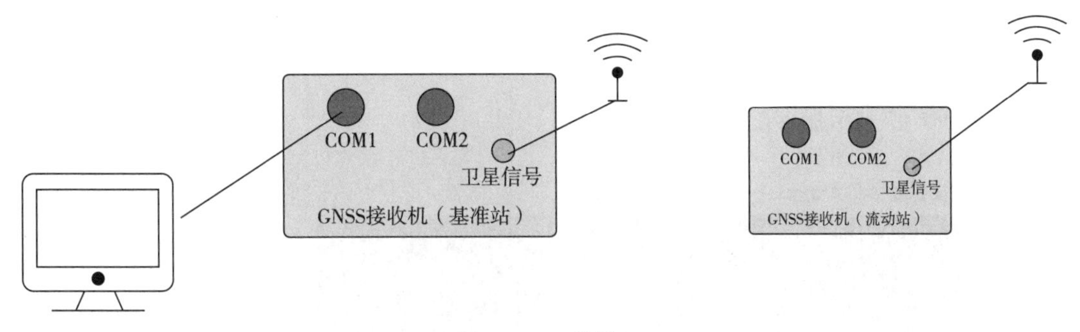

图 5 - 11　接线 1

步骤 2：选择串口号，设置波特率为“115200”，点击“打开串口”按钮(图 5 - 12)。

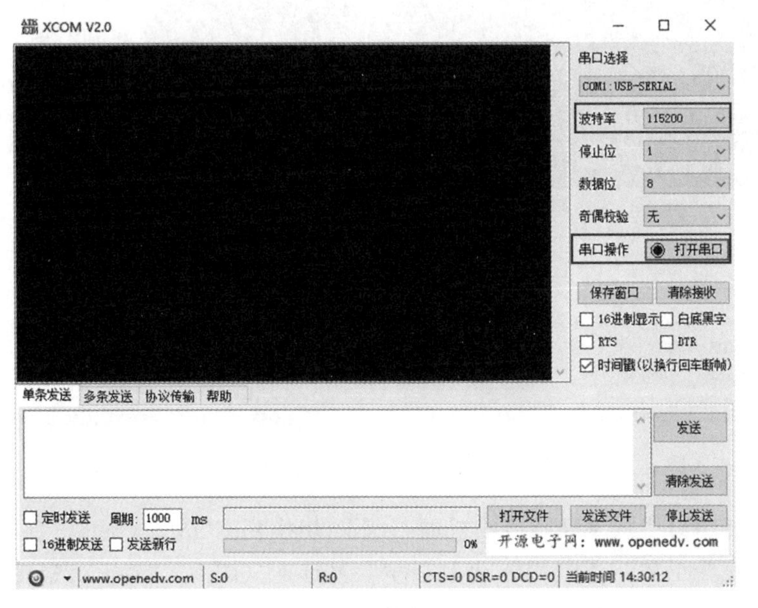

图 5 - 12　实验界面 1

步骤 3：输入如下基准站配置指令，点击“发送”按钮，完成配置(图 5 - 13)；

```
mode base time 60 1.5 1.5
rtcm1006 com2 10
rtcm1033 com2 10
rtcm1074 com2 1
rtcm1124 com2 1
Saveconfig
```

说明：

“mode base time 60 1.5 1.5”表示接收机自主定位 60 s；或者水平定位标准差 ≤ 1.5 m，且高程定位标准差 ≤ 2.5 m 时，把水平定位的平均值和高程定位的平均值作为基准站坐标值。

“rtcm1006com2 10”表示 RTK 基准站天线参考点坐标(含天线高)。

“rtcm1033com2 10”表示接收机和天线说明。

“rtcm1074com2 1”表示 GPS 差分电文。

“rtcm1124com2 1”表示 BDS 差分电文。

“saveconfig”表示保存配置。

图 5 - 13　实验界面 2

步骤 4：将串口线从基准站接收机的 COM1 切换到 COM2（图 5 - 14），观察基准站输出差分数据是否正常。选中“16 进制显示”复选框（图 5 - 15），观察接收到的数据是否以“D300”开头，若是则基准站运行正常。

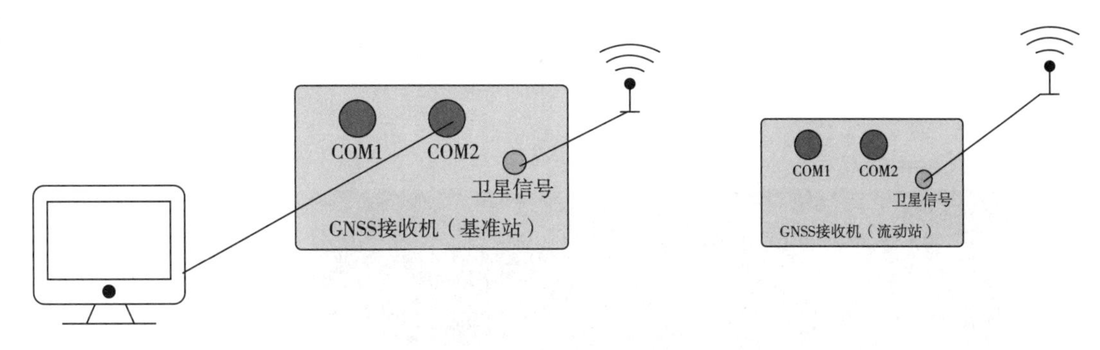

图 5－14　接线 2

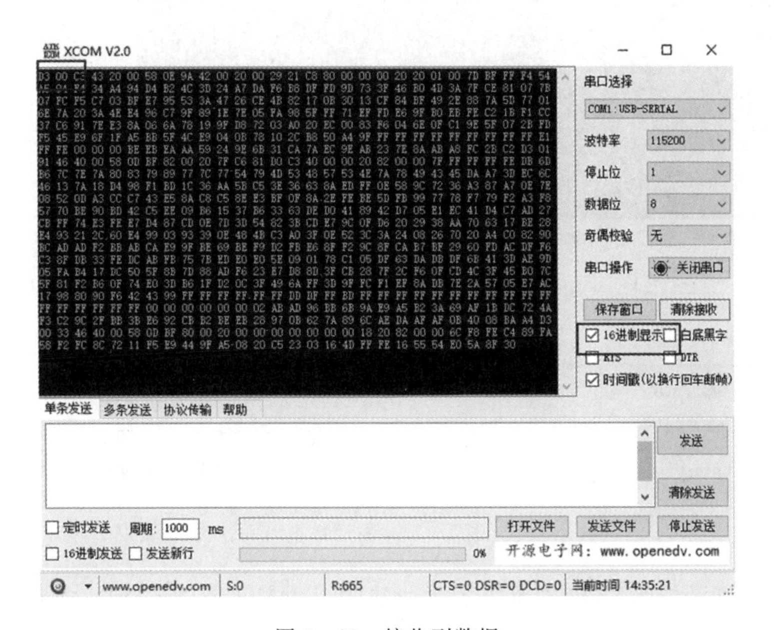

图 5－15　接收到数据

2. 流动站操作

步骤 1：通过串口线将流动站接收机的 COM1 连接至 PC 机（图 5－16），打开接收机电源开关。运行 PC 机上的 XCOM 串口调试助手，并进行如下操作。

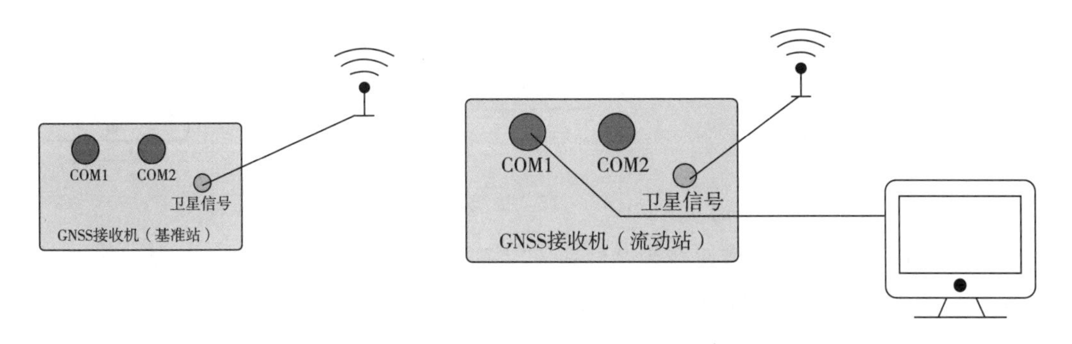

图 5－16　接线 3

步骤 2：选择串口号，设置波特率为“115200”，点击“打开串口”按钮。

步骤 3：输入流动站配置指令“log com2 gpgga ontime 1”，点击“发送”按钮，完成配置（图 5－17）；

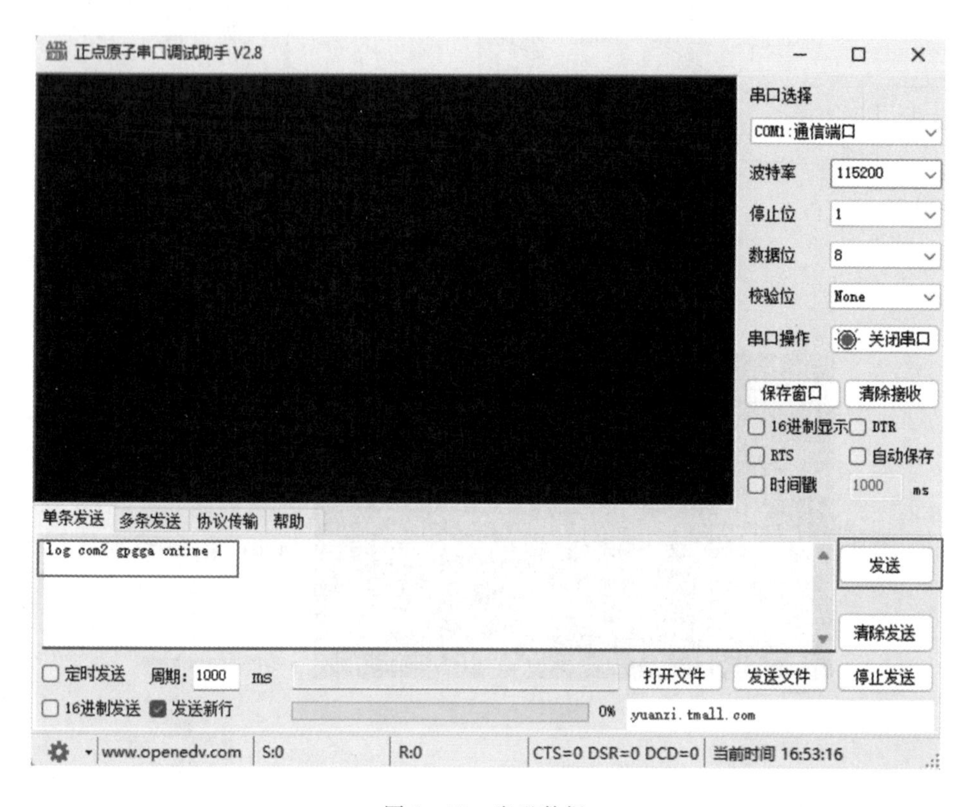

图 5－17　发送数据

步骤 4：将基准站的 COM2 连接至流动站的 COM1（图 5－18），实现差分数据的传输；将流动站的 COM2 连接至 PC 机，观察流动站输出 RTK 定位结果（图 5－19）。

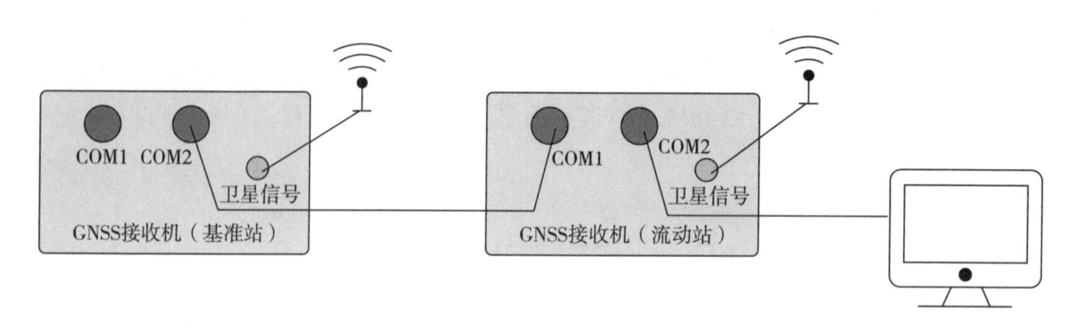

图 5－18　接线 4

由图 5－19 可知，定位模式变为“模式 4”，即差分定位模式；同时，流动站的定位结果：经度（度分格式）为 11721.91625828，纬度（度分格式）为 3146.39929755，高度为 40.9134 m。

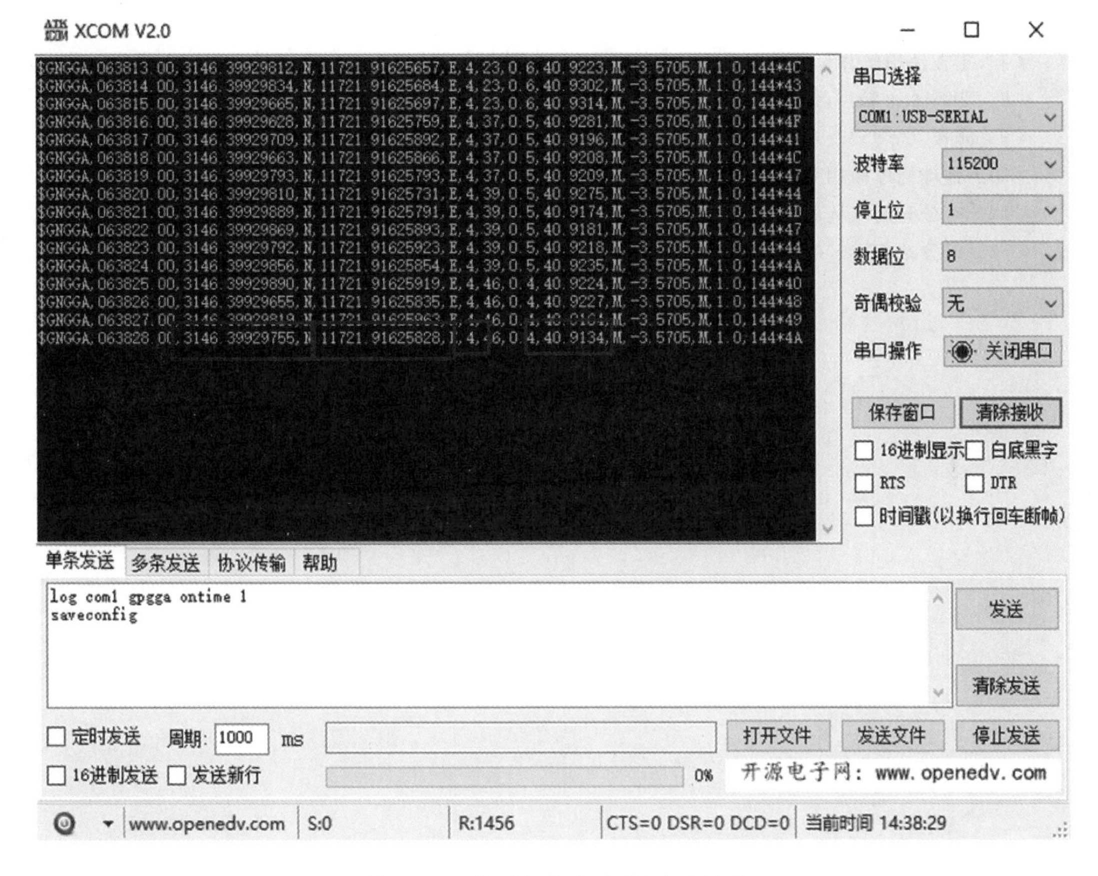

图 5-19　流动站输出 RTK 定位结果

说明：流动站输出 gpgga 定位数据的格式如下。

$GPGGA，<1>，<2>，<3>，<4>，<5>，<6>，<7>，<8>，<9>，M，<10>，M，<11>，<12> * hh<cr></cr><lf></lf>

<1>UTC 时间，hhmmss（时分秒）格式

<2>纬度 ddmm.mmmm（度分）格式（前面的 0 也将被传输）

<3>纬度半球 N（北半球）或 S（南半球）

<4>经度 dddmm.mmmm（度分）格式（前面的 0 也将被传输）

<5>经度半球 E（东经）或 W（西经）

<6>GNSS 状态标识：

0 = invalid（未定位）

1 = GPS fix（SPS）（单点定位）

2 = DGPS fix（伪距差分）

3 = PPS fix

4 = Real Time Kinematic（RTK 固定）

5 = Float RTK（RTK 浮动）

6 = estimated（dead reckoning）（2.3 feature）（正在估算）

7 = Manual input mode（固定坐标输出）

8 = Simulation mode

＜7＞正在使用解算位置的卫星颗数（前面的 0 也将被传输）

＜8＞HDOP 水平精度因子（0.5～99.9）

＜9＞海拔（-9999.9～+99999.9）

＜10＞地球椭球面相对大地水准面的高度

＜11＞差分时间（从最近一次接收到差分信号开始的秒数。若不是差分定位，则默认值为 99）

＜12＞差分站 ID 0000～1023（前面的 0 也将被传输。若不是差分定位，则默认值为 AAAA）

第六章　GNSS 接收机测速与测姿

实验十四　GNSS 接收机测速

一、实验目的

了解基于 GNSS 接收机定位的测速方法，掌握使用 C++ 编程语言获取 GNSS 接收机单点定位结果，进一步进行实时测速计算的方法。

二、实验原理

1. 获取 GNSS 接收机定位结果

通过给 GNSS 接收机发送相应的指令，获取其单点定位结果，即 WGS-84 大地坐标(经度、纬度和高程)。其中，经度和纬度以“度”(°) 为单位，高程以“m” 为单位。

2. 将 WGS-84 大地坐标转换为高斯平面直角坐标

采用实验六中的方法，将 WGS-84 坐标转换为高斯平面直角坐标(x，y，z)，其中 x、y、z 均以“m” 为单位，这就为测速计算做好了数据准备。实验六中的方法公式如下：

$$\begin{cases} x = X + \dfrac{N}{2}\sin B\cos B l^2 + \dfrac{N}{24}\sin B\cos^3 B(5 - t^2 + 9\eta^2 + 4\eta^4)l^4 + \dfrac{N}{720}\sin B\cos^5 B(61 - 58t^2 + t^4)l^6 \\ y = N\cos B l + \dfrac{N}{6}\cos^3 B(1 - t^2 + \eta^2)l^3 + \dfrac{N}{120}\cos^5 B(5 - 18t^2 + t^4 + 14\eta^2 - 58t^2\eta^2)l^5 \end{cases} \tag{6-1}$$

通过式(6-1)，可先后获得当前时刻 GNSS 接收机坐标(x_{now}，y_{now})，以及上一时刻 GNSS 接收机坐标(x_{before}，y_{before})。

3. 计算一段时刻的速度大小 v 和方向 α(北偏东为正)

$$\begin{cases} v = \mathrm{sqrt}[\mathrm{pow}(x_{now} - x_{before},\ 2) + \mathrm{pow}(y_{now} - y_{before},\ 2)] / (\mathrm{second}_{now} - \mathrm{second}_{before}) \\ du = \arctan[(x_{now} - x_{before}) / (y_{now} - y_{before})] \end{cases} \tag{6-2}$$

注：通过给 GNSS 接收机发送指令 “log bestposa ontime x”，可以控制接收机使其每 x 秒输出一组定位结果。例如，给 GNSS 接收机发送指令 “log bestposa ontime 1”，即可

控制接收机每 1 s 输出一组定位结果。基于持续输出的定位数据，就可以完成上述的测速计算。

三、主要实验参数及获取方法

发送指令“log bestposa”，以获取 GNSS 接收机的经度 Lon、纬度 Lat 和高程 Alt。

“log bestposa”指令返回数据的格式如下：

```
#BESTPOSA，COM1，0，60.0，FINESTEERING，1709，270776.300，00000000，0000，1114;
  <1>，<2>，<3>，<4>，<5>，<6>，<7>，<8>，<9>，<10>，
  <11>，<12>，<13>，<14>，<15>，<16>，<17>，<18>，<19>，
  <20>，<21>*hh<CR><LF>
```

<1> 解算状态

SOL_COMPUTED　完全解算

INSUFFICIENT_OBS　观测量不足

COLD_START　冷启动，尚未完全解算

<2> 定位类型

NONE　未解算

FIXEDPOS　已设置固定坐标

SINGLE　单点解定位

PSRDIFF　伪距差分解定位

NARROW_FLOAT　浮点解

WIDE_INT　宽带固定解

NARROE_INT　窄带固定解

SUPER WIDE_LINE　超宽带解

<3> 纬度，单位为度(°)

<4> 经度，单位为度(°)

<5> 海拔高，单位为 m

<6> 大地水准面差异(空)

<7> 坐标系统

<8> 纬度标准差

<9> 经度标准差

<10> 高程标准差

<11> 基站 ID

<12> 差分龄期，单位为 s

<13> 解算时间

<14> 跟踪到的卫星颗数

<15> 参与 RTK 解算的卫星颗数

<16> L1 参与 PVT 解算的卫星颗数

<17> L1、L2 参与 PVT 解算的卫星颗数

<18> 预留

<19> 扩展解算状态

<20> 预留

<21> 参与解算信号

具体示例：

```
# BESTPOSA, COM2, 0, 60.0, FINESTEERING, 1994, 113013.100, 00000000, 0000, 1114;
  SOL_COMPUTED, SINGLE, 31.77541091300, 117.32225477412, 31.6023, - 4.1057, WGS - 84,
  0.8865, 1.0293, 3.4780, "AAAA", 99.000, 1.000, 10, 10, 10, 10, 0, 0, 0, 9 * fd4ae4c9
```

数据解析：

#BESTPOSA，COM2，0，60.0，FINESTEERING，1994，113013.100，00000000，0000，1114；(报文头)

SOL_COMPUTED(完全解算)，SINGLE(单点解定位)，31.77541091300(纬度)，117.32225477412(经度)，31.6023(海拔高)，－4.1057，WGS－84(坐标系统)，0.8865(纬度标准差)，1.0293(经度标准差)，3.4780(海拔高标准差)，"AAAA"，99.000，1.000(解算时间)，10(跟踪到的卫星颗数)，10，10，10，0，0，0，9＊fd4ae4c9

四、实验内容及步骤

1. 验证性实验

步骤1：将GNSS接收机接上电源，并通过RS-232串口连接到PC机，打开GNSS接收机电源开关。

步骤2：在PC机上找到"GNSS接收机测速"→"验证性实验"文件夹，双击"Speed.dsw"文件，通过Visual C++编辑器打开工程文件并运行，进入实验界面。接收机测速计算如图6-1所示。

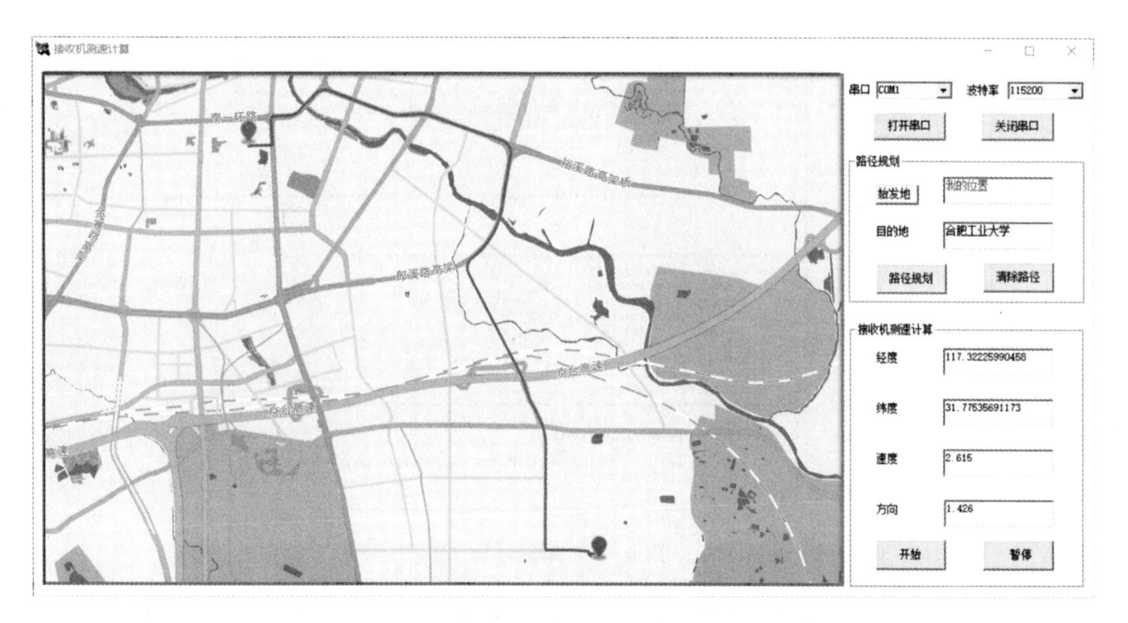

图6-1　接收机测速计算

步骤3：选择串口号，设置波特率为"115200"，点击"打开串口"按钮。

步骤4：点击"始发地"按钮，获取GNSS当前位置坐标，并在右侧输出框中显示"我的位置"；在"目的地"文本框中输入目的地(中文汉字)，点击"路径规划"按钮，可在地图上显示"我的位置"与"目的地"之间的一条优化路线。

步骤 5：点击“接收机测速计算”中的“开始”按钮，可在相应的输出框中显示当前 GNSS 接收机的经度、纬度、速度大小和方向。

步骤 6：点击“接收机测速计算”中的“暂停”按钮，可暂停测速计算过程。

步骤 7：点击“清除路径”按钮，可清除地图上所有显示的标注和路线等。

2. 设计性实验

步骤 1：将 GNSS 接收机接上电源，并通过 RS-232 串口连接到 PC 机，打开 GNSS 接收机电源开关。

步骤 2：在 PC 机上找到“GNSS 接收机测速”→“设计性实验”文件夹，双击“Speed. dsw”文件，通过 Visual C++ 编辑器打开工程文件，进入编程环境(图 6-2)。

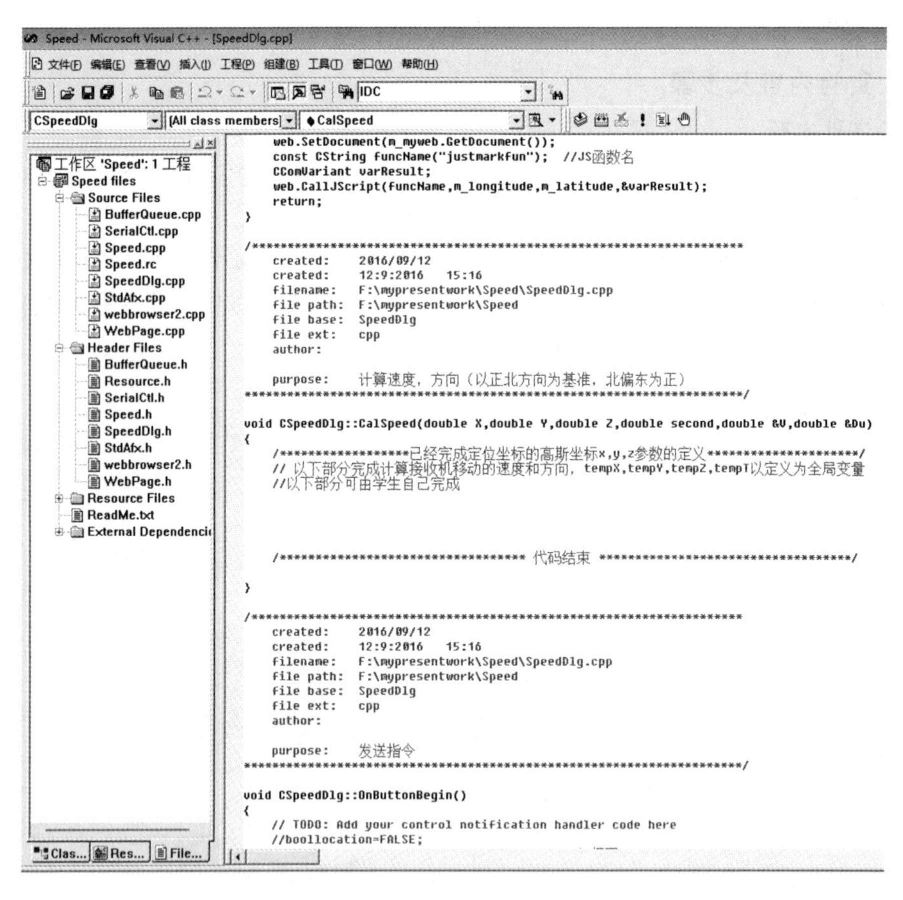

图 6-2　编程环境

步骤 3：在注释行提示区域内编写代码，实现接收机测速计算。

步骤 4：代码编写完成后，编译、链接、运行，在图 6-2 所示的应用程序中验证代码功能。若代码功能不正确，则返回编程环境修改代码，继续调试，直至功能正确。

参考代码(基于 GNSS 接收机持续输出的定位坐标，计算接收机的速度大小和方向)：

```
void CSpeedDlg::CalSpeed(double X, double Y, double Z, double second, double &V,
 double &Du)
```

```
{
if(count < 2){
tempX[count] = X; // 高斯直角坐标系的坐标 X
tempY[count] = Y; // 高斯直角坐标系的坐标 Y
tempZ[count] = Z; // 高斯直角坐标系的坐标 Z
tempT[count] = second; // 时间秒
count ++;
}
if(count == 2){
tempX[count - 1] = X;
tempY[count - 1] = Y;
tempZ[count - 1] = Z;
tempT[count - 1] = second;
if(tempT[1] == tempT[0]){// 修正时间出错
tempT[1] = tempT[0] + 1;
}
V = sqrt(pow(tempX[1] - tempX[0], 2) + pow(tempY[1] - tempY[0], 2))/(tempT[1] -
  tempT[0]); // 速度
Du = atan((tempX[1] - tempX[0])/(tempY[1] - tempY[0])); // 方向(以正北方向为基准，北偏东
  为正)
tempX[0] = tempX[1];
tempY[0] = tempY[1];
tempZ[0] = tempZ[1];
tempT[0] = tempT[1];
}
}
```

编程提示：

(1) 在编程时需要定义的变量主要计算需要获得的经度、纬度和周内秒等，其他还需要定义的变量包括计算的中间结果和最终结果。

(2) 将通过当前北斗实时定位计算出来的速度、方向，显示在编辑框中。

(3) 串口数据采集、变量赋值、计算结果输出等操作可以参考图 6-2 所示的算法代码。

(4) 在上述程序框架下编程实现接收机测速计算。

(5) 获取当前卫星的定位结果，建议每隔 1 s 计算一次，获取一次结果。

(6) 通过“log bestvela”指令获取当前接收机输出的速度和方向，以验证上述计算结果的正确性。

知识拓展

一、几种常见的民用定位技术

目前常见的民用定位技术有四种：基于通信基站的定位、基于 Wi-Fi 信号的定位、集

成 GNSS 定位和辅助 GNSS 定位。

1. 基于通信基站的定位

移动通信网络是由许多按照一定规则布局的基站(大铁塔)构成的，每个基站覆盖一个正六边形区域，每个正六边形区域称为一个小区(基站)，每个小区都有一个固定的 ID(编号)。这样形成的网络酷似蜂窝，其主要特征是终端可移动，并具有越区切换和跨本地网自动漫游功能。只要手机不是离线模式，移动通信运营商就时刻清楚手机位于哪个小区，而且手机中也有当前所处小区的 ID。国家安全部门正是通过小区 ID 来掌握犯罪嫌疑人大概位置的，手机定位软件则通过侦测手机中的小区 ID 进行定位(必须有基站位置数据库和地图数据的配合)。基于通信基站的定位精度取决于手机所处小区半径的大小，从几百米到几十千米不等。

2. 基于 Wi-Fi 信号的定位

定位软件通过侦测 Wi-Fi 的 ID(路由器地址)，在其 Wi-Fi 位置数据库和地图数据的配合下完成定位。要使用 Wi-Fi 定位，手机必须支持并启用 Wi-Fi。其精度取决于 Wi-Fi 路由器的密度及 Wi-Fi 位置数据库的翔实程度，精度大约为 200 m。

3. 集成 GNSS 定位

集成 GNSS 定位需要手机内置 GNSS 模块，该模块只有接收功能，没有发射功能。卫星不断向地球发射包含时间、卫星点位等重要参数的信息，手机收到这些信息后，会利用多颗卫星同一时间发出信号到达的先后顺序及时差计算出手机到各个卫星的距离，并利用三维坐标中的距离公式组成 3 个方程式，解算出手机的位置(X，Y，Z)。考虑到卫星时钟与手机时钟之间的误差，实际上有 4 个未知数，即 X、Y、Z 和钟差，因而需要引入第 4 颗卫星，形成 4 个方程式进行求解，从而得到手机的经度、纬度和高程。

4. 辅助 GNSS 定位

辅助 GNSS 定位是通过网络辅助的全球卫星定位系统。辅助 GNSS 定位要求定位软件运营商做到：(1) 在定位软件中设计侦测和发送基站 ID(蜂窝移动通信小区编号) 的任务；(2) 建立基站位置数据库并尽可能涵盖所有基站；(3) 在互联网上建立位置服务器；(4) 在地面上建设 GNSS 基准站(用于观测 GNSS 卫星并向位置服务器提供全球星历数据)。辅助 GNSS 定位实际就是“基站定位＋远端星历数据＋GPRS 传输＋集成 GNSS 定位”。

二、路径导航服务

路径导航一般有 3 个步骤，即选取路径起始点、路径规划、实时导航。基于百度的路径导航主要由定位模块(北斗或 GPS 模块)、内置导航软件、4G 通信模块相互分工并配合完成。其中，定位模块完成对北斗或 GPS 卫星的搜索跟踪和定位速度等数据采集工作。内置导航软件地图功能将定位模块得到位置信息，不停地刷新电子地图，从而使用户在地图上的位置不停地运动变化；路径引导计算功能将根据用户需要，规划出一条到达目的地的行走路线，并引导用户向目的地行走。4G 通信模块发挥手机的通信功能，并可根据手机功能对采集到的定位数据进行处理并上传到指定网站。以上原理只针对百度手机版导航，其他导航软件原理与此类似。

实验十五　载波相位差分姿态测量

一、实验目的

了解载波相位差分姿态测量原理和计算过程，掌握使用 GNSS 接收机实现双天线姿态测量的角度输出的方法。

二、实验原理

1. 采用整数最小二乘估计法求解基线矢量

建立相位双差观测方程：

$$\boldsymbol{\Phi} = \boldsymbol{AN} + \boldsymbol{Bb} + \boldsymbol{e} \tag{6-3}$$

式中，$\boldsymbol{\Phi}$ 为相位双差值矩阵；$\boldsymbol{N}$ 为双差整周模糊度矢量(若可视卫星有 $k+1$ 颗，则该矢量为 k 维)；$\boldsymbol{b}$ 为基线矢量；$\boldsymbol{e}$ 为观测噪声误差矢量(均值为 0，方差为 Q)；$\boldsymbol{A}$ 和 $\boldsymbol{B}$ 分别为 $\boldsymbol{N}$ 和 $\boldsymbol{b}$ 的设计矩阵。

对式(6-3)进行最小二乘估计，得到实数估计值 $\hat{\boldsymbol{N}}$、$\hat{\boldsymbol{b}}$ 和协方差矩阵：

$$\begin{bmatrix} \hat{\boldsymbol{N}} \\ \hat{\boldsymbol{b}} \end{bmatrix}, \begin{bmatrix} \boldsymbol{Q}_{\hat{N}} & \boldsymbol{Q}_{\hat{N}\hat{b}} \\ \boldsymbol{Q}_{\hat{b}\hat{N}} & \boldsymbol{Q}_{\hat{b}} \end{bmatrix} \tag{6-4}$$

利用整周模糊度实数解 $\hat{\boldsymbol{N}}$ 和其协方差矩阵 $\boldsymbol{Q}_{\hat{N}}$ 求解如下最小化问题：

$$\min_{\boldsymbol{N}} (\hat{\boldsymbol{N}} - \boldsymbol{N})^{\mathrm{T}} \cdot \boldsymbol{Q}_{\hat{N}}^{-1} \cdot (\hat{\boldsymbol{N}} - \boldsymbol{N}), \ \boldsymbol{N} \in Z^k \tag{6-5}$$

其解记作 $\breve{\boldsymbol{N}}$，即整周模糊度的整数解。用$(\hat{\boldsymbol{N}} - \breve{\boldsymbol{N}})$纠正式(6-4)中的实数估计值 $\hat{\boldsymbol{b}}$，即可得到基线矢量的确定估计 $\breve{\boldsymbol{b}}$：

$$\breve{\boldsymbol{b}} = \hat{\boldsymbol{b}} - \boldsymbol{Q}_{\hat{b}\hat{N}} \cdot \boldsymbol{Q}_{\hat{N}}^{-1} \cdot (\hat{\boldsymbol{N}} - \breve{\boldsymbol{N}}) \tag{6-6}$$

由基线矢量 $\breve{\boldsymbol{b}}$ 即可求得基线的二维姿态角(航向角和俯仰角)。

以上即基线姿态测量的完整过程，但其中整周模糊度整数解 $\breve{\boldsymbol{N}}$ 的求解是一个难点，需要在巨大的解空间 $\boldsymbol{Z}^k$ 中搜索出最优解，以使式(6-5)达到最小。

2. 采用蚁群算法求解整周模糊度整数解 $\breve{\boldsymbol{N}}$

首先对解空间 $\boldsymbol{Z}^k$ 进行适当裁剪，得到一个有效的整周模糊度搜索空间。该搜索空间既要包含模糊度整数解，又要尽量减少候选整数矢量的个数。基于这一思路，定义模糊度搜索空间如下：

$$[\hat{N}_i] - m \leqslant N_i \leqslant [\hat{N}_i] + m \quad i = 1, \cdots, k \tag{6-7}$$

式中，$[\hat{N}_i]$ 为模糊度实数解 $\hat{\boldsymbol{N}}$ 第 i 维的取整；m 为搜索幅度，可根据基线长度确定。因此，该模糊度搜索空间是模糊度实数解 $\hat{\boldsymbol{N}}$ 确定的整数矢量的 $\pm m$ 周范围，搜索空间大小为 $(2m+1)^k$。

可见，整周模糊度整数解 $\breve{\boldsymbol{N}}$ 的求解问题，就是在式(6-7)定义的搜索空间中搜索最优的 $\boldsymbol{N}$，以使式(6-5)达到最小。这是一个离散组合优化问题，可引入蚁群算法（Ant Colony Optimization，ACO）加以求解。

1）蚁群算法

蚁群算法是一种新型的模拟算法，是在对自然界中真实蚁群的集体行为的研究基础上，由意大利学者 Dorigo 等人首先提出的。蚁群算法已成功解决了一系列可被表达为在图表上寻找最优路径的组合优化问题，如 TSP（Traveling Salesman Problem，旅行商问题）问题、分配问题和作业调度等问题，初步研究已显示出其在求解这类复杂组合优化问题方面具有并行化、正反馈、鲁棒性强等先天优点。

2）算法设计

整周模糊度整数解求解问题就是在模糊度搜索空间（图 6-3）中寻找一组最优的整数矢量 $\breve{\boldsymbol{N}}$，以使式（6-5）的目标函数值最小，属于一类离散组合优化问题。采用蚁群算法，让蚂蚁在解空间中搜索，并以正反馈方式逐渐收敛到最优或近似最优的一组整数矢量。模糊度搜索空间的形式化描述如图 6-4 所示。

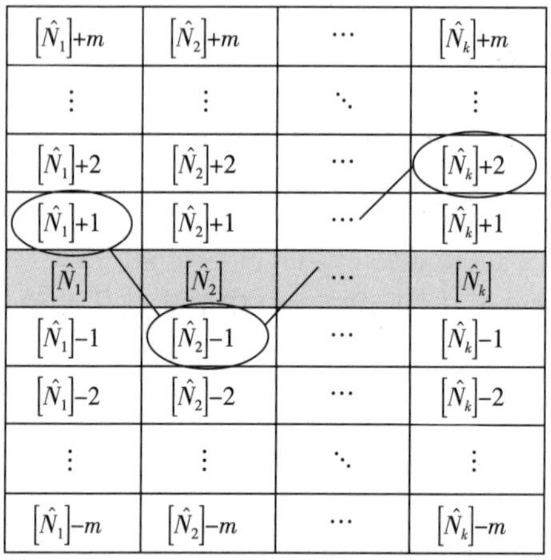

$[\hat{N}_1]+m$	$[\hat{N}_2]+m$	…	$[\hat{N}_k]+m$
⋮	⋮	⋱	⋮
$[\hat{N}_1]+2$	$[\hat{N}_2]+2$	…	$[\hat{N}_k]+2$
$[\hat{N}_1]+1$	$[\hat{N}_2]+1$	…	$[\hat{N}_k]+1$
$[\hat{N}_1]$	$[\hat{N}_2]$	…	$[\hat{N}_k]$
$[\hat{N}_1]-1$	$[\hat{N}_2]-1$	…	$[\hat{N}_k]-1$
$[\hat{N}_1]-2$	$[\hat{N}_2]-2$	…	$[\hat{N}_k]-2$
⋮	⋮	⋱	⋮
$[\hat{N}_1]-m$	$[\hat{N}_2]-m$	…	$[\hat{N}_k]-m$

图 6-3　模糊度搜索空间

N_{1m}	N_{2m}	…	N_{km}
⋮	⋮	⋱	⋮
N_{12}	N_{22}	…	N_{k2}
N_{11}	N_{21}	…	N_{k1}
N_{10}	N_{20}	…	N_{k0}
$N_{1(-1)}$	$N_{2(-1)}$	…	$N_{k(-1)}$
$N_{1(-2)}$	$N_{2(-2)}$	…	$N_{k(-2)}$
⋮	⋮	⋱	⋮
$N_{1(-m)}$	$N_{2(-m)}$	…	$N_{k(-m)}$

图 6-4　模糊度搜索空间的形式化描述

应用蚁群算法求解，首先引入如下记号：设 n 是蚁群中蚂蚁的数量，且 $n \leqslant k(2m+1)$。$\tau_{ip,jq}(t)$（$i, j=1, 2, \cdots, k$，且 $|i-j|=1$，$p, q=-m, \cdots, 0, \cdots, m$）表示 t 时刻在整数 N_{ip} 与 N_{jq} 连线上的信息素量。初始时刻，各条边上的信息素量相等，设 $\tau_{ip,jq}(0)=\tau_0$。

初始时刻随机放置 n 只蚂蚁到 $k(2m+1)$ 个候选整数上（不重复），n 只蚂蚁分别向后、向前寻径，在每一维挑选一个整数。当所有蚂蚁走完全部维，形成 n 个整数矢量时，一次循环结束。

蚂蚁 $s(s=1, 2, \cdots, n)$ 在运动过程中，根据各条边上的信息素量决定转移方向，每到一个整数就将其作为整数矢量在该维的取值。$p^s_{ip,jq}$ 表示在 t 时刻蚂蚁 s 由整数 N_{ip} 转移到整数 N_{jq} 的概率，即蚂蚁 s 在 t 时刻选择整数 N_{jq} 加入整数矢量的概率：

$$p^s_{ip,jq}=\frac{[\tau_{ip,jq}(t)]^{\alpha}\left(\frac{1}{|q|+\varepsilon}\right)^{\beta}}{\sum_{u=-m}^{m}[\tau_{ip,ju}(t)]^{\alpha}\left(\frac{1}{|u|+\varepsilon}\right)^{\beta}},\quad q=-m,\ \cdots,\ m \tag{6-8}$$

式中，α、β 分别用来控制信息素和启发式信息的相对重要程度；ε 为一个任意小的正数。

启发式信息如此设计，是为了使蚂蚁优先选择接近 $[\hat{N}_j]$ 的整数，这里充分引入了问题相关的领域知识。

随着时间的推移，以前整数之间的信息素浓度逐渐降低，用参数 $1-\rho$ 表示其降低程度。蚂蚁们完成一次循环后，各条边上的信息素根据下式进行调整：

$$\tau_{ip,jq}(t+1)\leftarrow\rho\tau_{ip,jq}(t)+\sum_{s=1}^{n}\Delta\tau^s_{ip,jq} \tag{6-9}$$

$\Delta\tau^s_{ip,jq}$ 表示蚂蚁 s 在本次循环中，在整数 N_{ip}、N_{jq} 之间路径上信息素的增量：

$$\Delta\tau^s_{ip,jq}=\begin{cases}\dfrac{Q}{J(N_s)}, & \text{蚂蚁 } s \text{ 形成的整数矢量包含 } N_{ip}\text{、}N_{jq}\\ 0, & \text{其他}\end{cases} \tag{6-10}$$

式中，$\boldsymbol{N}_s$ 为蚂蚁 s 形成的整数矢量；$J(\boldsymbol{N}_s)$ 为其目标函数值。

这里对信息素的调整利用的是整体信息，在求解该问题时性能较好。该算法中，参数 α、β、ρ 用实验方法确定其最优组合。到达固定的进化代数时或者当进化趋势不明显时便停止计算。该算法复杂度为 $O(\mathrm{NC}\cdot m^3)$，其中 NC 表示循环次数。

采用进化算法求解整周模糊度搜索问题时，存在收敛速度慢、易于陷入局部极小状况等缺陷。为了提高算法的全局搜索能力和搜索速度，引入自适应掠动策略，在出现局部极小情况时使解尽快跳出来，从而向最优解继续进化。

$$p^s_{ip,jq}=\frac{[\tau_{ip,jq}(t)]^{\alpha\left(1-\frac{g}{2\cdot g_{\max}}\right)^g}\left(\frac{1}{|q|+\varepsilon}\right)^{\beta}}{\sum_{u=-m}^{m}[\tau_{ip,ju}(t)]^{\alpha\left(1-\frac{g}{2\cdot g_{\max}}\right)^g}\left(\frac{1}{|u|+\varepsilon}\right)^{\beta}} \tag{6-11}$$

定义 g 为掠动强度，每次循环结束后，根据求得的最优解情况对 g 进行如下调整：

$$g=\begin{cases}0, & \text{最优解在进化}\\ g+1, & \text{最优解在近 } N \text{ 次循环中未进化，并且 } g+1\leqslant g_{\max}\\ g_{\max}, & \text{其他}\end{cases} \tag{6-12}$$

可见，在蚁群系统运行初期，用算法求得的最优解仍在进化时，$g=0$，不影响蚂蚁对候选整数的选择概率 $p^s_{ip,jq}$；而当算法求得的最优解在 N 次循环内没有明显改进，即出现可能的局部极小情况时，掠动作用开始发挥，显著降低信息素在 $p^s_{ip,jq}$ 中的重要程度，相应提升启发式信息的受重视程度，从而使蚂蚁选择以前选过的整数的可能性降低，使之倾向于探索新解；在最优解仍没有改进的情况下，掠动作用加速增强，使解更易跳出局部极小。另外，为了保证算法的收敛速度，引入 $g_{\max}$ 对掠动强度进行控制。一旦解跳出局部极小，用算法求得的最优解又开始进化时，$g=0$，掠动作用消失。

3. 求解基线矢量 $\breve{\boldsymbol{b}}$，得到基线姿态角

在求解出整周模糊度整数解 $\breve{\boldsymbol{N}}$ 后，代入式(6-6)，即可得到基线矢量 $\breve{\boldsymbol{b}}$，进一步可求得基线的二维姿态角(航向角和俯仰角)。

三、实验内容及步骤

以合肥星北航测 PIA400 接收机为例，进行双天线单基线姿态测量实验。本实验搭建的双天线单基线如图 6-5 所示，基线长度为 1 m，将两根卫星天线的馈线分别接入 GNSS 接收机的天线 1 接口和天线 2 接口。

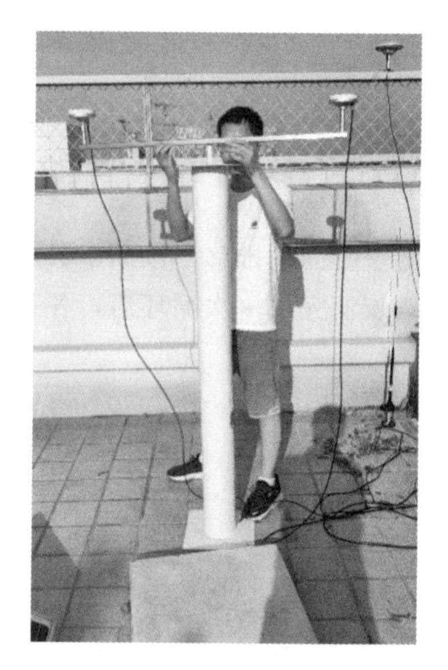

图 6-5　双天线单基线

步骤 1：配置 GNSS 接收机。将 GNSS 接收机的 COM1 口通过串口线连接至 PC 机，打开接收机电源开关，运行 PC 机上的 XCOM 串口调试助手，并进行下面操作。

步骤 2：选择串口号，设置波特率为“115200”，选中“打开串口”单选按钮(图 6-6)。

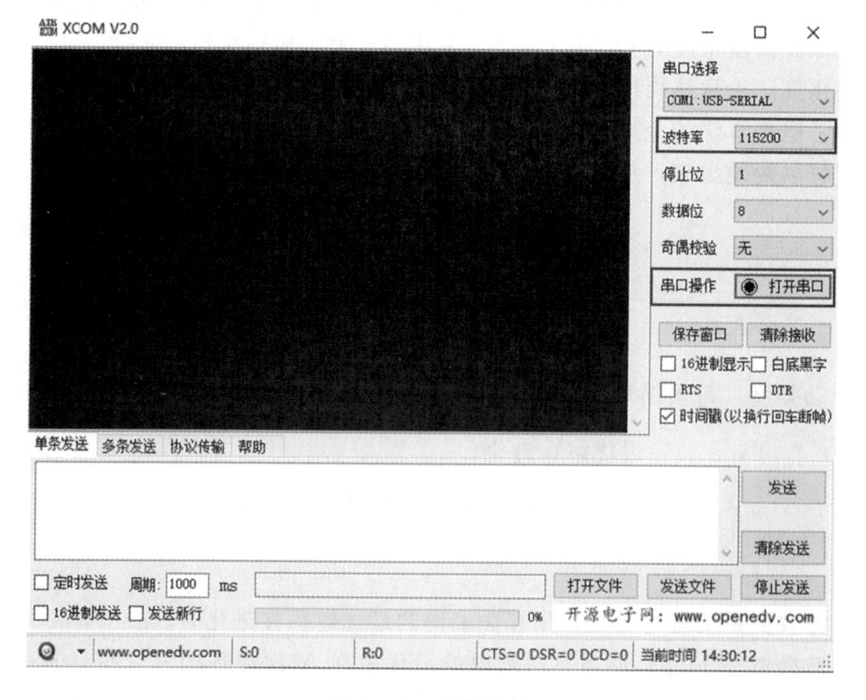

图 6-6　实验界面

步骤 3：输入指令“log com2 ksxt ontime 1”，单击“发送”按钮，完成配置(图 6-7)。该指令用于设置接收机通过 COM2 口输出姿态测量数据。

图 6-7　发送配置指令

步骤 4：将接收机的 COM2 口通过串口线连接至 PC 机，以观察接收机输出姿态测量结果(图 6-8)。由图 6-8 可知，当前基线的航向角为 0.53°，俯仰角为 −0.36°。

图 6-8　接收机输出姿态测量数据

步骤 5：将基线转动一定角度，观察姿态测量结果的变化。

说明：指令“log ksxt”输出数据的格式如下。

$KSXT，< 1 >，< 2 >，< 3 >，< 4 >，< 5 >，< 6 >，< 7 >，< 8 >，< 9 >，< 10 >，< 11 >，< 12 >，< 13 >，< 14 >，< 15 >，< 16 >，< 17 >，< 18 >，< 19 >，< 20 >，< 21 >，* < 22 >

< 1 > 位置对应的 UTC 时间，yyyy/mm/dd/hh/mm/ss.ss

< 2 > 经度(单位：度)，保留小数点后 8 位有效数字

< 3 > 纬度(单位：度)，保留小数点后 8 位有效数字

< 4 > 海拔高(单位：米)，保留小数点后 4 位有效数字

< 5 > 方位角

< 6 > 俯仰角

< 7 > 速度角

< 8 > 速度

< 9 > 横滚

< 10 > GNSS 定位质量指示符

< 11 > GNSS 定向质量指示符

< 12 > 主天线使用卫星颗数

< 13 > 从天线使用卫星颗数

< 14 > 东向位置坐标

< 15 > 北向位置坐标

< 16 > 天向位置坐标

< 17 > 东向速度

< 18 > 北向速度

< 19 > 天向速度

< 20 > 保留

< 21 > 保留

< 22 > 校验位

具体示例：

$KSXT，20171124082056.50，116.23661278，40.07899413，67.39731939，1.33，0.56，317.85，0.009，3，3，33，33，0.000，0.000，0.000，-0.002，0.002，0.001,,, *00000007

数据解析：

$KSXT，20171124082056.50(位置对应的 UTC 时间)，116.23661278(经度)，40.07899413(纬度)，67.39731939(海拔高)，1.33(方位角)，0.56(俯仰角)，317.85(速度角)，0.009(横滚)，3(GNSS 定位质量指示符)，3(GNSS 定向质量指示符)，33(主天线使用卫星颗数)，33(从天线使用卫星颗数)，0.000(东向位置坐标)，0.000(北向位置坐标)，0.000(天向位置坐标)，-0.002(东向速度)，0.002(北向速度)，0.001(天向速度),,, *00000007(校验位)

第七章　误差源与精度评价

实验十六　电离层、对流层、相对论误差

一、实验目的

了解 GNSS 接收机接收到卫星信号的各种测量误差，理解各种误差源的计算方法，掌握使用 C++ 编程语言进行电离层延时误差、对流层延时误差、相对论效应误差、卫星时钟误差等的计算。

二、实验原理

GNSS 接收机测量误差按照其来源不同可分为三种类型。

(1) 与卫星有关的误差：主要包括卫星时钟误差和卫星星历误差，它们是由于 GPS 地面监控部分不能对卫星的运行轨道和卫星时钟的频漂做出绝对准确的测量、预测而引起的。

(2) 与信号传播有关的误差：GPS 信号从卫星端传播到接收机端时需要穿越大气层，而大气层对信号传播的影响表现为大气延时。大气延时误差通常被分为电离层延时误差和对流层延时误差。相对论效应误差属于与信号传播有关的误差。

(3) 与接收机有关的误差：接收机在不同的地点可能会受到不同程度的多路径效应干扰和电磁干扰，从而产生误差。这部分误差还包括接收机噪声和软件计算误差。

1. 电离层延时误差

离地面 50 ～ 1000 km 的大气层称为电离层。在电离层中，气体分子受到太阳等天体各种射线辐射产生强烈电离，形成大量的自由电子和正离子。当卫星信号通过电离层时，与其他电磁波一样，信号的路径要发生弯曲，传播速度也会发生变化，从而使测量的距离发生偏差，这种影响称为电离层折射。如果一种介质的折射率为 n，那么光在这种介质中的传播速度为 $t-\tau$。

首先简单介绍电磁波传播理论中的几个基本术语。考虑一个沿 X 方向传播、在 Y 方向振动的单一频率正弦波函数 $y(x, t)$：

$$y(x, t)=A\sin(\omega t-kx+\varphi) \tag{7-1}$$

式中，A 为振幅；ω 为角频率；k 为波数；φ 为初相位。

电磁波的角频率 ω、波数 k、频率 f 和波长 λ 存在以下关系：

$$\omega=2\pi fk=\frac{2\pi}{\lambda} \tag{7-2}$$

此正弦波在 X 方向上的传播速度称为相速度 v_p：

$$v_p=\frac{\omega}{k} \tag{7-3}$$

则对应于相速度的相折射率 n_p 为

$$n_p=\frac{c}{v_p} \tag{7-4}$$

电离层是弥散性介质(不同频率的电磁波在某一种介质中有不同的传播速度)，其折射率是关于电磁波频率 f 的函数。若振幅不是一个常数 A，而是一个由多种不同频率的波形叠加而成的群波，那么此群波在弥散性介质中的传播速度称为群速 v_g，计算如下：

$$v_g=\frac{d\omega}{dk} \tag{7-5}$$

式中，ω 为电磁波的角频率；k 为波数。与之相应的群折射率 n_g 计算如下：

$$n_g=\frac{c}{v_g} \tag{7-6}$$

式中，c 为光速。

则相折射率和群折射率的关系为

$$n_g=n_p+f\frac{dn_p}{df} \tag{7-7}$$

根据大气物理学，电离层对电磁波的相折射率可近似地表达如下：

$$n_p=1-40.28\frac{n_e}{f^2} \tag{7-8}$$

式中，n_e 为电子密度。

将式(7-8)代入式(7-7)，得电离层的群折射率：

$$n_g=1+40.28\frac{n_e}{f^2} \tag{7-9}$$

若 s 为 GPS 信号穿过电离层的路径，则伪距在电离层中受到的以秒为单位的延时为

$$I_\rho=\int_s\left(\frac{1}{c/n_g}-\frac{1}{c}\right)dl=\frac{1}{c}\int_s(n_g-1)\,dl=\frac{40.28}{cf^2}\int_s n_e dl \tag{7-10}$$

式(7-10)再乘以光速 c，得到以米为单位的延时：

$$I_\rho=40.28\frac{N_e}{f^2} \tag{7-11}$$

式中，$N_e = \int_s n_e \mathrm{d}l$。

类似地，可得到以米为单位的载波相位测量值 φ 中的电离层延时：

$$I_\varphi = -40.28\frac{N_e}{f^2} \tag{7-12}$$

由于单频接收机不能直接测定电离层延时，因此只能借助数学模型估算校正电离层延时。其模型及计算步骤如下。

电离层延时模型的数学表达式为

$$T_z = \begin{cases} 5\times 10^{-9} + AMP \times \cos x, & |x| < 1.57 \\ 5\times 10^{-9}, & |x| \geqslant 1.57 \end{cases} \tag{7-13}$$

式中，T_z 为天顶方向电离层延时误差(s)；AMP 为余弦函数振幅。该模型用一个常数来描述午夜至凌晨之间的电离层延时，并在此基础上用半个余弦函数来描述白天的电离层延时变化情况。

AMP 的表达式为

$$AMP = \begin{cases} \sum_{n=0}^{3} \partial^n \varphi_m^n, & AMP \geqslant 0 \\ 0, & AMP < 0 \end{cases} \tag{7-14}$$

式中，∂_0、∂_1、∂_2、∂_3可通过指令“log ionutca”(或“log ionutcb”)获得；φ_m 为卫星信号传播路径与中心电离层的交点 P 处的地磁纬度。

φ_m 的表达式为

$$\varphi_m = \varphi_i + 0.064\cos(\lambda_i - 1.617) \tag{7-15}$$

式中，φ_i、λ_i 为点 P 处的地心纬度和经度。

φ_i、λ_i 的计算公式为

$$\varphi_i = \begin{cases} \varphi_u + \varphi\cos A, & |\varphi_i| \leqslant 0.416 \\ 0.416, & |\varphi_i| > 0.416 \\ -0.416, & |\varphi_i| < -0.416 \end{cases} \tag{7-16}$$

$$\lambda_i = \lambda_u + \frac{\varphi\sin A}{\cos\varphi_i} \tag{7-17}$$

式中，φ_u、λ_u 为测站点的地心纬度和经度，单位为(semi-circles)，可通过指令“log bestposa”获得；A 为卫星的方位角，可通过计算得到；φ 为 P 点与测站点所对应的地球中心角。

φ 的计算公式为

$$\varphi=\frac{0.0137}{E+0.11}-0.022 \tag{7-18}$$

式中，E 为卫星的高度角。

至此，AMP 已经求出。

$$x=\frac{2\pi(t-50400)}{PER} \tag{7-19}$$

式中，t 为以秒为单位的 P 点处的地方时；PER 为值必定大于 20 h 的余弦函数周期。

t 的计算公式为

$$t=4.32\times10^4\lambda_i+\text{mod}(GPS\ time,\ 86400) \tag{7-20}$$

式中，$GPS\ time$ 为卫星系统时；$0\leqslant t<86400$。

PER 的计算公式为

$$PER=\begin{cases}\sum_{n=0}^{3}\beta_n\varphi_m^n & PER\geqslant72000\\0 & PER<72000\end{cases} \tag{7-21}$$

β_0，β_1，β_2，β_3 可通过指令“log ionutc”获得，φ_m 的计算过程同式（7－21）。

由式（7－13）计算得到的电离层延时 T_z 是天顶方向电离层延时误差，而卫星信号传播路径上的电离层延时误差 T_{iono} 与 T_z 的关系为

$$T_{iono}=FT_z \tag{7-22}$$

式中，F 为倾斜率。

F 只与卫星相对于用户接收机的方位有关，其计算公式为

$$F=\frac{1}{\cos\xi}$$

式中，ξ 为卫星在点 P 处的天顶角。

F 的近似计算公式为

$$F=1.0+16.0(0.53-E)^3 \tag{7-23}$$

式(7－23) 表明了 GPS 信号从卫星到接收机的电离层延时是天顶电离层延时的 F 倍。

对双频接收机而言，可直接利用双频测量值对电离层延时进行实时测定。假设 ρ_1、ρ_2 分别代表某双频接收机在同一时刻对同一颗卫星所发射的载波 L_1 与 L_2 信号上的伪距测量值，它们的伪距观测方程可分别表达为

$$\begin{aligned}\rho_1&=r+\delta t_u-\delta t^{(s)}+I_1+T+\varepsilon_{\rho1}\\\rho_2&=r+\delta t_u-\delta t^{(s)}+I_2+T+\varepsilon_{\rho2}\end{aligned} \tag{7-24}$$

若不考虑测量噪声，则式(7-24)等号右边只有电离层延时这一项不同。根据电离层延时与载波频率的关系，可将双频电离层延时 I_1、I_2 分别表达为

$$I_1 = 40.28\frac{N_e}{f_1^2}$$

$$I_2 = 40.28\frac{N_e}{f_2^2} \tag{7-25}$$

式中，f_1、f_2 分别为载波L_1、L_2 的频率，$f_1 = 1575.42$ MHz，$f_2 = 1227.60$ MHz。

由式(7-24)和式(7-25)可得

$$I_1 = \frac{f_2^2}{f_1^2 - f_2^2}(\rho_2 - \rho_1) \tag{7-26}$$

这就是对载波 L_1 所受电离层延时的估算，同理可得 I_2 的估算公式。

不管是单频接收机的模型估算，还是双频接收机的直接测定，由这两种方法得到的电离层延时均会与北斗/GPS信号实际受到的电离层延时存在一个必然的差异，而这一差异部分称为电离层延时校正误差。电离层延时模型的误差为1～5 m，电离层延时模型大致能校正真实电离层延时误差的50%；而由双频测定造成的电离层延时校正误差大约为1 m。

2. 对流层延时误差

对流层位于大气层底部，其顶部约距地面40 km。地球周围的对流层对电磁波的折射效应，使得北斗/GPS信号的传播速度发生变化，这种变化称为对流层延迟。电磁波所受对流层折射的影响与电磁波传播途径上的温度、湿度和气压有关。对流层是一种非弥散性介质，它的折射率 n 与电磁波的频率无关，因此北斗/GPS信号的相速度与群速度在对流层中相等。

将对流层的折射率 n 转换成折射数 N，它们之间的关系为

$$N = (n-1)\times 10^6 \tag{7-27}$$

对流层的折射数 N 通常被划分为干分量折射数和湿分量折射数两部分，即

$$N = N_d + N_w \tag{7-28}$$

$$N_d = 77.64\frac{P}{T_k},\ N_w = 3.73\times 10^5\frac{e_0}{T_k^2} \tag{7-29}$$

式中，P 为以毫帕为单位的大气总压力；T_k 为以开尔文为单位的热力学温度；e_0 为以毫帕为单位的水气分压。

上述3个参数都随着离地面高度的变化而变化。

假设 H 是由地面至天顶方向上的信号传播路径，那么以距离为单位的对流层延时T_z 计算公式如下：

$$T_z = c\int_H\left(\frac{1}{c/n} - \frac{1}{c}\right)\mathrm{d}h = 10^{-6}\int_H (N_d + N_w)\mathrm{d}h = T_{zd} + T_{zw} \tag{7-30}$$

式中，T_{zd}、T_{zw} 分别为天顶方向上对流层延时中的干分量与湿分量，即

$$T_{zd}=10^{-6}\int_{0}^{H_d} N_d \mathrm{d}h,\ T_{zw}=10^{-6}\int_{0}^{H_w} N_w \mathrm{d}h \tag{7-31}$$

对于对流层延时干分量而言，当高度 h 低于 H_d 时的干分量折射数 N_d 的计算公式为

$$N_d=N_{d0}\left(\frac{H_d-h}{H_d}\right)^4 \tag{7-32}$$

式中，N_{d0} 为地面上的干分量折射数。

关于参数 H_d 的值，Hopfield 给出了一个经验公式：

$$H_d=40136+148.72\times(T_k-273.16) \tag{7-33}$$

因此，对流层延时干分量的估算公式为

$$T_{zd}=1.552\times10^{-5}\frac{P_0}{T_{k0}}H_d \tag{7-34}$$

P_0，T_{k0} 分别代表在地面上高度为零处的大气总压力与热力学温度。天顶向对流层延时干分量 $16a_8$ 的值约为 2.3 m，约占天顶向总对流层延时的 90%。

因为大气湿度因地域与气候不同而变化，所以建立一个统一的、有效的湿分量折射数模型比较复杂、困难。Hopfield 建立了一个类似于干分量折射数的湿分量折射数近似模型：

$$N_w=N_{w0}\left(\frac{H_w-h}{H_w}\right)^4 \tag{7-35}$$

地面上的湿分量折射数可根据式(7-35)进行测定。所以，可得到天顶向对流层延时湿分量的估算公式：

$$T_{zw}=0.0746\frac{e_0}{T_{k0}^2}H_w \tag{7-36}$$

估算出天顶方向上的对流层延时分量后，再分别对它们乘以相应的倾斜率，以得到在信号传播方向上的对流层延时 T_{trop}，即

$$T_{trop}=T_{zd}F_{zd}+T_{zw}F_{zw} \tag{7-37}$$

其中，对干分量倾斜率 F_d 和湿分量倾斜率 F_w 的估算有多种模型，比较精确的一种为

$$F_d=\frac{1}{\sin\sqrt{\theta^2+\left(\frac{2.5\pi}{180}\right)^2}},\ F_w=\frac{1}{\sin\sqrt{\theta^2+\left(\frac{1.5\pi}{180}\right)^2}} \tag{7-38}$$

式中，θ 为卫星在用户接收机点处的以弧度为单位的高度角。

由于在卫星播发的导航电文中不包含关于对流层延时的模型及参数，又考虑到北斗/GPS 接收机测量、获得实时的气象资料通常非常昂贵或者不切实际，因此现实中存在多种对流层延时模型。其中，比较精确的一种对流层延时模型为

$$T_{trop}=\frac{2.47}{\sin\theta+0.0121} \tag{7-39}$$

式中，θ 为卫星的高度角。

经式(7-39)计算得到的即为以米为单位的对流层延时误差。对流层延时误差在天顶方向上约为 2.6 m，在低于 10° 的高度角方向上可达 20 m。

3. 相对论效应误差

由于卫星钟和接收机钟所处运动状态和重力位不同，因此卫星钟和接收机钟之间产生相对钟误差。

狭义相对论效应：若某卫星钟在惯性空间中处于静止状态时的钟频为 f，那么当其被安置在以 V_s 的速度运动的卫星上时，根据狭义相对论效应，其钟频将变为

$$f_s=f\left[1-\left(\frac{V_s}{c}\right)^2\right]^{\frac{1}{2}}\approx f\left(1-\frac{V_s^2}{2c^2}\right) \tag{7-40}$$

也就是说，由狭义相对论效应引起的钟频变化 Δf_1 为

$$\Delta f_1=f_s-f=-\frac{V_s^2}{2c^2}f \tag{7-41}$$

广义相对论效应：若卫星所处的地球重力位为 W_S，地面测站处的地球重力位为 W_T，那么放在地面上和放在卫星上的同一台钟的频率将相差 Δf_2：

$$\Delta f_2=\frac{W_S-W_T}{c^2}f=\frac{\mu}{c^2}\left(\frac{1}{R}-\frac{1}{r}\right)f \tag{7-42}$$

式中，μ 为万有引力常数 G 和地球总质量 M 的乘积，其值为 $u=3.986005\times10^{14}\ \mathrm{m^3/s^2}$；$r$ 为卫星至地心的距离；R 为地面测站至地心的距离。

在狭义相对论效应和广义相对论效应的综合影响下，卫星钟和地面钟的频率将相差：

$$\Delta f=\Delta f_1+\Delta f_2=\frac{f}{c^2}\left(\frac{\mu}{R}-\frac{\mu}{r}-\frac{V_s^2}{2}\right) \tag{7-43}$$

根据人造卫星正常轨道理论，有

$$\frac{V_s^2}{2}=\frac{\mu}{r}-\frac{\mu}{2a} \tag{7-44}$$

$$r=\frac{(1-e^2)a}{1+e\cos f} \tag{7-45}$$

$$\cos f=\frac{\cos E-e}{1-e\cos E} \tag{7-46}$$

式中，a 为卫星轨道的长半轴；e 为卫星轨道的偏心率；f 为卫星的真近点角；E 为卫星的偏近点角。

将式(7-44)～式(7-46)代入式(7-43)，可得

$$\Delta f=\Delta f_1+\Delta f_2=\frac{\mu}{c^2}\left(\frac{1}{R}-\frac{3}{2a}\right)f-\frac{2ue\cos E}{c^2a(1-e\cos E)}f \tag{7-47}$$

如果将地球看成一个圆球，把卫星轨道近似看成半径为 a 的圆轨道，此时 $e=0$，式(7-47)变为

$$\Delta f=\frac{\mu}{c^2}\left(\frac{1}{R}-\frac{3}{2a}\right)f \tag{7-48}$$

将 $R=6378$ km，$a=26500$ km，$\mu=3.986005\times10^{14}\ \mathrm{m^3/s^2}$，$c=299792458$ m/s代入式(7-48)后，可得

$$\Delta f=4.443\times10^{-10}f \tag{7-49}$$

可见，相比于放置在地面上，卫星时钟频率变高了。解决此问题最为简单有效的方法是在制造卫星时钟时预先降低频率，卫星标准频率为10.23 MHz，所以频率应降为

$$f'=10.23\ \mathrm{MHz}\times(1-4.443\times10^{-10})=10.22999999545\ \mathrm{MHz} \tag{7-50}$$

式(7-48)是在把卫星轨道近似当作半径为 a 的圆轨道的情况下导出的，但是GPS卫星轨道是一个椭圆，其运行速度 V_s 和卫星至地心的距离 r 都不是常数，都将随着时间的变化而变化。为了求得相对论效应的精确值，在将卫星中的频率调为10.22999999545 MHz的基础上，还需再加上式(7-47)的第二项改正：

$$\Delta f'=\frac{2ue\cos E}{c^2a(1-e\cos E)} \tag{7-51}$$

其在近地点($E=0$)和远近点($E=\pi$)处具有最大频偏。又因为卫星平近点角 $M=E-e\sin E$，所以有 $\mathrm{d}M=(1-\cos E)\mathrm{d}E$。开普勒第三定律的表达式为$\frac{T_s^2}{a^3}=\frac{4\pi^2}{GM_0}$，其中 T_s 为卫星的运动周期，即卫星绕地球一周所需的时间。假设卫星运动的平均角速度为 n，则有 $n=\frac{2\pi}{T_s}(\mathrm{rad/s})$，代入上式得 $n=\left(\frac{GM_0}{a^3}\right)^{1/2}$。而由平近点角的定义可知 $M=n(t-t_0)$，式中 t_0 为卫星过近地点的时刻，t 为观测卫星的时刻，故又有 $\mathrm{d}M=n\mathrm{d}t=\sqrt{\frac{GM}{a^3}}\mathrm{d}t$。

由卫星钟的频率误差 $\Delta f'$ 而引起的卫星信号传播时间的误差及测距误差分别为

$$\Delta t_r=\int\Delta f'\mathrm{d}t=\int\frac{2ue\cos E}{c^2a(1-e\cos E)}\sqrt{\frac{a^3}{GM_0}}\mathrm{d}M=-\frac{2\sqrt{a\mu}}{c^2}e\sin E=Fe\sqrt{a}\sin E \tag{7-52}$$

$$\Delta\rho=-\frac{2\sqrt{a\mu}}{c}e\sin E \tag{7-53}$$

式中，E 为偏近点角；$F=-\frac{2\sqrt{\mu}}{c^2}=-4.442807633\times10^{-10}$，为常数($\mathrm{sec/m^{-1/2}}$)。

当卫星轨道的偏心率 $e=0.01$ 时，Δt_r 最大可达22.9 ns，$\Delta\rho$ 最大可达6.864 m。

4. 卫星时钟误差

以GPS时间为例，卫星上作为时间和频率信号来源的原子钟存在着必然的时间偏差和频率漂移。为了确保各颗卫星的时钟与GPS时间同步，GPS地面监控部分通过对卫星信号的监测，将卫星时钟在GPS时间为 t 时的卫星钟差 $\Delta t^{(s)}$ 描述成以下二项式：

$$\Delta t^{(s)} = a_{f0} + a_{f1}(t - t_{oc}) + a_{f2}(t - t_{oc})^2 \tag{7-54}$$

其中，3 个系数 a_{f0}、a_{f1}、a_{f2} 及参考时间 t_{oc} 均由卫星导航电文的第一数据块给出。

卫星时钟总的校正量还应包括相对论效应的校正量 Δt_r[见式(7－52)]。

对于单频接收机，还应该考虑群波延时校正值 T_{GD}，其也由卫星导航电文的第一数据块给出。这样，对于单频接收机，卫星时钟总的钟差值 $\delta t^{(s)}$ 为

$$\delta t^{(s)} = \Delta t^{(s)} + \Delta t_r - T_{GD} \tag{7-55}$$

5. 多路径效应

多路径现象指的是接收机天线除了接收到一个导航卫星发射后经直线传播的电磁波信号之外，还可能接收到一个或多个由该电磁波经周围地物反射后的信号，而每个反射信号又可能是经过一次或多次反射后到达天线的。由多路径的信号传播引起的干涉时延效应称为多路径效应。

多路径严重影响接收机对伪距测量值的准确度，而且其对载波相位的准确测量也有一定程度的干扰。由多路径引起的伪距误差一般为 1 ～ 5 m，载波相位误差为 1 ～ 5 cm。由于多路径误差很难被预测，因此一般将其包含在观测方程的 ε_ρ 和 ε_φ 中。

削弱和消除多路径误差的方法和措施如下：① 选择合适的座址。天线的座址最好位于视野空旷的地区，其四周能避开建筑物、山脉等各种信号反射体和反射面；② 采用抗多路径误差的仪器设备，如带抑径板或抑径圈的天线、极化天线；③ 适当延长观测时间。

6. 地球自转误差

实验九中计算的是卫星在信号发射时刻(GPS时间为 $t-\tau$)的位置，即计算所得的卫星位置坐标表达在 $t-\tau$ 时刻的空间直角坐标系中。由于地球自转，因此在信号发射时刻与在信号接收时刻的这两个空间直角坐标系其实在空间不再重合。事实上，在信号接收时刻的空间直角坐标系是由在信号发射时刻的坐标系绕地球自转轴自西向东旋转 τ 秒而成的。GPS 信号的平均传播时间 τ 约为 78 ms。因为角度旋转量 $\Omega_e\tau$(Ω_e 为地球自转角速度) 相当于 100 m 左右的卫星位置变动，所以 GPS 定位算法对此必须予以考虑。若卫星位置在信号发射时刻 $t-\tau$ 于空间直角坐标系中的坐标为(x_k, y_k, z_k)，则该坐标值转换到 t 时刻的空间直角坐标系中的坐标($x^{(s)}$, $y^{(s)}$, $z^{(s)}$)为

$$\begin{cases} x^{(s)} = x_k \cos(\Omega_e \tau) + y_k \sin(\Omega_e \tau) \\ y^{(s)} = -x_k \sin(\Omega_e \tau) + y_k \cos(\Omega_e \tau) \\ z^{(s)} = z_k \end{cases} \tag{7-56}$$

由于信号从卫星端到接收机端的实际传播时间 τ 在 GPS 接收机定位、定时之前还是未知的，因此 78 ms 可以暂且作为估计值。在接收机定位、定时之后，根据接收机的位置和时钟，再考虑大气延时，通常能对各个卫星信号的实际传播时间 τ 有一个相当精确的估计。

三、实验主要参数及获取方法

(1) 发送指令“log bd2ephemb”，以获取可视卫星的星历数据，包括模型参数等。

具体示例：

AA 44 12 1C 47 00 02 20 C8 00 00 00 BD B4 CB 07 14 7C 1E 10 00 00 10 00 13 2F 01 00 C8 00 01 00 8D 00

```
00 00 00 00 00 00 00 00 7F 02 01 00 00 00 B0 1E 04 00 00 00 00 00 C0 7A 10 41 00 00 00 00 C0 7A 10 41 00 00
00 00 00 00 00 00 00 00 00 00 40 5D CA 3D 00 00 00 40 87 98 42 3F 83 48 64 7F 98 08 00 C0 DA 80 9B 3F 83 E9
1A 3E 00 00 00 00 5F EB 2C 3F 00 00 40 29 69 5D B9 40 C3 52 65 BB D6 2F 04 C0 D2 F9 E9 EF 4A 46 BA 3F 02 07
3A 10 D6 70 F8 3F E5 31 7C 49 83 FA 03 BE 86 3D 11 B0 C2 E4 F9 3D 00 00 00 00 00 64 C1 3E 00 00 00 00 20 71
F4 3E 00 00 00 00 00 7C 82 C0 00 00 00 00 00 00 3B 51 40 00 00 00 00 00 C0 73 BE 00 00 00 00 00 00 76 BE 7B 56
AB 55 88 7E 4E 3E 28 4A FF E0 75 55 46 BE 6D 1E 6F 42
```

注：以上数据仅为某一颗可视卫星的星历数据，限于篇幅，其他所有可视卫星的星历数据不再全部罗列。

数据解析：

【Header 报文头】3 个同步字节加上 25 字节的报文头信息，共计 28 字节(具体信息见书末附录表 A1)：

```
AA 44 12 1C 47 00 02 20 C8 00 00 00 BD B4 CB 07 14 7C 1E 10 00 00 10 00 13 2F 01 00
```

【Data 数据域】长度可变(具体信息见书末附录表 A2)：

```
C8 00     //wSize，即数据域长度为 200 字节
01        //blFlag
00        //bHealth
8D        //ID 为 141，BD 卫星
00        //bReserved
00 00     //uMsgID
00 00     //m _ wIdleTime
00 00     //iodc
00 00     //accuracy
7F 02     //week
01 00 00 00        //iode = 1
B0 1E 04 00        //tow = 270000
00 00 00 00 C0 7A 10 41        //toe = 270000
00 00 00 00 C0 7A 10 41        //toc = 270000
00 00 00 00 00 00 00 00        //af2 = 0.0
00 00 00 00 40 5D CA 3D        //af1 = 4.795631e - 011
00 00 00 40 87 98 42 3F        //af0 = 5.674992e - 004
83 48 64 7F 98 08 00 C0        //Ms0 = - 2.004197e + 000
DA 80 9B 3F 83 E9 1A 3E        /deltan = 1.566494e - 009
00 00 00 00 5F EB 2C 3F        //es = 2.206377e - 004
00 00 40 29 69 5D B9 40        //roota = 6.493411e + 003
C3 52 65 BB D6 2F 04 C0        //omega0 = - 2.5223359e + 000
D2 F9 E9 EF 4A 46 BA 3F        //i0 = 1.026315e - 001
02 07 3A 10 D6 70 F8 3F        //ws = 1.527548e + 000
E5 31 7C 49 83 FA 03 BE        //omegaot = - 5.814528e - 010
86 3D 11 B0 C2 E4 F9 3D        //itoet = 3.768014e - 010
00 00 00 00 00 64 C1 3E        //Cuc = 2.073124e - 006
```

```
00 00 00 00 20 71 F4 3E      //Cus = 1.949491e - 005
00 00 00 00 00 7C 82 C0      //Crc = - 5.915000e + 002
00 00 00 00 00 3B 51 40      //Crs = 6.892188e - 001
00 00 00 00 00 C0 73 BE      //Cic = - 7.357448e - 008
00 00 00 00 00 00 76 BE      //Cis = - 8.195639e - 008
7B 56 AB 55 88 7E 4E 3E      //tgd
28 4A FF E0 75 55 46 BE      //tgd2
```

【CRC 检验位】对包含报文头在内的所有数据进行校验：

```
6D 1E 6F 42  //CRC
```

(2) 发送指令“log ionutcb”，获取电离层和 UTC 参数。

具体示例：

```
AA 44 12 1C 08 00 02 20 6C 00 00 00 BD B4 CA 07 80 63 BB 06 00 00 10 00 25 B1 FA 27 03 00 00 00 00 00
48 3E 01 00 00 00 00 00 40 3E FC FF FF FF FF FF 6F BE FC FF FF FF FF FF 6F BE 00 00 00 00 00 00 F6 40 00 00
00 00 00 00 D0 40 00 00 00 00 00 00 08 C1 00 00 00 00 00 00 F0 C0 CA 00 00 00 00 E0 04 00 02 00 00 00 00 00
10 3E 48 FC FF FF FF FF E7 BC 89 00 00 00 07 00 00 00 12 00 00 00 12 00 00 00 00 00 00 00 D9 62 B0 54 0D 0A
4F 4B 21 0D 0A 43 6F 6D 6D 61 6E 64 20 61 63 63 65 70 74 65 64 21 20 50 6F 72 74 3A 20 43 4F 4D 32 2E 0D
```

数据解析：

【Header 报文头】3 个同步字节加上 25 字节的报文头信息，共计 28 字节(具体信息见书末附录表 A1)：

```
AA 44 12 1C 08 00 02 20 6C 00 00 00 BD B4 CA 07 80 63 BB 06 00 00 10 00 25 B1 FA 27 //Header
```

【Data 数据域】长度可变(具体信息见书末附录表 A3)：

```
03 00 00 00 00 00 48 3E      //a0 = 0.000000011175871
01 00 00 00 00 00 40 3E      //a1 = 0.000000007450581
FC FF FF FF FF FF 6F BE      //a2 = - 5.9604644775390599e - 008
FC FF FF FF FF FF 6F BE      //a3 = - 5.9604644775390599e - 008
00 00 00 00 00 00 F6 40      //b0 = 90112.000000000000
00 00 00 00 00 00 D0 40      //b1 = 16384.000000000000
00 00 00 00 00 00 08 C1      //b2 = - 196608.00000000000
00 00 00 00 00 00 F0 C0      //b3 = - 65536.000000000000
CA 00 00 00        //utc wn = 202
00 E0 04 00        //tot = 319488
02 00 00 00 00 00 10 3E      //A0 = 9.3132257461547893e - 010
48 FC FF FF FF FF E7 BC      //A1 = - 2.6645352591000002e - 015
89 00 00 00        //wm lsf = 137
07 00 00 00        //dn = 7
12 00 00 00        //deltat ls = 18
12 00 00 00        //deltat lsf = 18
00 00 00 00        //deltat utc = 0
```

```
D9 62 B0 54        //CRC
0D 0A 4F 4B 21 0D 0A 43 6F 6D 6D 61 6E 64 20 61 63 63 65 70 74 65 64 21 20 50 6F 72 74 3A 20 43
```

【CRC 检验位】对包含报文头在内的所有数据进行校验：

```
4F 4D 32 2E 0D  //[CR][LF]
```

四、实验内容及步骤

1. 验证性实验

步骤 1：将 GNSS 接收机接上电源，并通过 RS-232 串口连接到 PC 机，打开 GNSS 接收机电源开关。

步骤 2：在 PC 机上找到“电离层、对流层、相对论误差”→“验证性实验”文件夹，双击“GPSError. dsw”文件，通过 Visual C++编辑器打开工程文件，单击运行，进入实验界面。BD 电离层、对流层、相对论误差计算如图 7-1 所示。

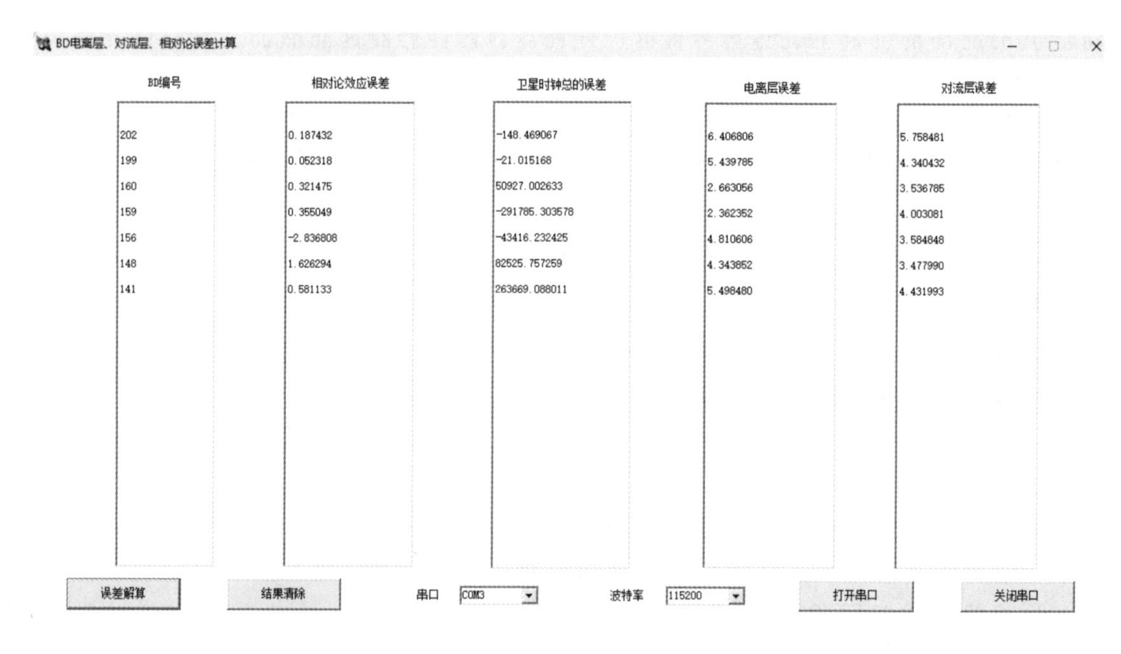

图 7-1　BD 电离层、对流层、相对论误差计算

步骤 3：选择串口号，设置波特率为“115200”，单击“打开串口”按钮。

步骤 4：单击“误差解算”按钮，可在输出框中依次显示每一颗可视卫星的 4 种误差计算结果。

步骤 5：单击“结果清除”按钮，可清除所有输出框中的结果。

2. 设计性实验

步骤 1：将 GNSS 接收机接上电源，并通过 RS-232 串口连接到 PC 机，打开 GNSS 接收机电源开关。

步骤 2：在 PC 机上找到“电离层、对流层、相对论误差”→“设计性实验”文件夹，双击“GPSError. dsw”文件，通过 Visual C++编辑器打开工程文件，进入编程环境(图7-2)。

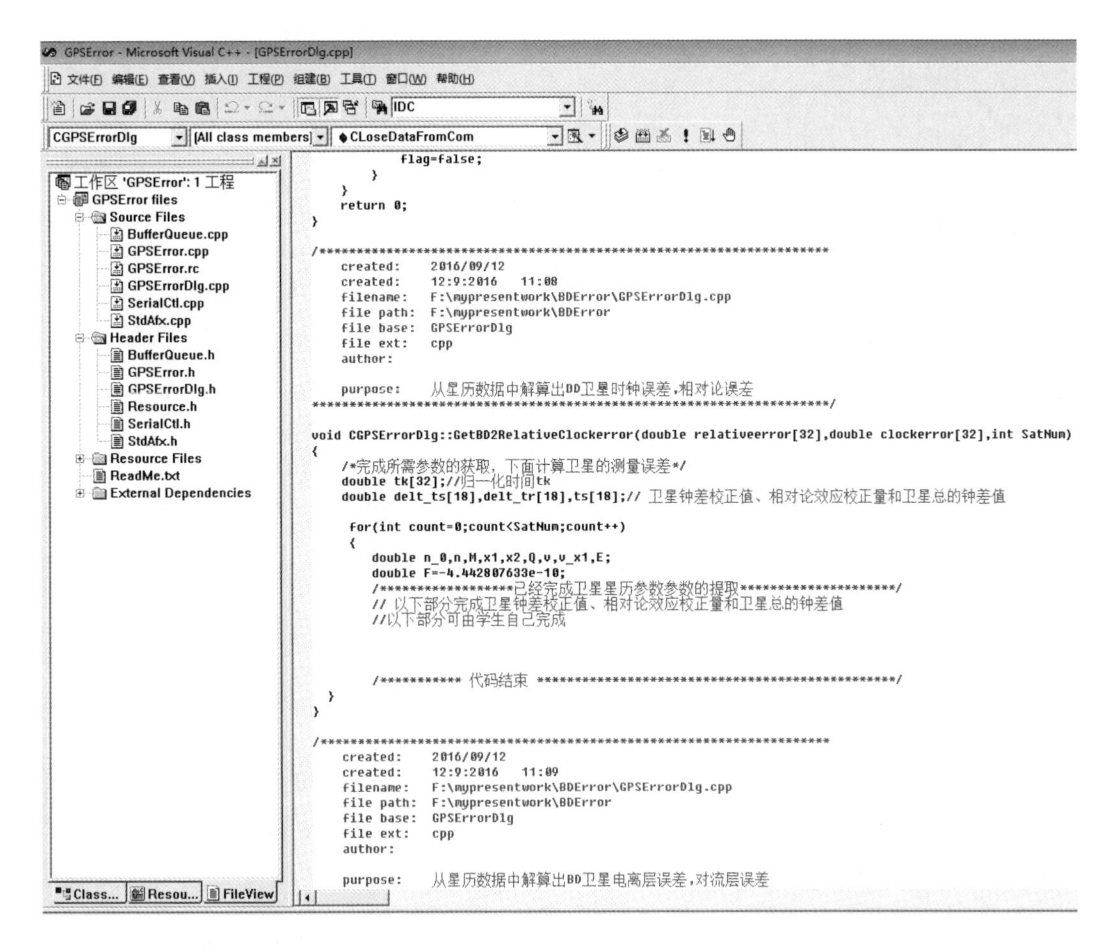

图 7 - 2　编程环境

步骤 3：在注释行提示区域内编写代码，实现定位误差计算。

步骤 4：代码编写完成后，编译、链接、运行，在图 7 - 1 所示的应用程序中验证代码功能。若代码功能不正确，则返回编程环境修改代码，继续调试，直至功能正确。

参考代码(从卫星星历数据中提取模型参数，解算电离层误差和对流层误差)：

```
for(int i = 0; i < 3; i ++)
for(int j = 0; j < 3; j ++)
{
sum[i] = sum[i] + s[i][j] * arr[j][0];
}
E = atan(sum[2]/sqrt(sum[0] * sum[0] + sum[1] * sum[1] + sum[2] * sum[2]));    //卫星的高度角
A = atan(sum[1]/sum[0]); // 卫星的方位角
if(sum[0] < 0)
A = A + pi;              // 调整高度角和方位角
else if(sum[1] < 0)
A = A + 2 * pi;
```

```
else A = A;

if(sum[2] < 0)
E = E + pi;

double pusai, lat_i, lon_i, lat_m, AMP, PER, t, x, F;
pusai = 0.0137/(E/pi + 0.11) - 0.022;
lat_i = lat/pi + pusai * cos(A/pi);
if(lat_i > 0.416)
lat_i = 0.416;
else if(lat_i < -0.416)
lat_i = -0.416;
lon_i = lon/pi + pusai * sin(A/pi)/cos(lat_i);
lat_m = lat_i + 0.064 * cos(lon_i - 1.617);
AMP = apha0 + apha1 * lat_m + apha2 * lat_m * lat_m + apha3 * lat_m * lat_m * lat_m;
if(AMP < 0)AMP = 0;
PER = beta0 + beta1 * lat_m + beta2 * lat_m * lat_m + beta3 * lat_m * lat_m * lat_m;
if(PER < 72000)PER = 72000;
t = 4.32 * pow(10, 4) * lon_i + fmod(t_second, 86400);
if(t > 86400)     t = t - 86400;
else if(t < 0)   t = t + 86400;

x = 2 * pi * (t - 50400)/PER;
F = 1.0 + 16.0 * (0.53 - E/pi) * (0.53 - E/pi) * (0.53 - E/pi);

T_iono[count] = F * (5.0 * pow(10, -9) + AMP * cos(x)) * 3 * pow(10, 8); //电离层延时误差
if(x > 1.57 || x < -1.57)
T_iono[count] = F * 5.0 * pow(10, -9) * 3 * pow(10, 8); //电离层延时误差校正
T_trop[count] = 2.47/(sin(E) + 0.0121); //对流层延时误差
}
```

参考代码(从卫星星历等数据中提取参数，解算时钟误差和相对论误差)：

```
for(int count = 0; count < SatNum; count++)
{
double n_0, n, M, x1, x2, Q, v, v_x1, E;
double F = -4.442807633e-10;
tk[count] = t[count] - t_oe[count];
if(tk[count] > 302400)// 调整 tk 的值
tk[count] = tk[count] - 604800;
if(tk[count] < -302400)
tk[count] = tk[count] + 604800;

n_0 = sqrt(GM)/pow(A_sqrt[count], 3);
n = n_0 + delt_n[count];
M = M_0[count] + n * (tk[count]);
```

```
x1 = M - e _ s[count];
x2 = M + e _ s[count];

while(fabs(x2 - x1) > threshhold)// 迭代法计算偏近点角 E
{
Q = (x2 + x1)/2;
v = M + e _ s[count] * sin(Q) - Q;
if(v = = 0)
{
E = Q;
break;
}
else
{
v _ x1 = M + e _ s[count] * sin(x1) - x1;
if(v * v _ x1 > 0)x1 = Q;
else x2 = Q;
}
}
E = (x1 + x2)/2;

delt _ ts[count] = a _ f0[count] + a _ f1[count] * (t[count] - t _ oc[count]) +
 a _ f2[count] * (t[count] - t _ oc[count]) * (t[count] - t _ oc[count]); // 卫星时钟在 GPS 时
 间为 t 时的卫星钟差
delt _ tr[count] = F * e _ s[count] * A _ sqrt[count] * sin(E);    // 相对论效应校正量

ts[count] = delt _ ts[count] + delt _ tr[count] - t _ GD[count];    // 卫星时钟总的钟差值
delt _ tr[count] = delt _ tr[count] * C;      // 结果乘以光速 c，将单位变换为米
ts[count] = ts[count] * C;                    // 结果乘以光速 c，将单位变换为米
relativeerror[count] = delt _ tr[count];         // 将结果赋给全局变量 error _ r 用以显示
clockerror[count] = ts[count]; // 将结果赋给全局变量 error _ r 用以显示
 }
```

编程提示：

（1）向串口发送指令“log bd2ephemb”和“log ionutcb”，以请求卫星星历数据，提取其中的模型参数等信息。

（2）串口数据采集、变量赋值、计算结果输出等操作可以参考上述算法代码。

（3）通过“log satxyza”指令，不仅可以获取每颗卫星的三维坐标，还可以获取每颗卫星的 4 种误差源数据，从而验证上述计算结果的正确性。

（4）以上实验为基于北斗信号的实验设计，基于 GPS 信号的实验操作与以上过程类似。

实验十七　各种误差源对定位结果的影响

一、实验目的

了解导航系统中各种误差源产生的原因，理解它们对 GNSS 接收定位结果的影响，并通过实验体验这种影响的大小。

二、实验说明

1. 电离层误差

电离层误差主要由电离层折射误差和电离层延迟误差组成。其引起的误差在垂直方向上可以达到 50 m 左右，在水平方向上可以达到 150 m 左右。由于目前还无法用一个严格的数学模型来描述电子密度的大小和变化规律，因此对电离层误差采用电离层改正模型或双频观测加以修正。

2. 对流层误差

对流层是指从地面向上约 40 km 范围内的大气底层，占整个大气质量的 99%。其大气密度比电离层更大，大气状态也更复杂。对流层与地面接触，从地面得到辐射热能，温度随高度的上升而降低。对流层折射包括两部分：① 电磁波的传播速度或光速在大气中变慢造成路径延迟，为主要部分；② 卫星信号通过对流层时也使传播路径发生弯曲，从而使测量距离产生偏差，为次要部分。对流层误差在垂直方向上可达到 2.5 m，在水平方向上可达到 20 m。对流层误差同样通过经验模型进行修正。

卫星星历中，通过给定电离层对流层模型及模型参数来消除电离层和对流层误差。实验资料表明，利用模型对电离层误差进行改进，有效性达到 75%，对流层误差改进有效性为 95%。

3. 卫星时钟误差

卫星时钟误差是由星上时钟和 GPS 标准时之间的误差形成的。卫星测量以精密测时为依据，卫星时钟误差在时间上可达 1ms，造成的测量伪距偏差可达到 300 km，因此必须加以消除。一般用下式表示卫星时钟误差：

$$\Delta t^{(s)} = a_{f0} + a_{f1}(t - t_{oc}) + a_{f2}(t - t_{oc})^2 \tag{7-57}$$

通过在卫星星历中发送二项式的系数来达到修正的目的。经此修正以后，星钟和 GPS 标准时之间的误差可以控制在 20 ns 之内。

4. 相对论误差

由相对论理论，将在地面上具有固定频率的时钟安装在高速运行的卫星上以后，时钟频率将会发生变化，改变量为

$$\Delta f_1 = f_s - f = -\frac{V_s^2}{2c^2} f \tag{7-58}$$

也就是说，卫星上的时钟比地面上要慢。要修正此误差，可采用系数改进方法。卫星星历中广播了此系数用以消除相对论误差，可以将相对论误差控制在 70 ns 以内。

5. **地球自转误差**

卫星定位采用的是与地球固连的协议地球坐标系，随地球一起绕 z 轴自转。卫星相对于协议地球坐标系的位置(坐标值)是相对历元而言的。

若发射信号的某一瞬间，卫星处于协议地球坐标系中的某个位置，当地面接收机接收到卫星信号时，由于地球的自转，卫星已不在发射瞬时的位置(坐标值)处。也就是说，为求解接收机在接收卫星信号时刻在协议地球坐标系中的位置，必须以该时刻的坐标系作为求解的参考坐标系，而求解卫星位置时使用的时刻为卫星发射信号的时刻。这样，必须把卫星信号发射时刻求解的卫星位置转化到卫星信号接收时刻的参考坐标系中。

因地球自转引起的定位误差在米级，故精密定位时必须考虑加以消除。

三、实验内容及步骤

步骤 1：将 GNSS 接收机接上电源，并通过 RS－232 串口连接到 PC 机，打开 GNSS 接收机电源开关。

步骤 2：在 PC 机上找到“各种误差源对定位的影响”→“验证性实验”文件夹，双击“TraErToPos. dsw”文件，通过 Visual C＋＋编辑器打开工程文件并运行，进入实验界面。各种误差源对接收机定位的影响如图 7－3 所示。

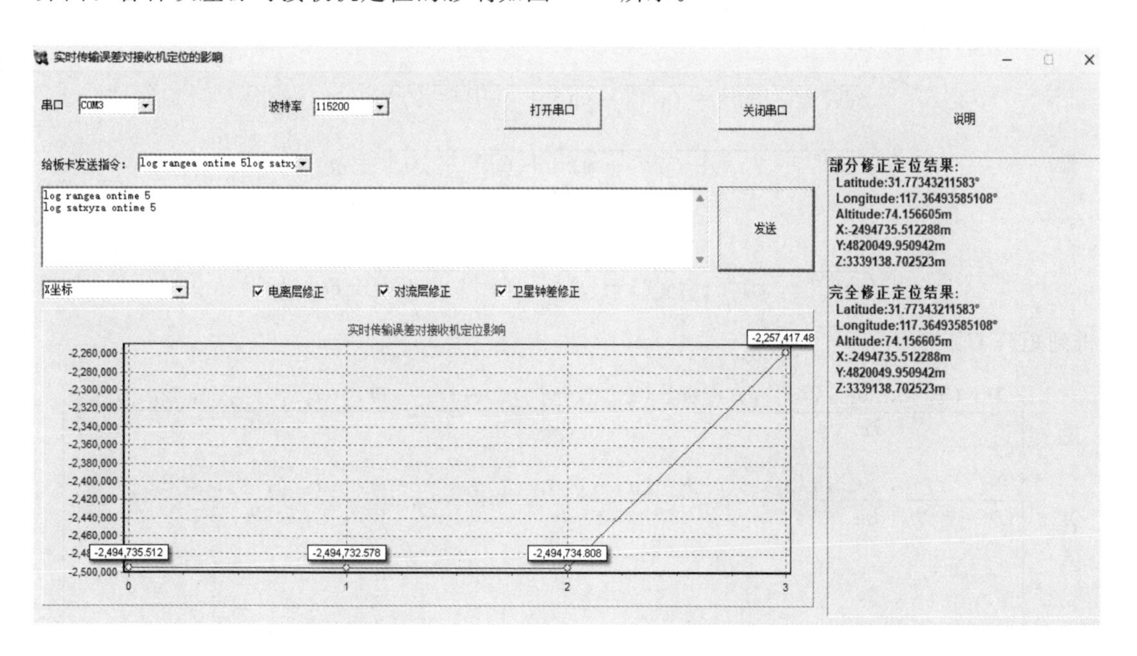

图 7－3　各种误差源对接收机定位的影响

步骤 3：选择串口号，设置波特率为“115200”，单击“打开串口”按钮。

步骤 4：发送指令“log rangea ontime 5”和“log satxyza ontime 5”。

步骤 5：勾选需要修正的误差源，查看不同误差源对接收机定位结果的影响。

实验十八　几何精度衰减因子的计算

一、实验目的

了解各种几何精度衰减因子，包括 PDOP（Position DOP，空间三维位置几何精度衰减因子）、HDOP（Horizontal DOP，二维水平位置几何精度衰减因子）、VDOP（Vertical DOP，高程几何精度衰减因子）、TDOP（Time DOP，接收机钟差几何精度衰减因子）和 GDOP（Geometric DOP，几何精度衰减因子）值，理解它们在卫星导航定位计算中发挥的作用；掌握使用 C＋＋编程语言进行几何精度衰减因子计算的方法。

二、实验原理

在导航定位应用中，一般会选取若干颗卫星参与定位计算，然而若所选取的卫星组合不同则定位精度不同，通常卫星组合在空间中构成的体积越大，其定位精度越高。因此，需要一项指标对卫星组合的空间分布状态进行评价，即 DOP（精度衰减因子）。一旦选定了若干颗卫星，即可采用以下方法计算其 DOP。

1. 方法一：基于定位误差协方差矩阵

步骤 1：非线性方程组线性化。

求解定位方程组：

$$\begin{cases}\sqrt{(x^{(1)}-x)^2+(y^{(1)}-y)^2+(z^{(1)}-z)^2}+\delta t_u=\rho_c^{(1)}\\ \sqrt{(x^{(2)}-x)^2+(y^{(2)}-y)^2+(z^{(2)}-z)^2}+\delta t_u=\rho_c^{(2)}\\ \cdots\cdots\\ \sqrt{(x^{(N)}-x)^2+(y^{(N)}-y)^2+(z^{(N)}-z)^2}+\delta t_u=\rho_c^{(N)}\end{cases}\tag{7-59}$$

得到矩阵 $\boldsymbol{G}$：

$$\boldsymbol{G}=\begin{bmatrix}\frac{\partial r_1(x_{k-1},y_{k-1},z_{k-1})}{\partial x}, & \frac{\partial r_1(x_{k-1},y_{k-1},z_{k-1})}{\partial y}, & \frac{\partial r_1(x_{k-1},y_{k-1},z_{k-1})}{\partial z}, & 1\\ \frac{\partial r_2(x_{k-1},y_{k-1},z_{k-1})}{\partial x}, & \frac{\partial r_2(x_{k-1},y_{k-1},z_{k-1})}{\partial y}, & \frac{\partial r_2(x_{k-1},y_{k-1},z_{k-1})}{\partial z}, & 1\\ & \cdots\cdots & & \\ \frac{\partial r_n(x_{k-1},y_{k-1},z_{k-1})}{\partial x}, & \frac{\partial r_n(x_{k-1},y_{k-1},z_{k-1})}{\partial y}, & \frac{\partial r_n(x_{k-1},y_{k-1},z_{k-1})}{\partial z}, & 1\end{bmatrix}\tag{7-60}$$

式中，

$$\frac{\partial r_1(x_{k-1},y_{k-1},z_{k-1})}{\partial x}=-\frac{x_{k-1}-x}{\sqrt{(x_{k-1}-x)^2+(y_{k-1}-y)^2+(z_{k-1}-y)^2}}$$

得到矩阵 $\boldsymbol{b}$：

$$\boldsymbol{b}=\begin{bmatrix}\rho_c^{(1)}-r^{(1)}(x_{k-1})-\delta t_{u,k-1}\\ \rho_c^{(2)}-r^{(2)}(x_{k-1})-\delta t_{u,k-1}\\ \cdots\cdots\\ \rho_c^{(N)}-r^{(N)}(x_{k-1})-\delta t_{u,k-1}\end{bmatrix}\tag{7-61}$$

步骤 2：在用户位置解算过程中，将权系数 $\boldsymbol{Q}_z$ 定义为

$$\boldsymbol{Q}_z=(\boldsymbol{G}^{\mathrm{T}}\boldsymbol{G})^{-1}=\begin{bmatrix}q_{11}&q_{12}&q_{13}&q_{14}\\ q_{21}&q_{22}&q_{23}&q_{24}\\ q_{31}&q_{32}&q_{33}&q_{34}\\ q_{41}&q_{42}&q_{43}&q_{44}\end{bmatrix}\tag{7-62}$$

式中，$\boldsymbol{G}$ 为由接收机到可视卫星的方向余弦矩阵。

式(7-62)中，元素 q_{ij} 表达了全部解的精度及其相关性信息，是评价定位结果的依据。

步骤 3：计算定位结果的误差。

观测量精度，即伪距误差因子 δ_0，其是由观测中各项误差决定的。

定位结果的误差=几何精度因子×伪距误差因子，即

$$\delta_x=\mathrm{DOP}\times\delta_0$$

可见，在伪距误差一定时，DOP 越小，定位误差越小，定位精度越高。

步骤 4：计算 DOP 及相应的精度值。

PDOP 相应的三维定位精度 δ_{P} 为

$$\begin{cases}\mathrm{PDOP}=\sqrt{q_{11}+q_{22}+q_{33}}\\ \delta_{\mathrm{P}}=\mathrm{PDOP}\times\delta_0\end{cases}\tag{7-63}$$

TDOP 相应的钟差精度 δ_{T} 为

$$\begin{cases}\mathrm{TDOP}=\sqrt{q_{44}}\\ \delta_{\mathrm{T}}=\mathrm{TDOP}\times\delta_0\end{cases}\tag{7-64}$$

HDOP 相应的平面位置精度 δ_{H} 为

$$\begin{cases}\mathrm{HDOP}=\sqrt{(\mathrm{PDOP})^2-(\mathrm{VDOP})^2}=\sqrt{q_{11}+q_{22}}\\ \delta_{\mathrm{H}}=\mathrm{HDOP}\times\delta_0\end{cases}\tag{7-65}$$

VDOP 相应的高程精度 δ_{V} 为

$$\begin{cases} \text{VDOP}=\sqrt{q_{33}} \\ \delta_{\text{V}}=\text{VDOP}\times\delta_0 \end{cases} \tag{7-66}$$

GDOP 总的测量精度 δ_{P} 为

$$\begin{cases} \text{GDOP}=\sqrt{(\text{PDOP})^2+(\text{TDOP})^2}=\sqrt{q_{11}+q_{22}+q_{33}+q_{44}} \\ \delta_{\text{P}}=\text{GDOP}\times\delta_0 \end{cases} \tag{7-67}$$

2. 方法二：基于卫星的状态矩阵

步骤 1：分别计算可视卫星的方位角 A_{S1}、A_{S2}、A_{S3}、A_{S4}，高度角 E_{S1}、E_{S2}、E_{S3}、E_{S4}。

步骤 2：计算卫星的状态矩阵 $\boldsymbol{G}$(观测处到卫星的方向余弦矩阵)：

$$\boldsymbol{G}=\begin{bmatrix} -\cos E_{\text{S1}}\sin A_{\text{S1}} & -\cos E_{\text{S1}}\cos A_{\text{S1}} & -\sin E_{\text{S1}} & 1 \\ -\cos E_{\text{S2}}\sin A_{\text{S2}} & -\cos E_{\text{S2}}\cos A_{\text{S2}} & -\sin E_{\text{S2}} & 1 \\ -\cos E_{\text{S3}}\sin A_{\text{S3}} & -\cos E_{\text{S3}}\cos A_{\text{S3}} & -\sin E_{\text{S3}} & 1 \\ -\cos E_{\text{S4}}\sin A_{\text{S4}} & -\cos E_{\text{S4}}\cos A_{\text{S4}} & -\sin E_{\text{S4}} & 1 \end{bmatrix} \tag{7-68}$$

步骤 3：由卫星的状态矩阵 $\boldsymbol{G}$ 计算出 GDOP：

$$\text{GDOP}=\sqrt{\text{trace}\ (\boldsymbol{G}^{\text{T}}\boldsymbol{G})^{-1}} \tag{7-69}$$

式中，trace 为矩阵的迹运算符。

矩阵的迹指矩阵的特征值总和，将矩阵对角线元素相加即可。

GDOP 是在接收机用于导航时，由接收机位置和卫星的位置计算出来的几何关系确定的。在作业规划中，GDOP 通常由卫星历书和接收机估算位置计算出来。估算的 GDOP 并不考虑障碍物对卫星视线的遮挡，因此其在实际应用中常常无法兑现，即说好的 GDOP 不一定会有高的定位精度。

通常，卫星信号的测距误差乘以适当的 GDOP 能估算出所得到的位置或时间误差。不同的 GDOP 是由导航的协方差矩阵计算出来的。

三、实验主要参数及获取方法

(1) 发送指令“log rangea”，以获取接收机到各个可视卫星的伪距值，用于方法一的计算。

指令“log rangea”返回数据的格式如下：

```
#RANGEA，COM2，0，60.0，FINESTEERING，1994，113571.100，00000000，0000，1114；<1>，<2>，<3>，<4>，<5>，<6>，<7>，<8>，<9>，<10>，<11>*hh<CR><LF>
```

<1> 当前观察到的可见卫星数量

<2> 卫星编号

<3> 忽略

＜4＞伪距测量(单位为 m)

＜5＞伪距测量标准差(单位为 m)

＜6＞载波相位

＜7＞载波相位标准偏差

＜8＞瞬时载波多普勒频率(单位为 Hz)

＜9＞载噪比

＜10＞连续跟踪秒数

＜11＞跟踪状态

具体示例：

#RANGEA, COM2, 0, 60.0, FINESTEERING, 1994, 113181.100, 00000000, 0000, 1114; 8, 8, 0, 20831108.585, 0.050, 7479680.092576, 0.004, 1716.711, 49.5, 2531.130, 18009ce4, 23, 0, 21763001.450, 0.050, -2354135.404038, 0.004, -1750.867, 46.4, 2526.847, 08009d04, 141, 0, 37110342.686, 0.050, 177539.637389, 0.006, 9.114, 41.1, 60.856, 08049e04, 143, 0, 36921631.102, 0.050, 191902.413697, 0.008, 14.460, 39.6, 60.056, 08049e44, 144, 0, 38493509.826, 0.050, 160004.757480, 0.010, 9.402, 38.6, 51.639, 08049e64, 145, 0, 39907896.077, 0.075, 182453.130815, 0.012, 18.309, 38.0, 58.280, 08049e84, 146, 0, 39647854.669, 0.075, -4063091.173994, 0.012, -1697.203, 37.3, 291.987, 08049ea4, 148, 0, 37832497.872, 0.075, 5229588.490558, 0.008, 1655.491, 36.7, 59.873, 18049ee4*364e9512

数据解析：

#RANGEA, COM2, 0, 60.0, FINESTEERING, 1994, 113181.100, 00000000, 0000, 1114; //报文头

8(观察到 8 颗卫星),

8(第一颗卫星编号为 8, GPS 卫星), 0, 20831108.585(8 号卫星测量得到的伪距值), 0.050(伪距测量标准差), 7479680.092576(载波相位), 0.004(载波相位标准差), 1716.711, 49.5(信噪比), 2531.130(连续跟踪秒数), 18009ce4,

23(第二颗卫星编号为 23, GPS 卫星), 0, 21763001.450(23 号卫星测量得到的伪距值), 0.050(伪距测量标准差), -2354135.404038, 0.004, -1750.867, 46.4, 2526.847, 08009d04,

141(第三颗卫星编号为 141, BD 卫星), 0, 37110342.686(141 号卫星测量得到的伪距值), 0.050(伪距测量标准差), 177539.637389, 0.006, 9.114, 41.1, 60.856, 08049e04,

143(第四颗卫星编号为 143, BD 卫星), 0, 36921631.102(143 号卫星测量得到的伪距值), 0.050(伪距测量标准差), 191902.413697, 0.008, 14.460, 39.6, 60.056, 08049e44,

144(第五颗卫星编号为 144, BD 卫星), 0, 38493509.826(144 号卫星测量得到的伪距值), 0.050(伪距测量标准差), 160004.757480, 0.010, 9.402, 38.6, 51.639, 08049e64,

145(第六颗卫星编号为 145, BD 卫星), 0, 39907896.077(145 号卫星测量得到的伪距值), 0.075(伪距测量标准差), 182453.130815, 0.012, 18.309, 38.0, 58.280, 08049e84,

146(第七颗卫星编号为 146, BD 卫星), 0, 39647854.669(146 号卫星测量得到的伪距值), 0.075(伪距测量标准差), -4063091.173994, 0.012, -1697.203, 37.3, 291.987, 08049ea4,

148(第八颗卫星编号为 148, BD 卫星), 0, 37832497.872(148 号卫星测量得到的伪距值), 0.075(伪距测量标准差), 5229588.490558, 0.008, 1655.491, 36.7, 59.873, 18049ee4*364e9512

(2) 发送指令“log satxyza”，以获取各个卫星的空间坐标 X、Y、Z，用于方法一的计算。

指令“log satxyza”返回数据的格式如下：

＃SATXYZA，COM2，0，60.0，FINESTEERING，1994，113181.100，00000000，0000，1114；＜1＞，＜2＞，＜3＞，＜4＞，＜5＞，＜6＞，＜7＞，＜8＞，＜9＞，＜10＞，＜11＞，…，＊hh＜CR＞＜LF＞

＜1＞保留

＜2＞可视卫星数

＜3＞卫星编号(1～32 GPS卫星，38～61 GLONASS卫星，141～177 BD卫星，120～138 SBAS卫星)

＜4＞卫星X坐标(空间直角坐标系，单位为m)

＜5＞卫星Y坐标(空间直角坐标系，单位为m)

＜6＞卫星Z坐标(空间直角坐标系，单位为m)

＜7＞卫星时钟校正(单位为m)

＜8＞电离层延时(m)

＜9＞对流层延迟(m)

＜10＞保留

＜11＞保留

…由＜3＞开始到＜11＞结束，重复以上内容

＜hh＞CRC校验位

具体示例：

＃SATXYZA，COM2，0，60.0，FINESTEERING，1994，113181.100，00000000，0000，1114；0.0，8，8，－4902005.2253，25555347.4436，4977087.0565，－28670.665，5.482391146，2.908835305，0.000000000，0.000000000，23，1253526.7442，26065015.9077，3765312.8181，－65458.296，6.587542287，3.523993430，0.000000000，0.000000000，141，－32289200.7183，27092594.1458，1070136.6139，159164.480，5.108123563，3.311221640，0.000000000，0.000000000，143，－14869528.1700，39414572.0856，537724.3673，－75227.629，4.734850104，3.030386190，0.000000000，0.000000000，144，－39620847.7231，14473666.4440，419461.1068，－19484.076，6.686936039，4.573544993，0.000000000，0.000000000，145，21852665.4578，36009296.4377，－1448772.7596，－56919.927，9.671918298，8.162159789，0.000000000，0.000000000，146，－7592256.6317，34686429.0063，－22222533.3286，120154.588，12.259749444，8.435826552，0.000000000，0.000000000，148，－24695625.7042，33036988.0345，－9205176.2883，75037.306，6.432671006，3.928459176，0.000000000，0.000000000＊1E3AFFC3

数据解析：

＃SATXYZA，COM2，0，60.0，FINESTEERING，1994，113181.100，00000000，0000，1114；(报文头)

0.0，8(共计8颗可视卫星)，

8(第一颗可视卫星编号为8，GPS卫星)，－4902005.2253(8号GPS卫星在空间直角坐标系中的*X*坐标，单位为m)，25555347.4436(8号GPS卫星在空间直角坐标系中的*Y*坐标，单位为m)，4977087.0565(8号GPS卫星在空间直角坐标系中的*Z*坐标，单位为m)，－28670.665(卫星时钟校正)，5.482391146(电离层延时)，2.908835305(对流层延迟)，0.000000000，0.000000000，

23(第二颗可视卫星编号为23，GPS卫星)，1253526.7442(23号GPS卫星在空间直角坐标系中的*X*坐标，单位为m)，26065015.9077(23号GPS卫星在空间直角坐标系中的*Y*坐标，单位为m)，3765312.8181(23号GPS卫星在空间直角坐标系中的*Z*坐标，单位为m)，－65458.296，6.587542287，3.523993430，0.000000000，0.000000000，

141(第三颗可视卫星编号为141，BD卫星)，- 32289200.7183(141号BD卫星在空间直角坐标系中的X坐标，单位为m)，27092594.1458(141号BD卫星在空间直角坐标系中的Y坐标，单位为m)，1070136.6139(141号BD卫星在空间直角坐标系中的Z坐标，单位为m)，159164.480，5.108123563，3.311221640，0.000000000，0.000000000，

143(第四颗可视卫星编号为143，BD卫星)，- 14869528.1700(143号BD卫星在空间直角坐标系中的X坐标，单位为m)，39414572.0856(143号BD卫星在空间直角坐标系中的Y坐标，单位为m)，537724.3673(143号BD卫星在空间直角坐标系中的Z坐标，单位为m)，- 75227.629，4.734850104，3.030386190，0.000000000，0.000000000，

144(第五颗可视卫星编号为144，BD卫星)，- 39620847.7231(144号BD卫星在空间直角坐标系中的X坐标，单位为m)，14473666.4440(144号BD卫星在空间直角坐标系中的Y坐标，单位为m)，419461.1068(144号BD卫星在空间直角坐标系中的Z坐标，单位为m)，- 19484.076，6.686936039，4.573544993，0.000000000，0.000000000，

145(第六颗可视卫星编号为145，BD卫星)，21852665.4578(145号BD卫星在空间直角坐标系中的X坐标，单位为m)，36009296.4377(145号BD卫星在空间直角坐标系中的Y坐标，单位为m)，- 1448772.7596(145号BD卫星在空间直角坐标系中的Z坐标，单位为m)，- 56919.927，9.671918298，8.162159789，0.000000000，0.000000000，

146(第七颗可视卫星编号为146，BD卫星)，- 7592256.6317(146号BD卫星在空间直角坐标系中的X坐标，单位为m)，34686429.0063(146号BD卫星在空间直角坐标系中的Y坐标，单位为m)，- 22222533.3286(146号BD卫星在空间直角坐标系中的Z坐标，单位为m)，120154.588，12.259749444，8.435826552，0.000000000，0.000000000，

148(第八颗可视卫星编号为148，BD卫星)，- 24695625.7042(148号BD卫星在空间直角坐标系中的X坐标，单位为m)，33036988.0345(148号BD卫星在空间直角坐标系中的Y坐标，单位为m)，- 9205176.2883(148号BD卫星在空间直角坐标系中的Z坐标，单位为m)，75037.306，6.432671006，3.928459176，0.000000000，0.000000000*1E3AFFC3

（3）发送指令“log gpgsv”，以获取卫星的高度角和方位角，用于方法二的计算。

指令“log gpgsv”返回数据的格式如下：

$GPGSV，＜1＞，＜2＞，＜3＞，＜4＞，＜5＞，＜6＞，＜7＞*hh＜CR＞＜LF＞

＜1＞消息总数

＜2＞消息编号

＜3＞可视卫星总数

＜4＞卫星编号

＜5＞高度角(最大为90°)

＜6＞方位角(0°～359°)

＜7＞信噪比

…下一颗可视卫星的编号、高度角、方位角、信噪比…

具体示例：

$GPGSV，3，1，09，18，17，173，32，27，69，035，，16，40，050，，08，64，230，49*75

$GPGSV，3，2，09，11，18，195，43，09，36，275，，07，24，317，，26，19，073，*72

$GPGSV，3，3，09，23，37，226，48，，，，，，，，，，，，*4F

$BDGSV，2，1，05，142，37，230，43，143，53，193，40，145，17，250，40，146，13，

193，29＊60

$BDGSV，2，2，05，149，26，219，39,,,,,,,,,,,，＊65

数据解析：

$GPGSV，3(消息总数)，1(消息编号)，09(可视卫星总数)，18(卫星编号)，17(高度角)，173(方位角)，32(信噪比)，27(卫星编号)，69(高度角)，035(方位角)，(信噪比)，16(卫星编号)，40(高度角)，050(方位角)，(信噪比)，08(卫星编号)，64(高度角)，230(方位角)，49(信噪比)＊75(校验位)

$GPGSV，3，2(消息编号)，09(可视卫星总数)，11(卫星编号)，18(高度角)，195(方位角)，43(信噪比)，09(卫星编号)，36(高度角)，275(方位角)，(信噪比)，07(卫星编号)，24(高度角)，317(方位角)，(信噪比)，26(卫星编号)，19(高度角)，073(方位角)，＊72

$GPGSV，3，3(消息编号)，09(可视卫星总数)，23(卫星编号)，37(高度角)，226(方位角)，48(信噪比),,,,,,,,,,,，＊4F

$BDGSV，2，1(消息编号)，05(可视卫星总数)，142(卫星编号)，37(高度角)，230(方位角)，43(信噪比)，143(卫星编号)，53(高度角)，193(方位角)，40(信噪比)，145(卫星编号)，17(高度角)，250(方位角)，40(信噪比)，146(卫星编号)，13(高度角)，193(方位角)，29(信噪比)＊60

$BDGSV，2，2(消息编号)，05(可视卫星总数)，149(卫星编号)，26(高度角)，219(方位角)，39(信噪比),,,,,,,,,,,，＊65

四、实验内容及步骤

1. 验证性实验

步骤1：将GNSS接收机接上电源，并通过RS-232串口连接到PC机，打开GNSS接收机电源开关。

步骤2：在PC机上找到“几何精度衰减因子计算”→“验证性实验”文件夹，双击“CalGdop.dsw”文件，通过Visual C++编辑器打开工程文件并运行，进入实验界面(图7-4)。

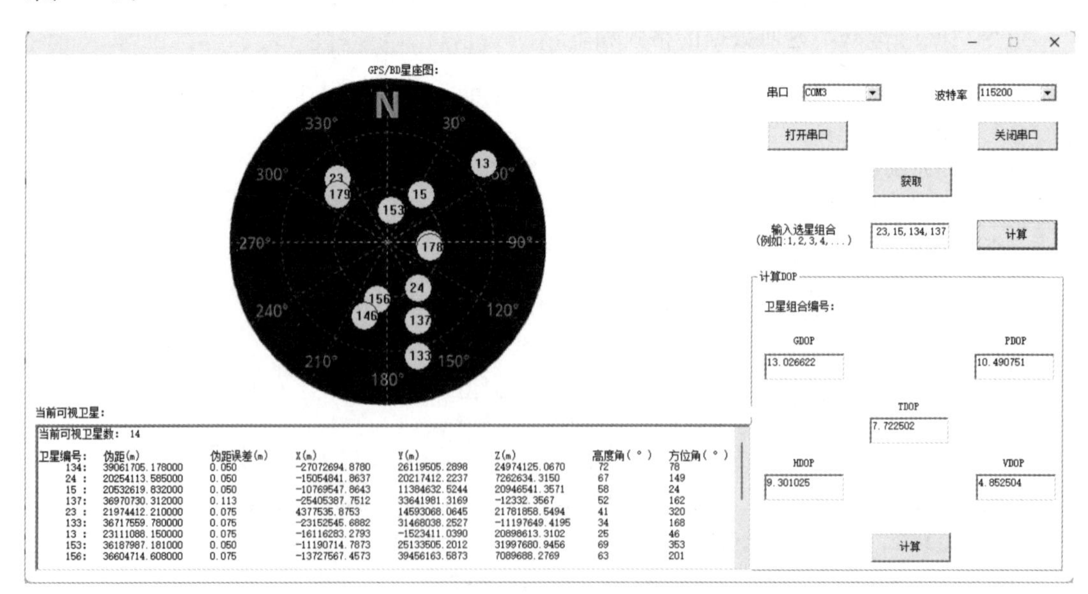

图7-4　计算卫星组合的几何精度衰减因子

步骤 3：选择串口号，设置波特率为“115200”，点击“打开串口”按钮。

步骤 4：点击“获取”按钮，可在“当前可视卫星”输出框中显示所有可视卫星的编号、伪距、伪距误差、空间坐标(X、Y、Z)以及高度角和方位角。

步骤 5：在“输入选星组合”文本框中手动输入若干个卫星编号，点击“计算”按钮，计算所选卫星组合的几何精度衰减因子，并输出 5 种 DOP。

步骤 6：也可以直接点击界面右侧最下方的“计算”按钮，计算所有可视卫星的几何精度衰减因子，并输出 5 种 DOP。

2. 设计性实验

步骤 1：将 GNSS 接收机接上电源，并通过 RS－232 串口连接到 PC 机，打开 GNSS 接收机电源开关。

步骤 2：在 PC 机上找到“几何精度衰减因子”→“设计性实验”文件夹，双击“CalGdop. dsw”文件，通过 Visual C++ 编辑器打开工程文件，进入编程环境(图 7－5)。

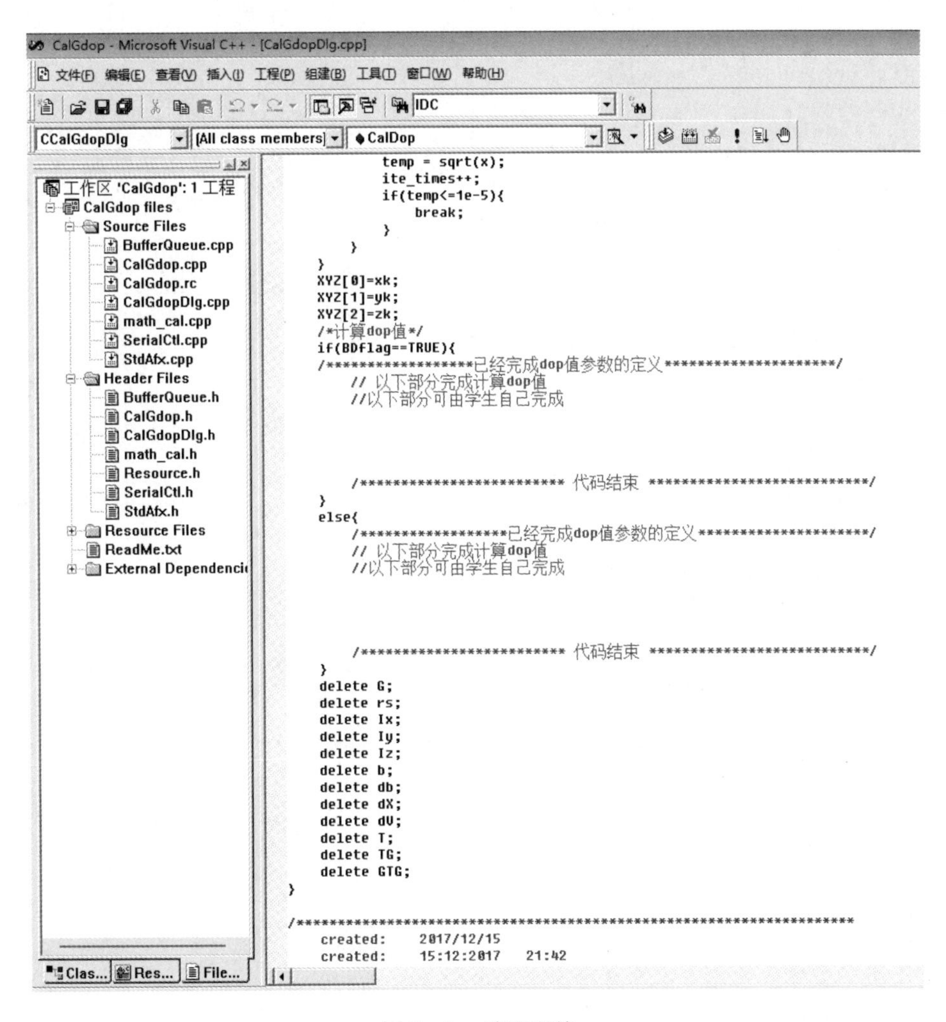

图 7－5　编程环境

步骤 3：在注释行提示区域内编写代码，实现几何精度因子计算。

步骤 4：代码编写完成后，编译、链接、运行，在图 7－4 所示的应用程序中验证代码功能。若代码功能不正确，则返回编程环境修改代码，继续调试，直至功能正确。

参考代码(计算所选卫星组合的 PDOP、TDOP、HDOP 、VDOP 和 GDOP)：

```
void CCalGdopDlg::CalDop(int allnum, double satxyz[6][32], double &gdop, double &pdop,
 double tdop[2], double &hdop, double &vdop, double XYZ[3], bool BDflag)
{
double xk = 0.0, yk = 0.0, zk = 0.0;      //接收机位置
double dtuk1 = 0, dtuk2 = 0;        //接收机钟差 1 北斗，2GPS 单星解算时 2 无效
double tk0 = 0, tk1 = 0;            //接收机钟漂 1 北斗，2GPS 单星解算时 2 无效
double temp, tmpr;
double *rs;
double *Ix, *Iy, *Iz;
double *G;
double *b, *db;
double *T;
double *TG;
double *GTG;
double *dX, *dV;
char chtemp[500];
int ite_times = 0;   //迭代次数
memset(chtemp, 0, 500 * sizeof(char));
rs = new double[allnum];
Ix = new double[allnum];
Iy = new double[allnum];
Iz = new double[allnum];
b = new double[allnum];
db = new double[allnum];
if(BDflag = = TRUE){
G = new double[allnum * 5];
T = new double[5 * allnum];
TG = new double[5 * 5];
GTG = new double[5 * allnum];
dX = new double[5];
dV = new double[5];
}
else{
G = new double[allnum * 4];
T = new double[4 * allnum];
TG = new double[4 * 4];
GTG = new double[4 * allnum];
```

```
dX = new double[4];
dV = new double[4];
}
// 卫星坐标修正
for(int j = 0; j < allnum; j ++){
satxyz[2][j] = satxyz[2][j] * cos(oe * TL) + satxyz[3][j] * sin(oe * TL);
satxyz[3][j] = - satxyz[2][j] * sin(oe * TL) + satxyz[3][j] * cos(oe * TL);
}
while(ite_times < 7){                          //20 是迭代次数
if(BDflag == TRUE){
for(int i = 0; i < allnum; i ++){
tmpr = (satxyz[2][i] - xk) * (satxyz[2][i] - xk) + (satxyz[3][i] - yk) * (satxyz[3][i] - yk) +
 (satxyz[4][i] - zk) * (satxyz[4][i] - zk);
rs[i] = sqrt(tmpr); // 求几何距离
Ix[i] = (satxyz[2][i] - xk)/ rs[i];
Iy[i] = (satxyz[3][i] - yk)/ rs[i];
Iz[i] = (satxyz[4][i] - zk)/ rs[i]; // 单位观测矢量

G[i * 5 + 0] = - Ix[i];
G[i * 5 + 1] = - Iy[i];
G[i * 5 + 2] = - Iz[i];
if(satxyz[0][i] < 140){
G[i * 5 + 3] = 0.0;
G[i * 5 + 4] = 1.0;
b[i] = satxyz[1][i] - rs[i] - tk1;
}
else{
G[i * 5 + 3] = 1.0;
G[i * 5 + 4] = 0.0;
b[i] = satxyz[1][i] - rs[i] - tk0;
}
}
overturn_matrix(G, allnum, 5, T);          //G 的转置
multi_matrix(T, G, 5, allnum, 5, TG);   //G 的转置 * G
Brinv(TG, 5);                         //G 转置 * G 的逆(函数调用)
multi_matrix(TG, T, 5, 5, allnum, GTG); //(G 转置 * G 的逆) * G 的转置
multi_matrix(GTG, b, 5, allnum, 1, dX); //(G 转置 * G 的逆) * G 的转置 * b
xk = xk + dX[0];
yk = yk + dX[1];
zk = zk + dX[2];
tk0 = tk0 + dX[3];
tk1 = tk1 + dX[4];
```

```
if((xk > 4e7) || (yk > 4e7) || (zk > 4e7)){  // 飞出地球了
return;
}
double x = dX[0] * dX[0] + dX[1] * dX[1] + dX[2] * dX[2] + dX[3] * dX[3];
temp = sqrt(x);
ite_times++;
if(temp <= 1e-5){
break;
}
}
else{
for(int i = 0; i < allnum; i++){
tmpr = (satxyz[2][i] - xk) * (satxyz[2][i] - xk) + (satxyz[3][i] - yk) * (satxyz[3][i] - yk) +
 (satxyz[4][i] - zk) * (satxyz[4][i] - zk);
rs[i] = sqrt(tmpr); // 求几何距离
Ix[i] = (satxyz[2][i] - xk)/ rs[i];
Iy[i] = (satxyz[3][i] - yk)/ rs[i];
Iz[i] = (satxyz[4][i] - zk)/ rs[i]; // 单位观测矢量
G[i * 4 + 0] = - Ix[i];
G[i * 4 + 1] = - Iy[i];
G[i * 4 + 2] = - Iz[i];
G[i * 4 + 3] = 1.0;
b[i] = satxyz[1][i] - rs[i] - tk0;
}
overturn_matrix(G, allnum, 4, T);          //G的转置
multi_matrix(T, G, 4, allnum, 4, TG);    //G的转置 * G
Brinv(TG, 4);                           //G转置 * G的逆(函数调用)
multi_matrix(TG, T, 4, 4, allnum, GTG); //(G转置 * G的逆) * G的转置
multi_matrix(GTG, b, 4, allnum, 1, dX); //(G转置 * G的逆) * G的转置 * b
xk = xk + dX[0];
yk = yk + dX[1];
zk = zk + dX[2];
tk0 = tk0 + dX[3];
if((xk > 4e7) || (yk > 4e7) || (zk > 4e7)){  // 飞出地球了
return;
}
double x = dX[0] * dX[0] + dX[1] * dX[1] + dX[2] * dX[2] + dX[3] * dX[3];
temp = sqrt(x);
ite_times++;
if(temp <= 1e-5){
break;
}
```

```
        }
    }
    XYZ[0] = xk;
    XYZ[1] = yk;
    XYZ[2] = zk;
    /* 计算 DOP 值 */
    if(BDflag == TRUE){
    hdop = sqrt(TG[0] + TG[6]);
    vdop = sqrt(TG[12]);
    pdop = sqrt(TG[0] + TG[6] + TG[12]);
    tdop[0] = sqrt(TG[18]);
    tdop[1] = sqrt(TG[24]);        //单星解算无用
    gdop = sqrt(TG[0] + TG[6] + TG[12] + TG[18] + TG[24]);
    tdop[0] = tdop[0] + tdop[1];
    }
    else{
    hdop = sqrt(TG[0] + TG[5]);
    vdop = sqrt(TG[10]);
    pdop = sqrt(TG[0] + TG[5] + TG[10]);
    tdop[0] = sqrt(TG[15]);
    tdop[1] = 0;        //单星解算无用
    gdop = sqrt(TG[0] + TG[5] + TG[10] + TG[15]);
    }
    delete G;
    delete rs;
    delete Ix;
    delete Iy;
    delete Iz;
    delete b;
    delete db;
    delete dX;
    delete dV;
    delete T;
    delete TG;
    delete GTG;
    }
```

编程提示：

（1）向串口发送指令“log rangea”“log satxyza”和“log gpgsv”，以获取伪距、伪距误差、可视卫星的空间坐标、卫星的高度角和方位角。

（2）计算当前的 GDOP、PDOP、TDOP、HDOP、VDOP，并显示在编辑框中。

（3）串口数据采集、变量赋值、计算结果输出等操作可以参考上述算法代码。

（4）获取当前几何精度因子计算结果，建议每隔 1 s 计算一次，获取一次结果。

（5）以上实验为基于北斗信号的实验操作，基于 GPS 信号的实验操作与以上过程类似。

实验十九　卫星优化选择方法

一、实验目的

了解卫星优化选星的相关原理，掌握常用的卫星优化选星算法的计算步骤。

二、优化选星算法原理

在实验十八中，我们已经知道了 DOP 是评价卫星组合的重要指标。GDOP 反映了观测处和卫星之间的空间几何关系，卫星组合在空间中构成的体积越大，其 GDOP 值越小，定位误差越小，定位精度越高。

因此，GDOP 是进行优化选星的重要依据。下面介绍一种时效性优化的选星算法。

1. 算法步骤

步骤 1：采用实验十八中的方法，获得可视卫星的高度角、方位角和 GDOP 信息。

步骤 2：在 m 颗可观测卫星中，选出高度角最大的 S_1 星。

步骤 3：在剩余的 $m-1$ 颗卫星中，选出高度角最小的 S_2 星。

步骤 4：在剩余的 $m-2$ 颗卫星中，选出与 S_2 星方位角间隔约为 120°的 S_3 星。

步骤 5：在剩余的 $m-3$ 颗卫星中，选出 S_4星，使 S_4 和其他 3 颗星构成的卫星组合的 GDOP 最小。

2. 实验结果

采用合肥星北航测 PIA400 接收机及天线，可输出接收机位置及卫星坐标等数据。接收机数据输出频率最高为 20 Hz，通过 RS-232 串口将数据发送给计算机。在 VC++平台上，分别采用传统选星算法、几何优化选星算法和时效性优化的选星算法进行卫星选择实验。

图 7-6 为某一时刻三种算法的卫星选择结果。可观测卫星按照其高度角和方位角显示为图 7-6 中的圆圈，圆圈中的数字为卫星号；被选中的卫星用黑球表示，其他卫星用白球表示。传统选星算法、几何优化选星算法和时效性优化的选星算法的卫星选择结果分别如图 7-6（a）～（c）所示。三种卫星选择算法的性能比较见表 7-1 所列。

表 7-1　三种卫星选择算法的性能比较

参数	传统选星算法	几何优化选星算法	时效性优化的选星算法
GDOP	2.7505	3.0960	2.8325
GDOP 的计算次数	210	7	7

由表 7-1 可见，传统选星算法的 GDOP 最小，定位精度最高；几何优化选星算法和时效性优化的选星算法的 GDOP 略大于传统选星算法，但并未超出不可接受的值（一般规定 GDOP 不能大于 6，否则定位精度难以接受）。同时，几何优化选星算法和时效性优

化的选星算法的 GDOP 的计算次数（$n-3=7$）远小于传统选星算法（$C_{10}^{4}=210$ 次）。另外，几何优化选星算法包含大量矢量运算，复杂度大；而时效性优化的选星算法计算简单，复杂度小。

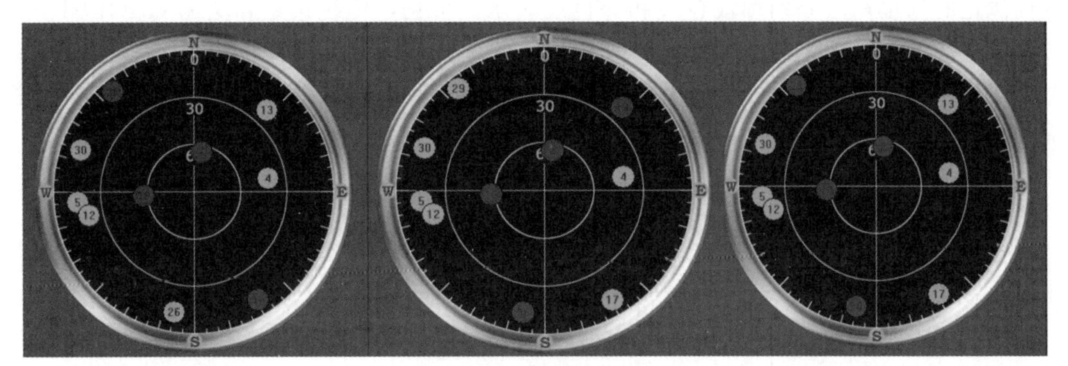

（a）传统选星算法　　（b）几何优化选星算法　　（c）时效性优化的选星算法

图 7-6　某一时刻三种算法的卫星选择结果

图 7-7 为三种算法在 4 h 内选星结果的 GDOP 变化，其中传统选星算法的 GDOP 用虚线表示，几何优化选星算法的 GDOP 用点线表示，时效性优化的选星算法的 GDOP 用实线表示。经统计，在 4 h 内，传统选星算法的 GDOP 平均值（约 2.8790）最小；时效性优化的选星算法的 GDOP 平均值（约 3.7055）与几何优化选星算法的 GDOP 平均值（3.7183）相当，略大于传统选星算法，但并未超出不可接受的值（GDOP=6）。

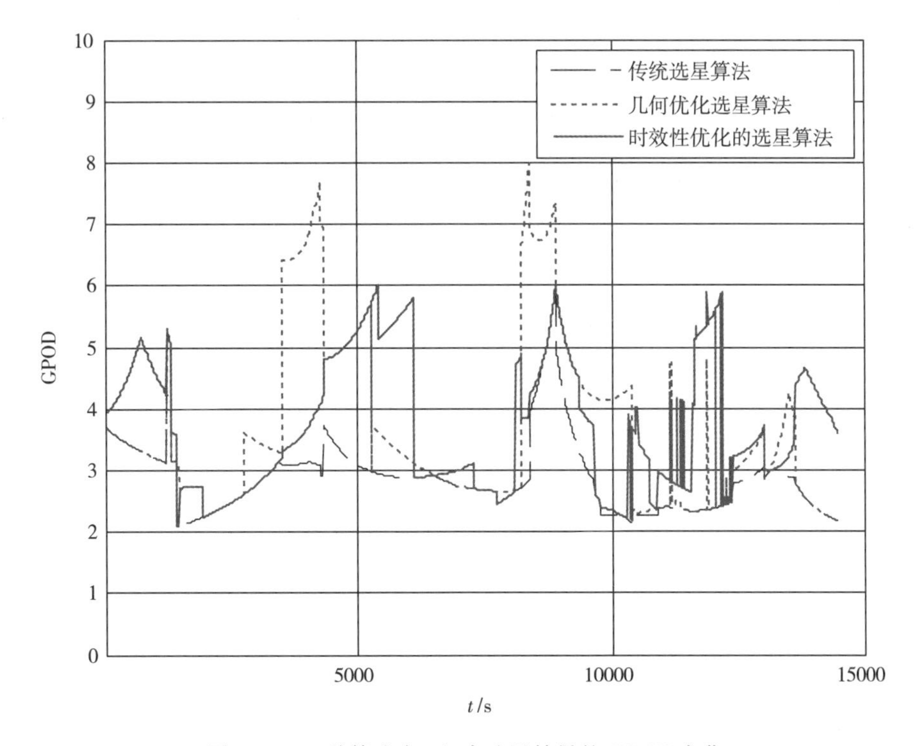

图 7-7　三种算法在 4 h 内选星结果的 GDOP 变化

因此，时效性优化的选星算法可以保证较好的定位精度。图 7－8 为传统选星算法和时效性优化的选星算法在 4 h 内的 GDOP 计算次数比较，其中图 7－8（a）表示各时刻可观测的卫星数，图 7－8（b）表示各时刻两种算法的 GDOP 计算次数，传统选星算法和时效性优化的选星算法分别用浅色线和深色线表示。可见，传统选星算法的 GDOP 计算次数随卫星数的增加而急剧增加；而时效性优化的选星算法的 GDOP 计算次数随卫星数的增加变化很小，且远小于传统选星算法，因此算法的实时性较好。实验结果表明，时效性优化的选星算法在保证定位精度的情况下具有较好的实时性。

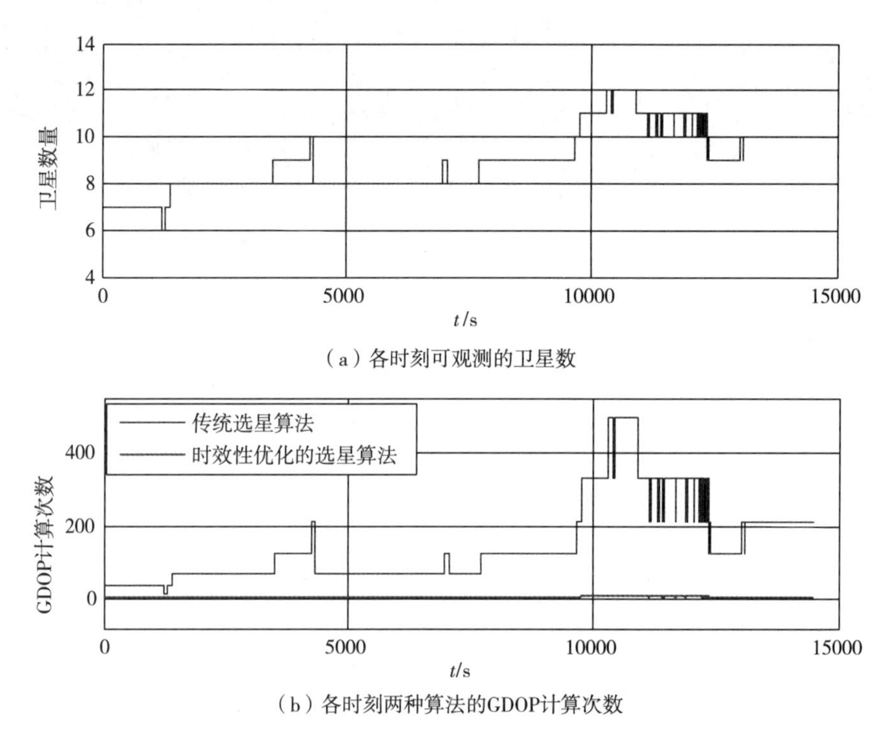

（a）各时刻可观测的卫星数

（b）各时刻两种算法的GDOP计算次数

图 7－8　传统选星算法和时效性优化的选星算法在 4 h 内的 GDOP 计算次数比较

第八章　GNSS 接收机干扰检测

实验二十　GNSS 接收机信号捕获与追踪

一、实验目的

了解卫星信号捕获和追踪的概念，理解信号解扩和载波剥离的基本方法，掌握使用 Matlab 编程语言对卫星信号进行捕获与追踪的方法。

二、实验原理

为了让接收机正常工作，必须有效地锁定接收原始信号的载波频率和码相位。而捕获作为跟踪的前置步骤，目的是使接收机内部复制载波和码信号与接收到的原始信号吻合到一定程度，从而达到追踪环路的牵入范围内。其中，有效的频率与相位估计正是通过对信号载波频率和码相位的三维搜索来达成的。

1. 三维搜索的概念

卫星发射信号的中心频率是固定的，但由于卫星和接收机之间传播路径上的相对运动、接收机内部晶振频漂、卫星钟漂等多种因素，接收到的信号的载波频率和码相位已不再符合其标称值，因此接收机首要需要估计的就是载波的多普勒频偏和伪码相位。

卫星信号的三维搜索（图 8-1）是指除了对接收信号的载波多普勒频移和码相位这两者进行估算以外，还需要对卫星编号对应的 PRN（Pseudo Random Noise，伪随机噪声）码型进行有效估计。这是因为卫星常采用码分多址（Code Division Multiple Access，CDMA）这一调制机制，在同一频段上同时会存在多颗卫星信号。

2. 载波多普勒搜索范围

由于伪码是确定的循环码型，以 GPS L1 频段为例，其搜索范围固定在 1023 个码片内；而由于相对运动速度不确定导致载波频率偏移不确定，在对载波多普勒频率实现有效的估计前，需要确定其搜索范围。

卫星运行轨道如图 8-2 所示，将地球的最大横截面积和卫星运行轨道视为标准圆，其中地球半径 R_e 为 6368 km，卫星 S 到地心 O 的距离 R_s 为 2560 km。

假设卫星在轨道上做周期为 12 h 的匀速旋转运动，可得角速度$\frac{\mathrm{d}\theta}{\mathrm{d}t}$和线速度$\nu_s$：

$$\frac{\mathrm{d}\theta}{\mathrm{d}t} \approx \frac{2\pi}{12 \times 3600} = 1.454 \times 10^{-4}(\mathrm{rad/s}) \tag{8-1}$$

$$\nu_s = R_s \frac{\mathrm{d}\theta}{\mathrm{d}t} = 25560 \times 10^3 \times 1.454 \times 10^{-4} \approx 3716(\mathrm{m/s}) \tag{8-2}$$

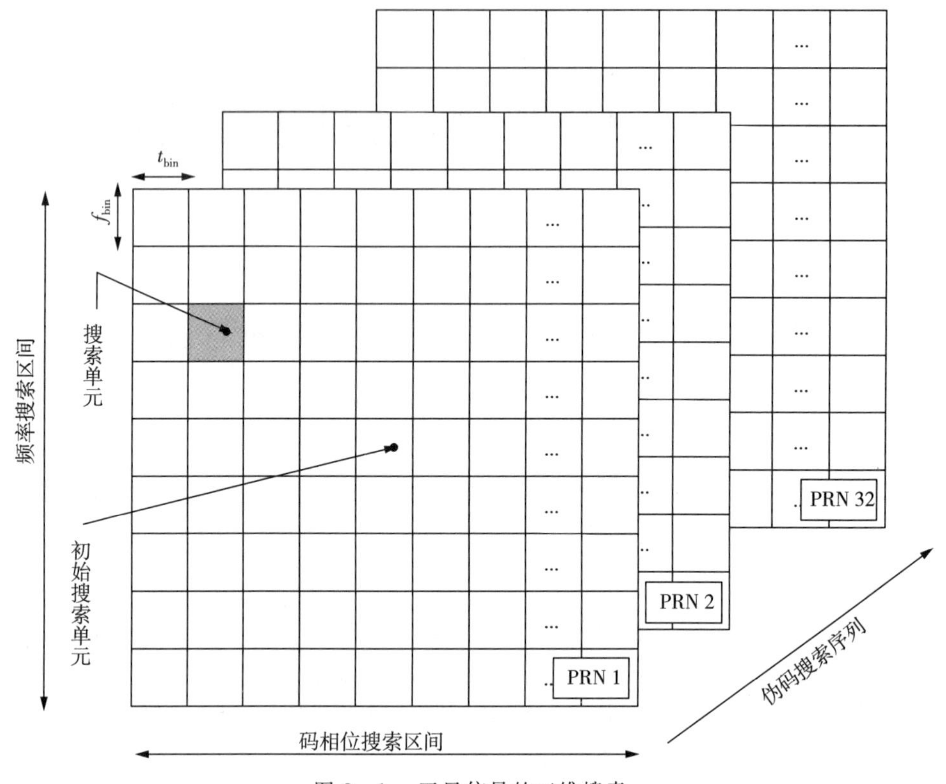

图 8-1　卫星信号的三维搜索

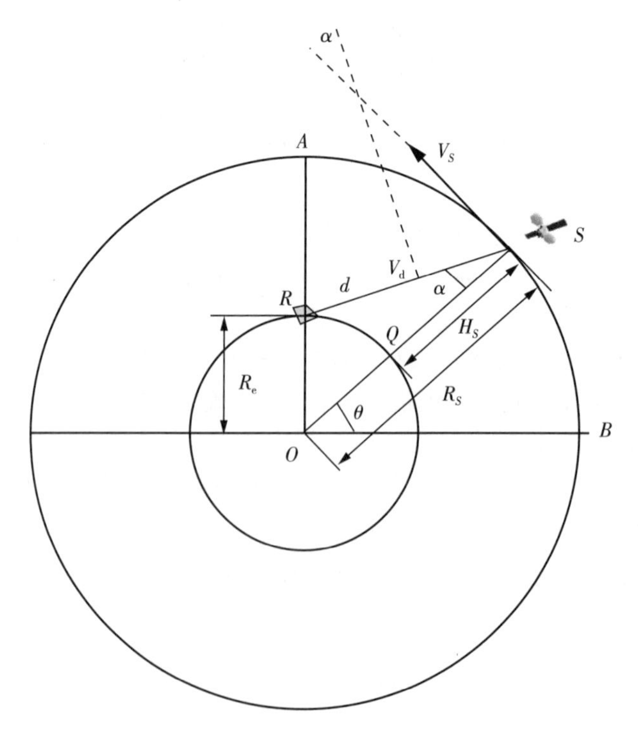

图 8-2　卫星运行轨道

假设$\angle BOS$为θ，$\angle OSR$为α，将卫星速度ν_s投影到RS上，得到投影速度ν_d：

$$\nu_d = \nu_s \sin\alpha \tag{8-3}$$

利用正弦和余弦定理，将$\sin\alpha$表达为关于θ的函数并代入式(8-3)：

$$\nu_d = \frac{\nu_s R_e \cos\theta}{\sqrt{R_e^2 + R_s^2 - 2R_e R_s \sin\theta}} \tag{8-4}$$

将式(8-4)求导并取值为0，得到对应$\theta = 13.87°$，代回式(8-4)中：

$$\nu_{dm} = \nu_s \frac{R_e}{R_s} = 925.9(\text{m/s}) \tag{8-5}$$

由多普勒频移公式可得L_1频段下最大多普勒频移：

$$f_{dm} = \frac{\nu_{dm}}{c} f_{L_1} = \frac{925.9}{3 \times 10^8} \times 1575.42 \times 10^6 \approx 4862(\text{Hz}) \tag{8-6}$$

由此得到结论，卫星运动引起的多普勒频移大致在±5 kHz。同理不难得到用户接收机若以1 km/h速度运行，其造成的多普勒频移约为1.46 Hz。综合考虑高速飞行器的运行速度，用户引起的多普勒频移也可被认为大致在±5 kHz范围内。

3. 三维搜索

在确定了搜索范围后，就可以按照固定间隔对卫星信号进行搜索。图8-1中，假定接收机以半个码片的宽度作为码相位的搜索步长(又称之为码带宽度)实行一维搜索，同时按照伪码顺序从1到32依次对各颗卫星进行二维搜索，对载波多普勒按照500 Hz的搜索步长(又称之为频带宽度f_{bin})在中频信号中心频率±10 kHz的范围内进行三维搜索。其中，每个频带f_{bin}与码带t_{bin}的交点称为一个搜索单元，整个单元内的复制频率和相位用该单元的中心点近似替代，当信号非相干累积(见下述非相干累积)结果超过一定阈值时，认为信号处于该搜索单元内。若捕获的信号位于搜索单元内，那么复制信号与原始信号的码相位差距不大于半个码带宽度t_{bin}，其载波频差不超过半个频带宽度f_{bin}。根据搜索时占用的资源和搜索需要的时间和是否需要频域变换，可以将常见的搜索算分类为时域串行搜索、码并行搜索或载波并行搜索。

4. 环路追踪的概念

当拥有捕获得到的粗略码相位和载波多普勒频率估计值之后，相应编号的卫星通道就可以进入追踪阶段。追踪的目的在于两个方面：一方面通过载波的余弦调制和伪码的相关运算特性实现完全的载波剥离和信号解扩；另一方面卫星与接收机之间的相对运动、晶振的频率漂移等因素导致码相位和载波多普勒会随时间推移而变化，这种变化通常是不可预测的，所以需要环路以闭路反馈的形式持续运行，以实现对卫星信号的持续锁定。

载波和伪码的环路锁定如图8-3所示。通过射频接收的原始信号按照IQ解调形式送入追踪环路，通过载波NCO和码NCO实现载波剥离和信号解扩(这一步骤采用的计算结构与前面的搜索方式相同，但区别在于无须按照范围搜索，而依赖于粗略估计值)，再由鉴别器识别当前相差和频差并修改振荡器参数，使环路逐渐收敛于真实的信号频率和相位。

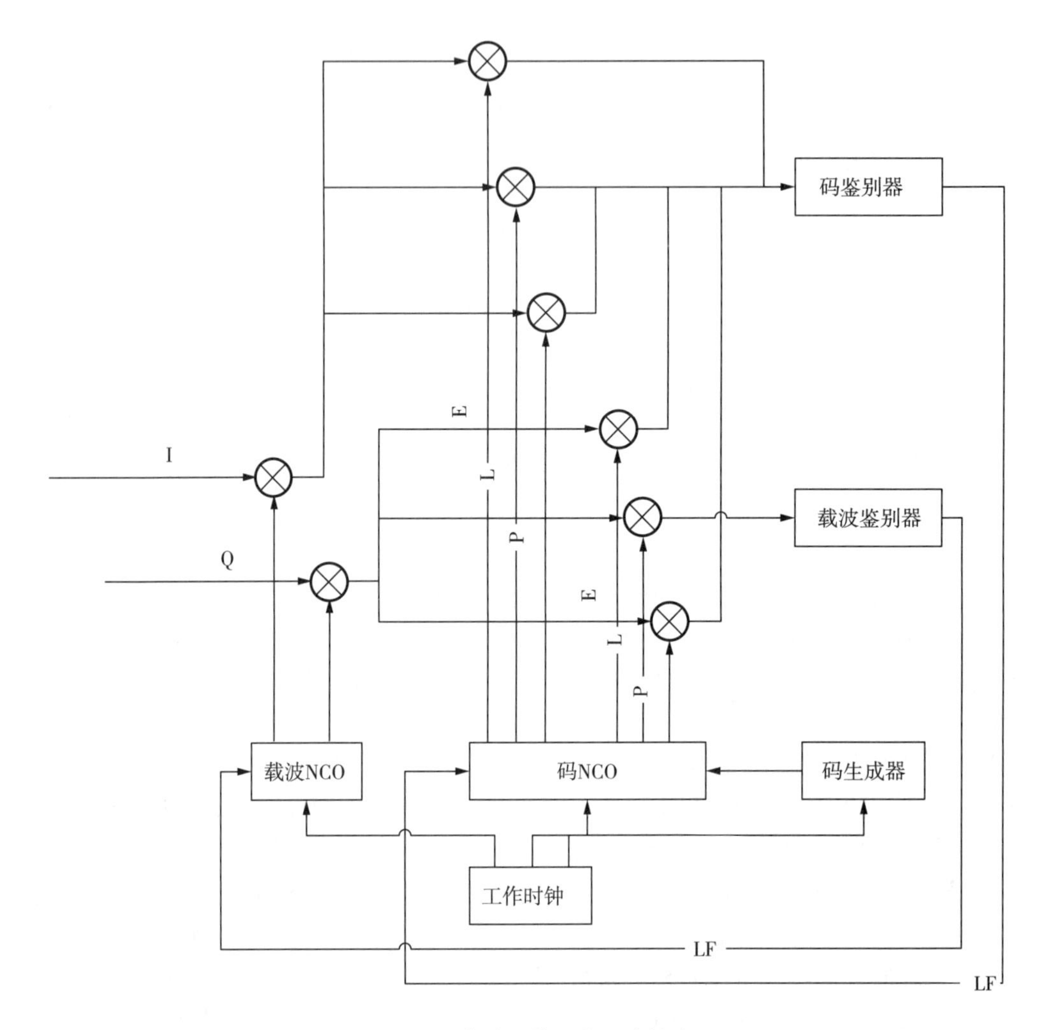

图 8-3　载波和伪码的环路锁定

1）相关运算与相关函数

可以通过余弦信号的调制特性，利用相乘器（见图 8-3 左侧复制载波与信号相乘）进行简单的载波剥离；而信号解扩则依赖于伪码本身的相关特性，因此信号解扩的核心是相关运算。假设伪码为 $x[n]$，本地复制码为 $y[n]$，相关运算（见图 8-3 中间延时码型配合相乘器进行相关运算）具有如下形式：

$$z[n]=\frac{1}{N}\sum_{k=0}^{N-1}x(k)y(k-n) \tag{8-7}$$

式中，N 为离散数据点数，由相关运算的采样数据长度决定。

如果相关器进行长达 1 ms 的相关运算，那么以 P 支路为例，IQ 信号的混频结果分别为

$$i_{\mathrm{p}}(n)=aD(n)R(\tau_{\mathrm{p}})\cos[\omega_{\mathrm{e}}(n)t(n)+\theta_{\mathrm{e}}] \tag{8-8}$$

$$q_{\mathrm{p}}(n)=aD(n)R(\tau_{\mathrm{p}})\sin[\omega_{\mathrm{e}}(n)t(n)+\theta_{\mathrm{e}}] \tag{8-9}$$

式中，$D(n)$为电平为±1的导航电文；$R(\tau_P)$为相关函数；τ_p为码相差；ω_e和θ_e为载波频差与相差。

理想自相关函数曲线如图8-4所示，$R(\tau_P)$在一个码片的差距内具有良好的自相关特性，能够有效地与其他不同编号或不同相位的码进行区分。

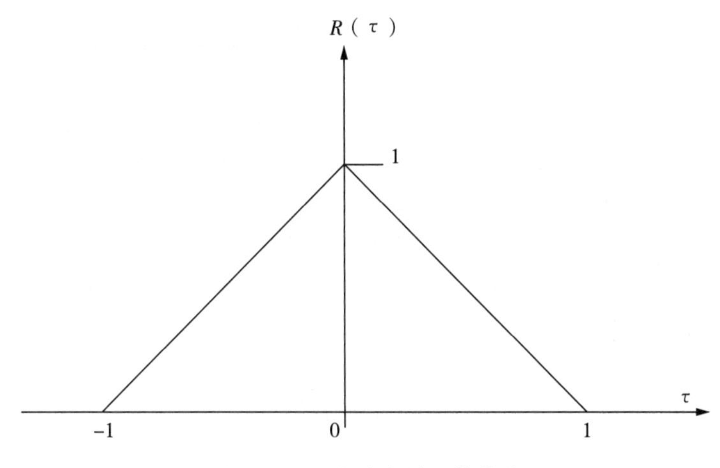

图8-4 理想自相关函数曲线

2）非相干累积

经过载波剥离和信号解扩的卫星信号强度仍然很低，所以为了有效提取原始信号中的导航电文，需要滤除高频成分和噪声成分以进一步提高信号载噪比。对式(8-8)和式(8-9)所表示的相关器输出进行积分：

$$\begin{aligned} I_P(n) &= \frac{1}{T_{coh}}\int_{t_1}^{t_1+T_{coh}} i_p(t)\,\mathrm{d}t \\ &\approx \frac{1}{T_{coh}}\int_{t_1}^{t_1+T_{coh}} aD(t)\cos(\omega_e t+\theta_e)\,\mathrm{d}t \\ &= \frac{aD(n)}{\frac{1}{2}\omega_e T_{coh}}\sin\left(\frac{1}{2}\omega_e T_{coh}\right)\cos\left[\omega_e\left(t_1+\frac{T_{coh}}{2}\right)+\theta_e\right] \end{aligned} \tag{8-10}$$

式中，T_{coh}为非相干积分时间；t_1为初始积分时间。

为了便于理解，将公式写为连续形式，假设电文D[n]在积分时间内不发生翻转并用$D(n)$替代。

同理，可得Q支路的相关积分结果，并将两者合并写为复数向量形式：

$$r_p(n)=I_P(n)+\mathrm{j}Q_P(n)=A_P(n)\,\mathrm{e}^{\mathrm{j}\varphi_e(n)}=\frac{aD(n)}{\frac{1}{2}\omega_e T_{coh}}\sin\left(\frac{1}{2}\omega_e T_{coh}\right)\mathrm{e}^{\mathrm{j}\left[\omega_e\left(t_1+\frac{T_{coh}}{2}\right)+\theta_e\right]} \tag{8-11}$$

为了便于数字系统的运算，积分器的实质非相干累积为如下运算形式：

$$I_{\mathrm{P}}(n)=\frac{1}{N_{\mathrm{coh}}}\sum_{k=1}^{N_{\mathrm{coh}}} i_{\mathrm{p}}(nN_{\mathrm{coh}}+k) \tag{8-12}$$

$$Q_{\mathrm{p}}(n)=\frac{1}{N_{\mathrm{coh}}}\sum_{k=1}^{N_{\mathrm{coh}}} q_{\mathrm{P}}(nN_{\mathrm{coh}}+k) \tag{8-13}$$

式中，N_{coh} 为相干积分时间 T_{coh} 内 IQ 支路上的相关器输出个数。

3）鉴别器

相干累积后，为了使信号与本地复制信号频率和相位基本一致，需要有效地鉴别两者间频率与相位的差距(见图 8-3 右侧)。这一功能在接收机中通常通过鉴别器来实现，其中对于载波，追踪方式可分为鉴频和鉴相两种鉴别方式。

鉴相器是锁相环路中用于鉴别载波与复制载波的相差的器件。载波的鉴相器应当适用于对于数据电平跳变引起的载波180° 相变不敏感的科斯塔斯(costas) 环。常见的鉴别器有二象限反正切函数鉴相器：

$$\varphi_{\mathrm{e}}=\arctan\left(\frac{Q_{\mathrm{P}}}{I_{\mathrm{P}}}\right) \tag{8-14}$$

其牵入范围为 $-90^{\circ}\sim+90^{\circ}$ 这一相差区间。

若载波环路采用锁频环方式，则鉴别器需要对输入载波与复制载波之间的频率差进行鉴别。在计算鉴频器之前需要先定义点积和叉积：

$$\begin{aligned}P_{\mathrm{dot}}&=I_{\mathrm{P}}(n-1)I_{\mathrm{P}}(n)+Q_{\mathrm{P}}(n-1)Q_{\mathrm{P}}(n)\\&=A_{\mathrm{P}}(n-1)A_{\mathrm{P}}(n)\cos[\varphi_{\mathrm{e}}(n)-\varphi_{\mathrm{e}}(n-1)]\end{aligned} \tag{8-15}$$

$$\begin{aligned}P_{\mathrm{cross}}&=I_{\mathrm{P}}(n-1)Q_{\mathrm{P}}(n)-Q_{\mathrm{P}}(n-1)I_{\mathrm{P}}(n)\\&=A_{\mathrm{P}}(n-1)A_{\mathrm{P}}(n)\sin[\varphi_{\mathrm{e}}-\varphi_{\mathrm{e}}(n-1)]\end{aligned} \tag{8-16}$$

采用四象限反正切形式的鉴频器如下：

$$\omega_{\mathrm{e}}(n)=\frac{\mathrm{arctan2}(P_{\mathrm{cross}},\ P_{\mathrm{dot}})}{t(n)-t(n-1)} \tag{8-17}$$

其牵入范围为 $-\frac{1}{2T_{\mathrm{coh}}}\sim+\frac{1}{2T_{\mathrm{coh}}}$。

鉴相器结果随后将通过环路滤波滤除噪声，反馈至载波 NCO 和码 NCO 来调节复制载波频率和码相位，实现对信号的闭环追踪。

5. 数字通道的概念

在信号捕获和追踪过程中，三维搜索和追踪并不是在单一的单元中进行的，而是由许多结构相同的并行数字通道配合完成，图 8-3 中所示的环路结构正是众多通道之一。需要注意的是，在简单的三维搜索过程中，由于信号不会长时间占用某一通道，因此其对于通道资源的分配就没有那么严格；而在追踪过程中锁定的信号将持续占用某一通道，所以就必须对通道资源进行有效的分配。

三、实验主要参数及获取方法

本实验采用得克萨斯大学奥斯汀分校提供的欺骗干扰卫星原始数据集“texbat”的“ds3”部分。为了有效读取卫星原始数据，应按照如下步骤操作。

1. 设置数据集路径

打开 PC 机，在 PC 机上找到“GNSS 接收机信号捕获与追踪”文件夹，进入“param”文件夹，打开“Personal Receiver Configuration. txt”文件（图 8－5），修改相应读取文件目录，将读取文件设置为“ds3. bin”。

```
% GPS L1 Settings
% Input RF file
gpsl1,rfFileName,'F:\texbat\ds3.bin',          % Name of RF data file used for GPS L1 signal

% Radio front end configurations
gpsl1,centerFrequency,1575.42e6, % Radio center frequency [Hz]
gpsl1,samplingFreq,25e6, % Sampling frequency [Hz]
gpsl1,bandWidth,20e6, % Bandwidth of the front end [Hz]
gpsl1,sampleSize,32, % Number of bits for one sample. For complex data this is the size for I+Q.
gpsl1,complexData,true, % Complex or real data
gpsl1,iqSwap,true, % Complex or real data

% Acquisition parameters
gpsl1,acqSatelliteList,[1:32],     % Specify what GPS satellites to search for [PRN numbers]
gpsl1,nonCohIntNumber,5,           % Number of non-coherent integration rounds for signal acquisition
gpsl1,cohIntNumber,3,              % Coherent integration time for signal acquisition [ms]
gpsl1,acqThreshold,15              % Threshold for the signal presence decision rule
gpsl1,maxSearchFreq,6000,          % Maximum search frequency in one direction

% Tracking parameters
gpsl1,fllNoiseBandwidthWide,200,        % FLL noise BW wide[Hz]
gpsl1,fllNoiseBandwidthNarrow,100,   % FLL noise BW narrow [Hz]
gpsl1,fllNoiseBandwidthVeryNarrow,5,   % FLL noise BW narrow [Hz]
gpsl1,fllDampingRatio,1.5,          % PLL damping ratio
gpsl1,fllLoopGain,0.7,              % PLL loop gain
gpsl1,pllNoiseBandwidthWide,15,          % PLL noise BW [Hz]
gpsl1,pllNoiseBandwidthNarrow,15,          % PLL noise BW [Hz]
gpsl1,pllNoiseBandwidthVeryNarrow,10,        % PLL noise BW [Hz]
gpsl1,pllDampingRatio,0.7,          % PLL damping ratio
gpsl1,pllLoopGain,0.1,              % PLL loop gain
gpsl1,dllDampingRatio,0.7,          % DLL damping ratio
gpsl1,dllNoiseBandwidth,1,          % DLL noise BW [Hz]
gpsl1,M,20,                         % Number of blocks to use for computing wide band power
gpsl1,K,50,                         % Averaging over M number of blocks
gpsl1,Nc,0.001,                     % integration time in seconds for DLL
gpsl1,corrFingers,[-2 -0.1 0 0.1],   % Correlator finger positions [chips]
gpsl1,earlyFingerIndex,2,            % Index of early finger
gpsl1,promptFingerIndex,3,             % Index of prompt finger
gpsl1,lateFingerIndex,4,             % Index of late finger
gpsl1,noiseFingerIndex,1,             % Index of fingers for measuring noise level
gpsl1,CN0Coeff,1,
gpsl1,pllWideBandLockIndicatorThreshold,0.5,           % PLL lock indicator threshold for DLL unlocked => locked
gpsl1,pllNarrowBandLockIndicatorThreshold,0.8,           % PLL lock indicator threshold for DLL unlocked => locked
gpsl1,runningAvgWindowForLockDetectorInMs, 20
gpsl1,fllWideBandLockIndicatorThreshold,0.5,           % FLL wide band lock indicator threshold for DLL unlocked => locked
gpsl1,fllNarrowBandLockIndicatorThreshold,0.7,           % FLL narrow band lock detector threshold for DLL unlocked => locked
```

图 8－5　“Personal Receiver Configuration. txt”文件

2. 设置信号参数

原始信号为中心频率为 1575. 42 MHz、抽样频率为 25 MHz、带宽为 20 MHz 的 16bit

IQ 解调形式的 GPS L1 频段卫星信号，信号读取时长为 240 s，依图 8-5 修改信号相应参数。

本实验采用 GSRx 软件接收机，正确设置后软件接收机的信号特性如图 8-6 所示。

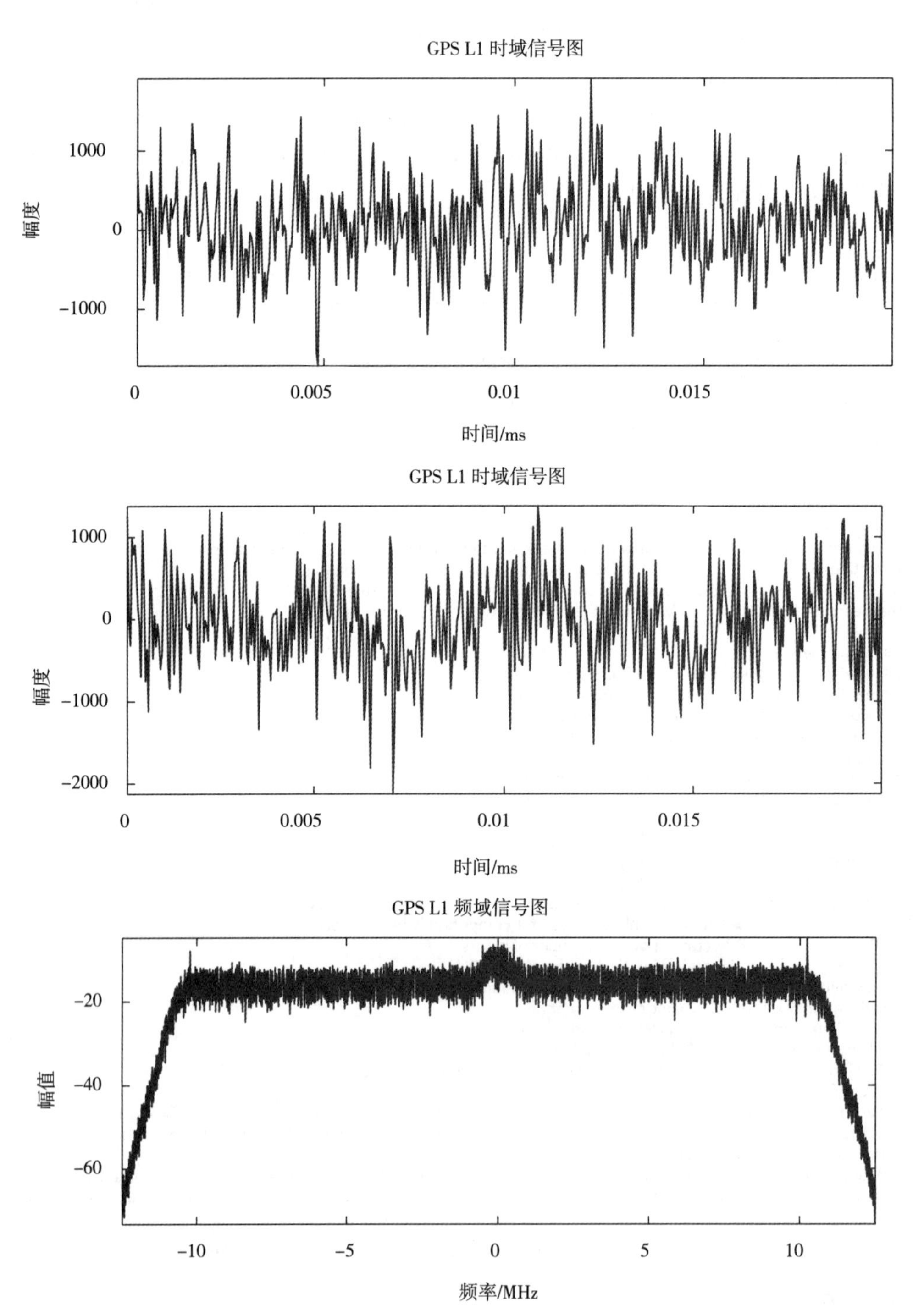

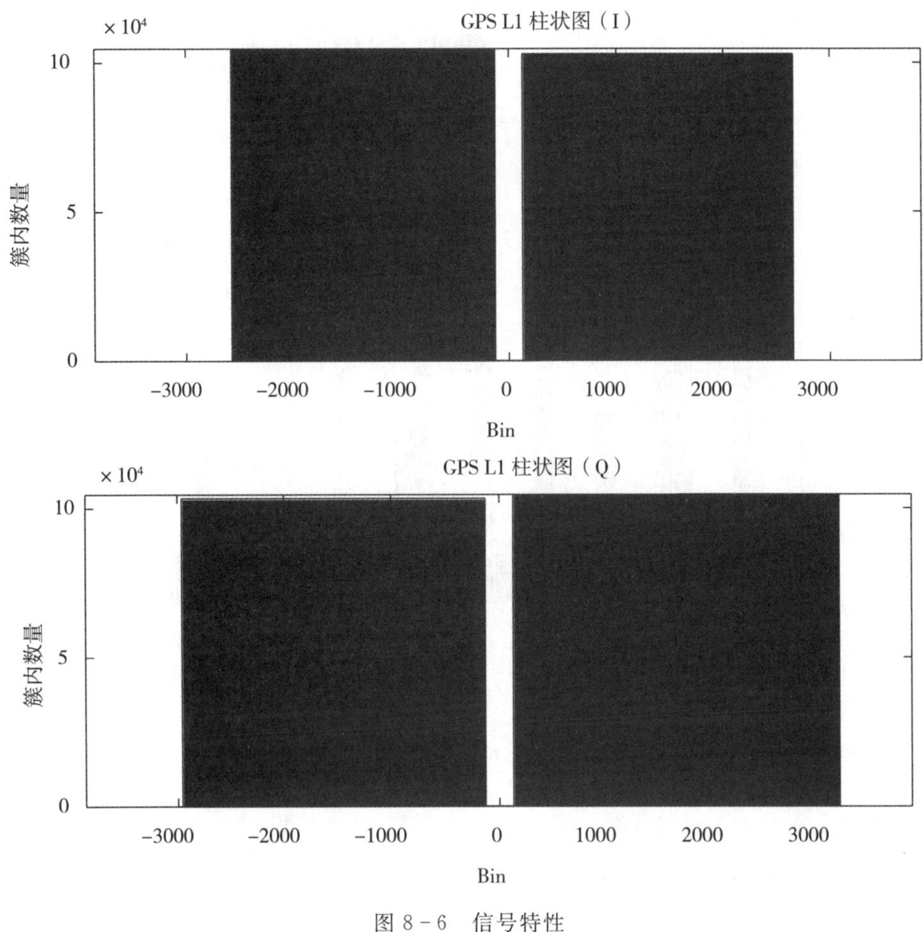

图 8-6　信号特性

四、实验内容及步骤

1. 验证性实验

步骤 1：打开 PC 机，打开“GNSS 接收机信号捕获与追踪”文件夹中的主函数文件“gsrx. m”。

步骤 2：在命令行窗口中输入“gsrx（'... \ param \ PersonalReceiverConfiguration. txt'）;”，按 Enter 键后启动信号捕获。

在图 8-7 所示的柱状图中，浅色柱表示已捕获到的卫星编号及其信号指标，深色柱表示未捕获到或不存在的卫星信号。

在图 8-8 中，相关函数中线条指示了捕获到信号的当前码相位粗略估计值。

步骤 3：关闭捕获结果窗口，进一步启动信号追踪。

图 8-9 指示了各个追踪通道下，信号频段、伪码编号、多普勒频偏、信号功率和追踪状态等信息。

图 8-10 所示追踪结果显示了 IQ 通道状态、环路锁定状态、多普勒频偏估计和信号载噪比估计等参数值。

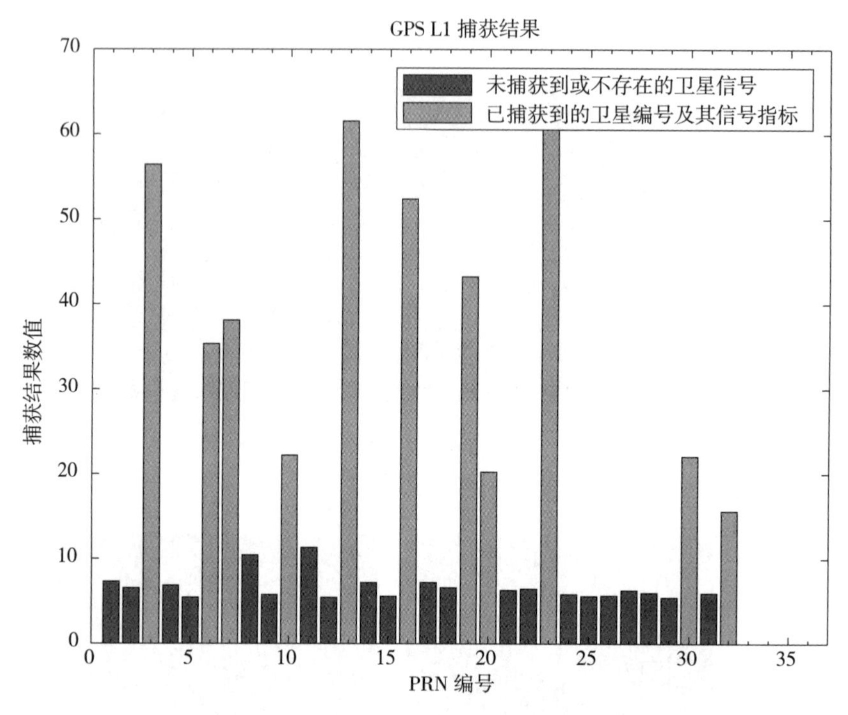

图 8-7　捕获结果

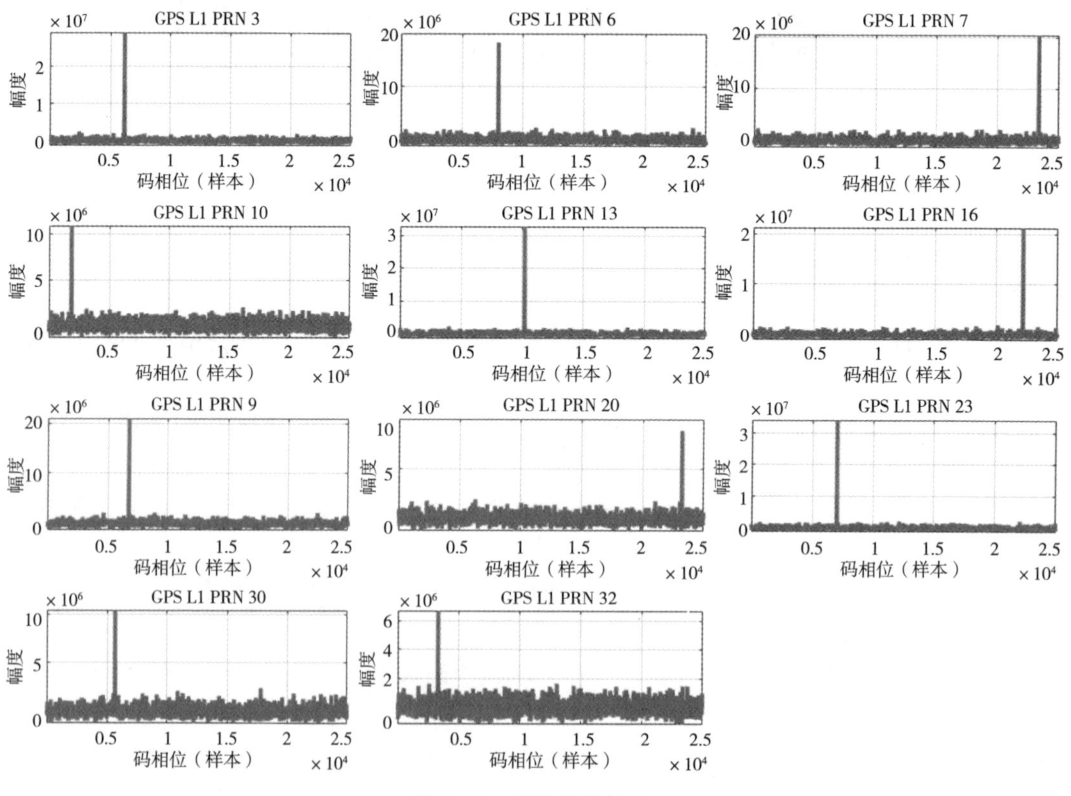

图 8-8　相关函数输出

Ch	Signal	PRN	Frequency	Doppler	Power	State
1	gpsl1	3	-7.82713e+02	-783	49	STATE_FINE_TRACKING
2	gpsl1	6	5.08660e+02	509	49	STATE_FINE_TRACKING
3	gpsl1	7	-1.85936e+03	-1859	43	STATE_FINE_TRACKING
4	gpsl1	10	-6.45997e+02	-646	41	STATE_FINE_TRACKING
5	gpsl1	13	-1.82843e+03	-1828	46	STATE_COARSE_TRACKING
6	gpsl1	16	2.71503e+03	2715	37	STATE_COARSE_TRACKING
7	gpsl1	19	-2.60818e+03	-2608	37	STATE_COARSE_TRACKING
8	gpsl1	20	2.90922e+03	2909	34	STATE_COARSE_TRACKING
9	gpsl1	23	4.22529e+02	423	52	STATE_FINE_TRACKING
10	gpsl1	30	3.26753e+03	3268	33	STATE_COARSE_TRACKING
11	gpsl1	32	3.00490e+03	3005	29	STATE_COARSE_TRACKING

```
Ms Processed: 400 Ms Left: 600
Time processed: 795 Time left: 1192
```

图 8－9　信号追踪过程

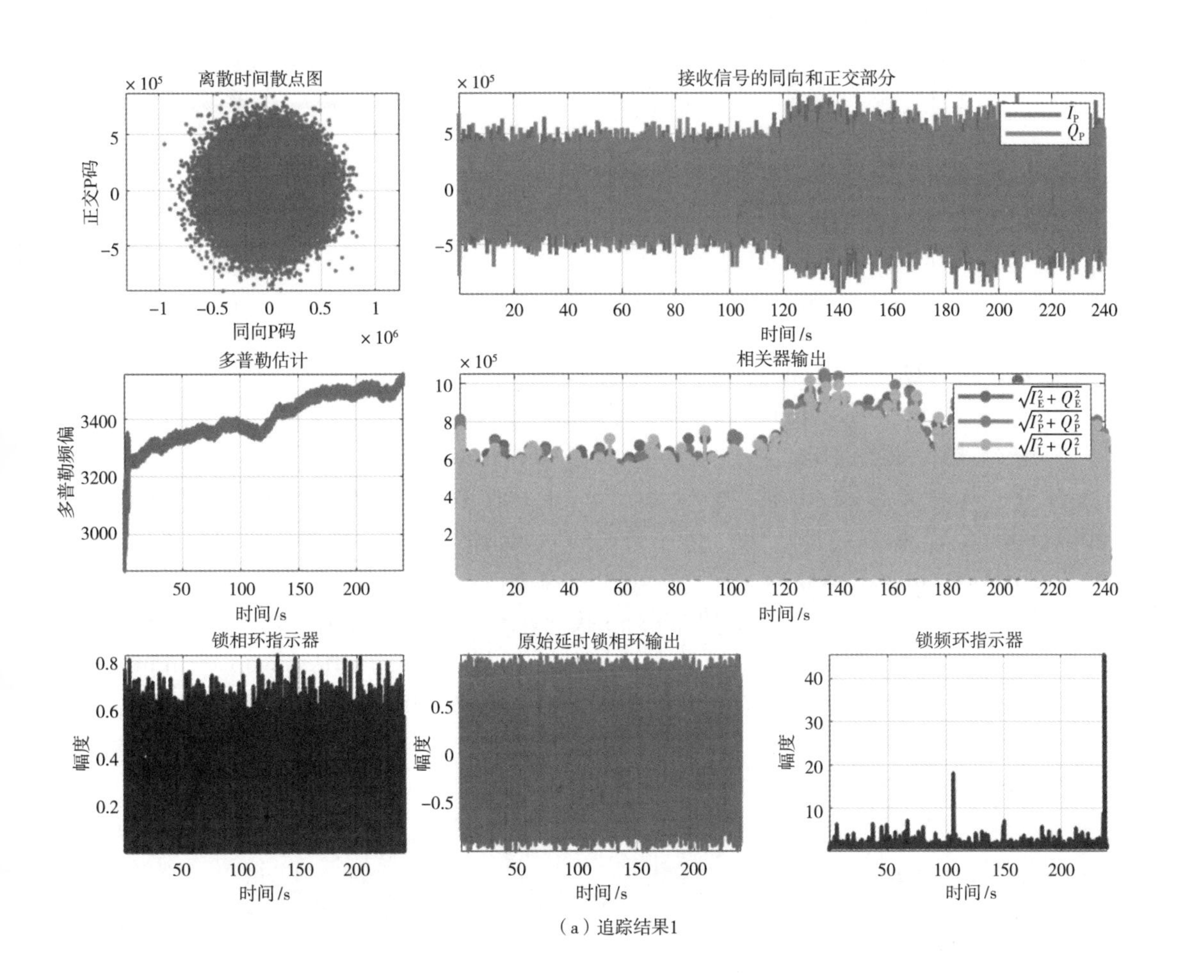

（a）追踪结果1

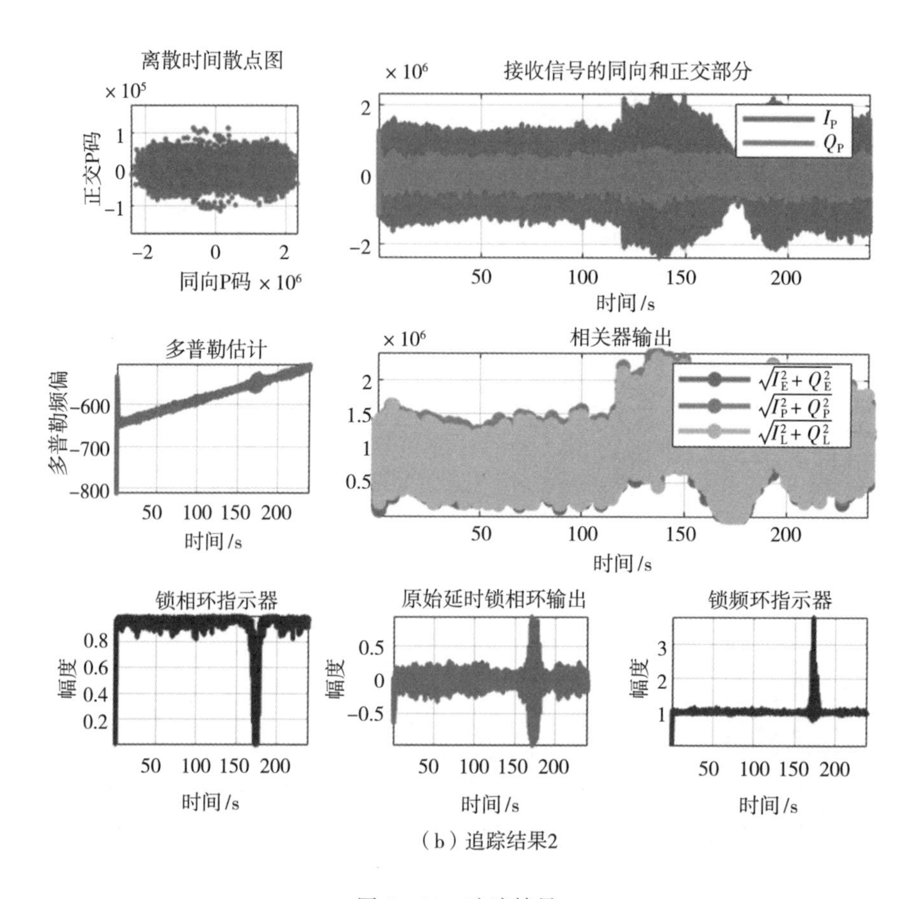

（b）追踪结果2

图 8-10 追踪结果

2. 设计性实验

步骤 1：打开 PC 机，打开“GNSS 接收机信号捕获与追踪”目录。

步骤 2：执行如下操作。

打开“acq”文件夹中的“doAcquisition. m”函数，打开“track”文件夹中的“initTracking. m”函数，打开“dll”文件夹中的“codeDiscrim. m”函数，打开“pll”文件夹中的“phaseDiscrim. m”函数。

步骤 3：代码编写完成后，打开“GNSS 接收机信号捕获与追踪”文件夹中的主函数“gsrx. m”，在命令行窗口中输入“gsrx('... \ param \ PersonalReceiverConfiguration. txt')”，按 Enter 键，验证代码功能。若代码功能不正确，则返回编程环境修改代码，继续调试，直至功能正确。

参考代码(信号捕获)：

```
function searchResults = searchFreqCodePhase(codeReplica, signalSettings, pRfData, PRN)
 % 设置本地变量
samplesPerCode = signalSettings. samplesPerCode;     % 每个扩频码的样本数量
cohIntNumber = signalSettings. cohIntNumber;
nonCohIntNumber = signalSettings. nonCohIntNumber;
```

```
freqWindow = signalSettings.maxSearchFreq; % 单边最大搜索频率
centerFreq = signalSettings.intermediateFreq + (PRN - 8) * signalSettings.frequencyStep;
codeLengthMs = signalSettings.codeLengthMs;

% 抽样间隔
ts = 1 / signalSettings.samplingFreq;

% 对于给定带宽的频带数量
freqStep = 1000/(2 * codeLengthMs * cohIntNumber);

%
numberOfFrqBins = floor(2 * freqWindow/freqStep + 1);

% 分配变量
frqBins = zeros(1, numberOfFrqBins);
searchResults = zeros(numberOfFrqBins, samplesPerCode);

% 本地复制载波的相位点
phasePoints = (0 : (cohIntNumber * samplesPerCode - 1)) * 2 * pi * ts;

% 频带循环
for frqBinIndex = 1: numberOfFrqBins

    % 重置
    sumNonCohAllSignals = zeros(1, samplesPerCode);

    % 码带循环
    for codeIndex = 1: size(codeReplica, 1)

        % 频域搜索
        codeFreqDom =   conj(fft(codeReplica(codeIndex,: )));


        frqBins(frqBinIndex) = centerFreq - ...
                               freqWindow + ...
                               freqStep * (frqBinIndex - 1);

        % 生成本地复制载波
        sigCarr = exp(- 1i * frqBins(frqBinIndex) * phasePoints);

        % 重置非相干累积
        sumNonCoh = zeros(1, samplesPerCode);
```

```
        % 重置变量
        signal = zeros(nonCohIntNumber, cohIntNumber * samplesPerCode);

        % 非相干累积循环
        for nonCohIndex = 1: nonCohIntNumber

            % 信号提取
            signal(nonCohIndex,: ) = pRfData((nonCohIndex - 1) * cohIntNumber......
                * samplesPerCode + 1: nonCohIndex * cohIntNumber * samplesPerCode);

            % 载波混频
            IQ = sigCarr. * signal(nonCohIndex,: );

            % 重置相干累积
            sumCoh = zeros(1, samplesPerCode);

            % 相干累积
            for cohIndex = 1: cohIntNumber

                % 正向 FFT
                IQ_fft = fft(IQ((cohIndex - 1) * samplesPerCode + 1:
                 cohIndex * samplesPerCode));

                % IFFT
                sumCoh = sumCoh + ifft(IQ_fft. * codeFreqDom);

            end % 累积结束

            % 累积结果
            sumNonCoh = sumNonCoh + abs(sumCoh);

        end % 非相干累积结束

        % 信号输出
        sumNonCohAllSignals = sumNonCohAllSignals + sumNonCoh;

    end

    % 读取当前搜索单元
    searchResults(frqBinIndex,: ) = sumNonCohAllSignals;
end % 结束搜索
```

参考代码(信号追踪):

```
function [trackResults] = initTracking(acqResults, allSettings)
% 所有信号循环
for i = 1: allSettings.sys.nrOfSignals
    % 选择追踪结果和参数
    signal = allSettings.sys.enabledSignals{i};
    signalSettings = allSettings.(signal);

    % 设定特定信号参数
    trackResults.(signal).nrObs = sum([acqResults.(signal).channel.bFound]);
    trackResults.(signal).signal = signalSettings.signal;
    trackResults.(signal).fid = 0;

    trackResults.(signal) = getFreqPlanParameters(trackResults.(signal), signalSettings);
    trackResults.(signal).numberOfBytesToSkip = signalSettings.numberOfBytesToSkip;
    trackResults.(signal).numberOfBytesToRead = signalSettings.numberOfBytesToRead;

    trackResults.(signal).enableMultiCorrelatorTracking = allSettings.sys.enableMulti
     CorrelatorTracking;
    trackResults.(signal).multiCorrelatorTrackingRate = allSettings.sys.multiCorrelator
     TrackingRate;
    % 设定特定通道参数
    ind = 1;
    for k = 1: acqResults.(signal).nrObs
        if(acqResults.(signal).channel(k).bFound = = true)
            trackChannel = allocateTrackChannelHeader(acqResults.(signal), k, allSettings);
            trackChannel = allocateTrackChannel(trackChannel, signalSettings);

            % 模式选择
            if((allSettings.sys.enableMultiCorrelatorTracking = = true)&&...
                    (ind = = allSettings.sys.multiCorrelatorTrackingChannel))
                trackChannel = getCorrelatorFingers(trackChannel, allSettings.sys);
            else
                trackChannel = getCorrelatorFingers(trackChannel, signalSettings);
            end
            trackResults.(signal).channel(ind) = trackChannel;
            ind = ind + 1;
        end

    end
end
```

```
function [tR] = GNSSTracking(tR, ch)
 % 设置本地变量
table = tR.channel(ch).trackTable;

 % 计算所需函数
nrfunctions = size(table, 1);
funct = cellstr(table(:, 1));
for i = 1:nrfunctions
    cnt = table{i, 2}; % 从表中更新
    loopCnt = tR.channel(ch).loopCnt;
    if(mod(loopCnt, cnt) == 0)
        fh = str2func(funct{i});
        tR = fh(tR, ch);
    end
end
```

参考代码(信号追踪 2 码相位鉴别)：

```
function tR = codeDiscrim(tR, ch)

 % 设置本地变量
trackChannelData = tR.channel(ch);
loopCnt = trackChannelData.loopCnt;
I_E = trackChannelData.I_E(loopCnt);
Q_E = trackChannelData.Q_E(loopCnt);
I_L = trackChannelData.I_L(loopCnt);
Q_L = trackChannelData.Q_L(loopCnt);

 % 计算码相位误差
codeError = (sqrt(I_E * I_E + Q_E * Q_E) - sqrt(I_L * I_L + Q_L * Q_L))/...
           (sqrt(I_E * I_E + Q_E * Q_E) + sqrt(I_L * I_L + Q_L * Q_L));

trackChannelData.dllDiscr(loopCnt)      = codeError;

 % 更新本地变量
tR.channel(ch) = trackChannelData;
```

参考代码(信号追踪 3 载波鉴相)：

```
function tR = phaseDiscrim(tR, ch)

 % 设置本地变量
trackChannelData = tR.channel(ch);
loopCnt = trackChannelData.loopCnt;
IP_2 = trackChannelData.I_P(loopCnt);
```

```
QP_2 = trackChannelData.Q_P(loopCnt);

% 计算相位误差
% Phase error(in radians)is converted to phase error in cycles(1 cycle = 2pi radians)
carrError = atan(QP_2/IP_2)/(2 * pi);
trackChannelData.pllDiscr(loopCnt) = carrError;

% 更新本地变量
tR.channel(ch) = trackChannelData;
```

实验二十一　GNSS 接收机欺骗式干扰检测

一、实验目的

了解导航卫星信号的干扰类型及其检测方法，理解相干累积后的抗欺骗干扰方法，掌握使用 Matlab 编程语言对功率匹配的诱导式干扰进行检测的方法。

二、实验原理

1. 干扰分类

GNSS 是许多关键基础设施的支柱。然而，GNSS 信号由于受到传播距离长、发射功率有限、传播环境恶劣等条件限制，极易受到自然环境和人为恶意干扰的影响。

人为恶意干扰一般指以破坏信号接收为目的的干扰，其中最具威胁性的干扰类型是压制和欺骗。

压制是指不模仿 GNSS 信号的发射，而是干扰接收器获取和跟踪 GNSS 信号的能力，如连续波（Continuous Wave，CW）、脉冲波（PCW）和加性高斯白噪声（Additive White Gaussian Noise，AWGN）等直接阻止接收设备获取有效的定位和授时结果。

欺骗指的是发射类似于 GNSS 的信号，这些信号可能与真实信号一起或代替真实信号被获取和跟踪，通常具备良好的隐蔽性和信号结构完整的宽带干扰。通过伪造或转发信号控制信号追踪环路，误导接收设备得到错误的定位或授时解，对整个 GNSS 系统产生更大的威胁。

依照目标对象、设备复杂度和功率水平，又可以将压制和欺骗干扰进行细分（表 8 - 1）。

表 8 - 1　压制与欺骗干扰细分

压制干扰	欺骗干扰
J1 -间接干扰器	S1 -转发干扰器
J2 -高功率干扰器	S2 -相似信号干扰器
J3 -目标干扰器	S3 -模拟器间接干扰器
J4 -有针对性的复杂干扰器	S4 -间接再发射干扰器
	S5 -模拟器目标干扰器
	S6 -目标再发射干扰器
	S7 -有针对性的复杂干扰器

（1）J1-间接干扰器：干扰器发射的信号不包含GNSS特定功能，通常功率较低且范围有限。

（2）J2-高功率干扰器：对包括信号功率非常高的信号在内的广大区域造成干扰。

（3）J3-目标干扰器：专门针对目标使用的干扰器，其功率水平足以在较长时间内掩盖真实信号，但功率可能不会高到容易被探测到的水平。

（4）J4-有针对性的复杂干扰器：超出J3能力范围的先进干扰器，包括专门用于破解现有干扰探测器或无线电干扰监测器的干扰器。

（5）S1-转发干扰器：发射从固定或移动位置转播实时GNSS信号的设备，通常用于改善室内或车载覆盖范围。

（6）S2-相似信号干扰器：发射被误认为是运行中的全球导航卫星系统信号的类似全球导航卫星系统的合成信号。

（7）S3-模拟器间接干扰器：发送通过合成生成的类似全球导航卫星系统信号的欺骗器。这些欺骗者的目的是欺骗其他接收器，如个人定位设备、智能手机或汽车接收器，或某个区域内的所有接收器。

（8）S4-间接再发射干扰器：在实时接收实际全球导航卫星系统信号的基础上发射类似全球导航卫星系统信号的欺骗器。这包括重整信号流、有选择地重新发射具有潜在不同延迟的GNSS信号。

（9）S5-模拟器目标干扰器：与S3类似，采用模拟器，其发射的信号具有自相干性，并与跟踪的动态信号保持一致。它们最初可能具有匹配良好的相位差，并可能先进行干扰，以便将接收器从真实信号中解锁。

（10）S6-目标再发射干扰器：与S4类似，采用再发射机制，其发射的信号具有自相干性，并与跟踪的动态信号保持一致。它们最初可能会有匹配良好的相位差，并可能会先进行干扰，以便将接收器从真实信号中解锁。

（11）S7-有针对性的复杂干扰器：以航空电子接收机为目标的欺骗器，其复杂程度高于S5和S6。它们甚至可以在受害接收机的接收点进行载波相位对齐，从而替代真实信号。

2. 现有检测方法

按接收过程分类，现有抗干扰检测方法（图8-11）分类如下。

1）阵列天线估计与检测

基于阵列天线技术的抗干扰算法，依靠波达方向估计（Direction of Arrival，DOA）或其他多天线抗干扰技术配合抗干扰阵列天线（CRPA）进行调零，检测干扰的同时估计信号源方向并降低接收增益，达到有效的干扰抑制，能够应对绝大多数的欺骗干扰。可是其实施技术难度大、成本高昂、便携性差，仅被应用于少数场景中。

2）自动增益控制与载噪比检测

自动增益控制（Automatic Gain Control，AGC）与载噪比（C/N_0）检测方法是一种实施难度低、硬件需求较小、能够有效应对非恶意转发或增益控制能力较差的欺骗干扰的方法，因此常与其他方法相互补充。

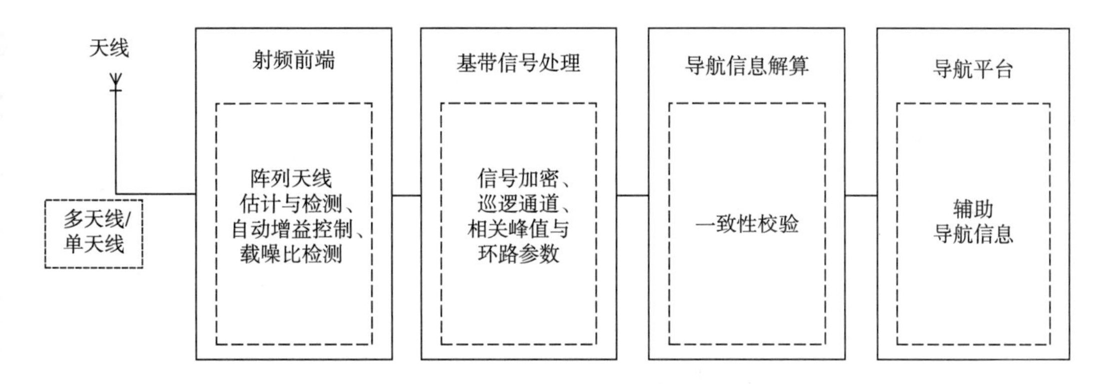

图 8－11　现有抗干扰检测方法

3）信号加密

扩频码校验（SCA）、导航电文校验（Navigation Message Authentication，NMA）及在此之上的信号重放校验是常见的加密抗干扰技术。由于需要对现有的 GNSS 系统和信号结构进行升级，还需要额外的时间进行密钥核对，因此其短期内不会被应用于各个导航频段。

4）一致性校验

该方法泛指一系列在测量、定位、定速、授时和频率层面上进行的数据连续性核对，如测量值跳跃、接收机自主完好性检测（Receiver Autonomous Integrity Monitoring，RAIM）、异常位移、异常钟漂等。在具备一定抗干扰能力的情况下，一致性校验具有实施简单、成本低等特点。

5）辅助导航信息

携带惯性测量单元（IMU）或独立时钟源的接收设备可以通过核对实时位置或时钟信息来实现识别干扰，网络接收机可以通过蜂窝网络提供的机会信号（Signal of Opportunity，SOP）与自身比较来实现识别干扰。该方法原理上类似于一致性校验，但需要额外的硬件支持。

6）巡逻通道

巡逻通道（Rover Channels）通过额外数字通道对信号实行连续的捕获运算，以搜索真实信号的相关峰值或残留成分。巡逻通道不仅适用于广泛的干扰类型，而且在已被干扰信号控制环路的状况下表现良好。

7）相关峰值与环路参数

利用环路相关器观察真实信号与欺骗信号的交互，或根据相关器输出幅值估计信号参数，以此鉴别或抑制干扰信号。其实施的算力需求和系统实时性随着相关器数量的增减而变化。

3. 基带抗干扰检测理论

1）接收信号模型

考虑 GPS L1 C/A 结构的情况下，单天线 RF 端接收混合信号并抽样得到的信号模型如下：

$$r(nT_s)=\underbrace{\sum_{m\in J^a}\sqrt{p_m^a}F_m^a(nT_s)}_{\text{真实部分}}+\underbrace{\sum_{q\in J^s}\sqrt{p_q^s}F_q^s(nT_s)}_{\text{欺骗部分}}+\underbrace{\eta(nT_s)}_{\text{AWGN}} \tag{8-18}$$

式中，

$$F_m^a(nT_s)=h_m^a(nT_s-\tau_m^a)c_m^a(nT_s-\tau_m^a)e^{j\varphi_m^a+j2\pi f_m^a nT_s} \tag{8-19}$$

$$F_q^s(nT_s)=h_q^s(nT_s-\tau_q^s)c_q^s(nT_s-\tau_q^s)e^{j\varphi_q^s+j2\pi f_q^s nT_s} \tag{8-20}$$

式中，J^a 为所有真实信号的集合；J^s 为所有欺骗信号的集合；T_s 为抽样间隔；p 为信号功率；φ 为载波相位；τ 为码延时；f 为多普勒频率；^{s} 为欺骗信号标识；^{a} 为真实信号标识；$h_m^a(nT_s-\tau_m^a)$、$h_q^s(nT_s-\tau_q^s)$ 为导航电文抽样值；$c_m^a(nT_s-\tau_m^a)$、$c_q^s(nT_s-\tau_q^s)$ 为伪码抽样值；$\eta(nT_s)$ 为方差为 δ^2 的复加性白噪声抽样值。

2）频相搜索与相干累积

GNSS 接收系统架构如图 8-12 所示。

从射频前端获得的信号将通过本地复制载波和伪码相乘来对频率和相位进行搜索（图 8-12），再将信号进行相干累积。相干累积有着低通滤波器的特性，能够减轻噪声对信号接收的影响，提升信噪比。

$$u_l[k]=\frac{1}{N}\sum_{n=(k-1)N}^{KN-1}r(nT_s)c_l(nT_s-\tilde{\tau}_l)e^{-j2\pi\tilde{f}_l nT_s} \tag{8-21}$$

式中，$\tilde{\tau}_l$ 为复制伪码相位；$\tilde{f}_l$ 为复制载波频率；N 为累积抽样点数；k 为相干累积阶段。

3）信号交互的三阶变化模型

不失其一般性地假设未受干扰或者干扰与真实信号叠加时，编号 l 的卫星其本地复制码相位和复制载波频率非常接近于真实相位与频率，就可以得到：

$$\begin{aligned}u_l[k]=&\sqrt{p_l^a}h_l^a[k]R(\Delta\tau_l^{a,L})\frac{\sin(\pi\Delta f_l^{a,L}NT_s)}{N\sin(\pi\Delta f_l^{a,L}T_s)}e^{j\pi\Delta f_l^{a,L}[(2k-1)N-1]T_s+k\varphi_{L,0}^{a,L}}\\&+\sqrt{p_l^s}h_l^s[k]R(\Delta\tau_l^{s,L})\frac{\sin(\pi\Delta f_l^{s,L}NT_s)}{N\sin(\pi\Delta f_l^{s,L}T_s)}e^{j\pi\Delta f_l^{s,L}[(2k-1)N-1]T_s+k\varphi_{L,0}^{s,L}}+\bar{\eta}_l[k]\end{aligned} \tag{8-22}$$

式中，$h_l^a[k]$ 和 $h_l^s[k]$ 分别为第 k 个相干累积阶段的导航电文电平；$\bar{\eta}_l[k]$ 为通过滤波后的噪声；$\Delta\tau_l^{a,L}$、$\Delta f_l^{a,L}$ 和 $\varphi_{L,0}^{a,L}$ 为编号 l 的卫星信号与复制信号的相位频率差值，所以 $\Delta\tau_l^{s,L}$、$\Delta f_l^{s,L}$ 和 $\varphi_{L,0}^{s,L}$ 为伪造编号 l 的卫星信号与真实信号的差值；$R(\Delta\tau_l^{a,L})$ 和 $R(\Delta\tau_l^{s,L})$ 为以相差为自变量的相关函数。

同时，也不妨假设欺骗信号与真实信号之间的相位变化服从一个三阶变化模型（相位 $\Delta\tau_l^{a,s}[k]$、频率 $\Delta f_l^{a,s}[k]$、频率导数 $\Delta\varphi_l^{a,s}[k]$），通常在干扰情况下假设 $\Delta\tau_l^{a,L}$、$\Delta f_l^{a,L}$ 和 $\varphi_{L,0}^{a,L}$ 基本接近于 0，欺骗信号伪码相位和载波多普勒的变化保持一致。结合三阶相位变化模型，可将式（8-22）化为

$$u_l[k]=\sqrt{p_l^a}h_l^a[k]+\left[\sqrt{p_l^s}h_l^s[k]R\left(-\frac{\Delta f_l^{a,s}}{2f_{RF}}\right)e^{j\Delta\varphi_l^{a,s}[k]}\right]+\bar{\eta}[k] \tag{8-23}$$

式中，$\Delta\varphi_{l}^{a,s}[k]$ 的实时变化与 $\Delta f_{l}^{a,s}$ 成二阶关系。

4）基带信号的特征

为避免导航电文电平翻转带来的影响，取 $u_{l}[k]$ 的共轭乘积：

$$D_{l}[k]=p_{l}^{a}+p_{l}^{s}R^{2}\left[-\frac{\Delta f_{l}^{a,s}}{f_{RF}}({}^{k}NT_{s})\right]$$

$$+2\sqrt{p_{l}^{a}p_{l}^{s}}R\left[-\frac{\Delta f_{l}^{a,s}}{f_{RF}}({}^{k}NT_{s})\right]\cos(\Delta\varphi_{l}^{a,s}[k])+\tilde{\eta}_{l}[k] \tag{8-24}$$

从上述一系列推导中不难看出，当干扰不存在时，相干累积的结果服从非零均值的圆对称复高斯分布，其共轭乘积服从非中心的卡方分布；但干扰与信号同时存在时，信号将偏离原来的分布。

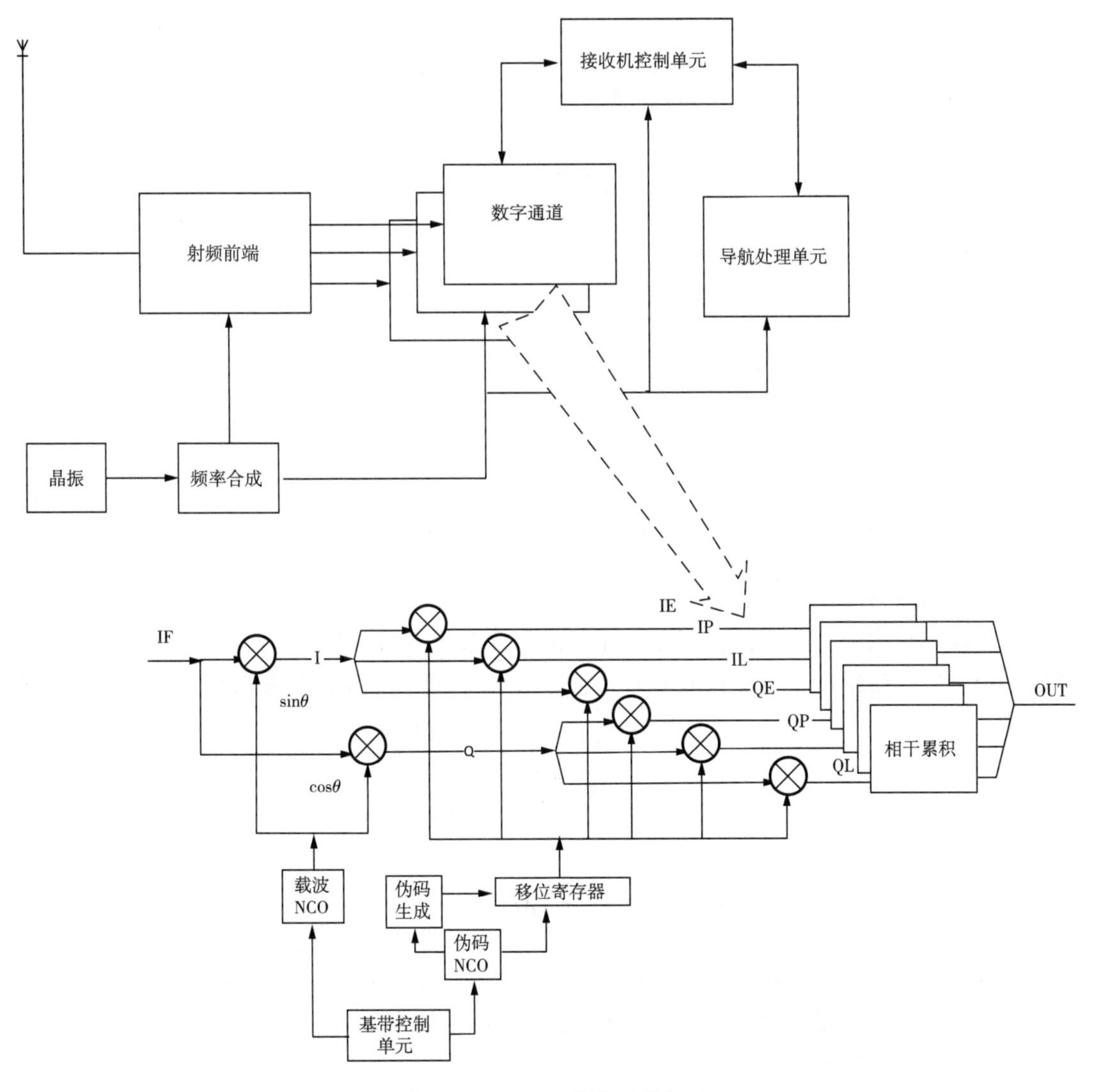

图 8－12　GNSS 接收系统架构

4. 抗干扰算法构造

根据上述分析结论，可将观测信号来源拆分成两个分布，故假设：

$$\begin{cases} H_0：无干扰 \\ H_2：在干扰 \end{cases} \tag{8-25}$$

取 Ratio test 观测量：

$$M_1 = \frac{I_E + I_P}{\alpha I_P} \tag{8-26}$$

$$M_2 = r(nT_s) \cdot r(nT_s - T_c) \tag{8-27}$$

在不同场景下的分布为

$$\begin{cases} V_0^1 = \dfrac{1}{\sqrt{2\pi}\,\delta_0^1}\exp\left[-\dfrac{1}{2}(x-\mu_0^1)\right]^2 \\ V_1^1 = \dfrac{1}{\sqrt{2\pi}\,\delta_1^1}\exp\left[-\dfrac{1}{2}(x-\mu_1^1)\right]^2 \end{cases} \tag{8-28}$$

由 LRT 准则可得：

$$\frac{\delta_1}{\delta_0}\exp\left[\frac{1}{2}(\mu_0^2 - \mu_1^2 + 2\mu_1 x - 2\mu_0 x)\right] > \gamma \tag{8-29}$$

两边同时取对数，并将 $\gamma = \exp(\gamma_L)$，化简可得：

$$x > \left[\frac{\gamma_L + \text{In}(\frac{\delta_0}{\delta_1})}{\mu_1 - \mu_0} + \frac{\mu_1 + \mu_0}{2}\right] \tag{8-30}$$

5. 统计参数估计与 P_{fa} 设置

根据前述信号分析，采用高斯分布作为信号分布，由高斯分布的统计特性和上述联合条件式(8-29) 检验思想，在接收机校准阶段用样本值估计并替代分布中的均值 μ_0 和方差 δ_0：

$$\mu_0^{1\prime} = \frac{1}{N}\sum_{n=(k-1)N}^{KN-1} M_1[k] \tag{8-31}$$

$$\delta_0^{1\prime} = \frac{1}{N}\sum_{n=(k-1)N}^{KN-1} (M_1[k] - \mu'_0) \tag{8-32}$$

根据NP准则，由奈曼-皮尔逊(Neyman-pearson) 设定 P_{fa}，其定义为未受干扰情况下过门限报警的概率。通过 P_{fa} 的大小可以控制检测门限的大小。

6. 由 P_{fa} 确定检测门限

由 P_{fa} 定义可得

$$P_{fa}=p(H_1 \mid H_0)=\int_{\gamma_L}^{\infty}\frac{1}{\sqrt{2\pi}\delta_1^1}\exp\left[-\frac{1}{2}(x-\mu_1^1)\right]^2\mathrm{d}x \tag{8-33}$$

化简后不难得到：

$$\gamma_L=\sqrt{2}\,erfc^{-1}(2\delta_1 p_{fa})+\mu_1^1 \tag{8-34}$$

在校准阶段之后，设置观测窗口，由上述门限设置函数控制门限，实现干扰识别。

三、实验主要参数及获取方法

本实验采用 texbat 的 ds3 欺骗干扰卫星原始数据集“ds3. bin”，其中数据为有效读取卫星原始数据。

（1）设置接收机及信号参数。按实验二十中的参数设置软件接收机参数，以对应原始信号参数。

（2）设置相关器输出保存路径。保存追踪后的结果，在 PC 机上找到“GNSS 接收机欺骗式干扰检测”文件夹，进入“param”文件夹，打开“Personal Receiver Configuration. txt”文件（图 8－13）。将追踪结果保存设置为“true”，并指定追踪结果输出目录，如“'F：\ texbat \ ds3 _ 10s _ 100 _ ［−2 _ 0. 25 _ 2］ _ 1 _ 8 _ 9 _ 10 _ 20ms _ result. mat'”。

```
% Input/Output file names
sys,loadDataFile,false,     % Defines if data file is to be loaded
sys,dataFileIn,'.\FGI-GSRx Example Matlab Data Files\trackData_MultiGNSS_GPSL1_GalileoE1_BeiDouB1_Chapter7.mat',        % Datafile to load of enabled
sys,saveDataFile,true,     % Defines if data should be stored to file
sys,dataFileOut,'F:\texbat\ds3_10s_100_[-2_0.25_2] _1_8_9_10_20ms_result.mat',  % Data file for storing output 文件名中不能出现，matlab标识符
sys,loadIONMetaDataReading,false,
sys,metaDataFileIn,''
```

图 8－13 “Personal Receiver Configuration. txt”文件

（3）获取追踪结果，若按照上述示例操作，会在指定目录下输出“mat”格式的文件。

四、实验内容及步骤

1. 验证性实验

步骤 1：打开 PC 机，打开“GNSS 接收机欺骗式干扰检测”文件夹中的主函数文件“gsrx. m”。

步骤 2：在命令行窗口中输入“gsrx（'... \ param \ PersonalReceiverCon figuration. txt'）；”指令，按 Enter 键后运行软件接收机，等待追踪完成并将相关器输出信号保存到追踪结果输出目录中。

步骤 3：在追踪结果输出目录中找到保存的相关器输出数据“mat”格式的文件，打开“algorithmsimulate”文件夹中的干扰检测函数“Ratio _ VEL _ DR. m”，并将追踪结果读取位置修改为追踪结果输出目录。

步骤 4：单击运行，开始干扰检测。

Ratio 参数测算如图 8－14 所示，干扰检测算法首先将相关器输出转换为用于描述信号扭曲的 Ratio 参数。

DR 比例如图 8－15 所示，在拥有 Ratio 参数并计算门限后，在一段时间内计算 Ratio 参数超过检测门限的次数所占比例。

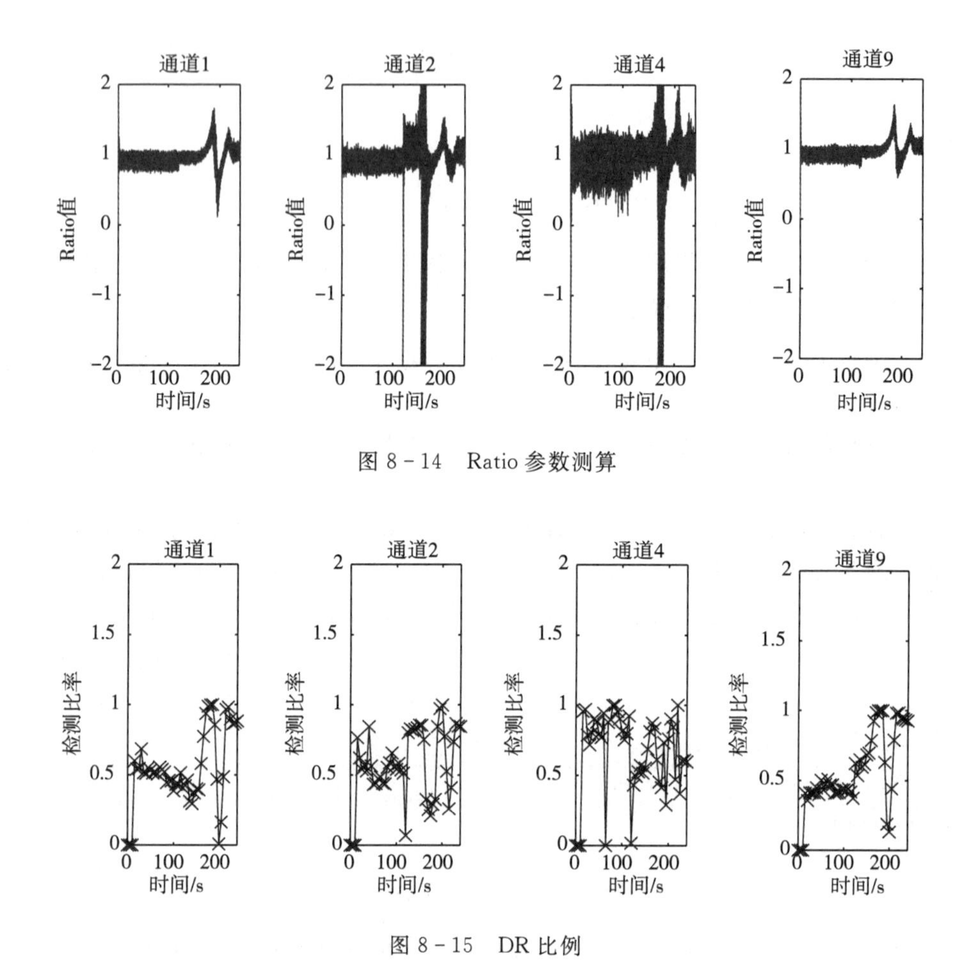

图 8-14 Ratio 参数测算

图 8-15 DR 比例

检测结果如图 8-16 所示，根据超出检测门限的比例，判决是否在该段时间内存在干扰。

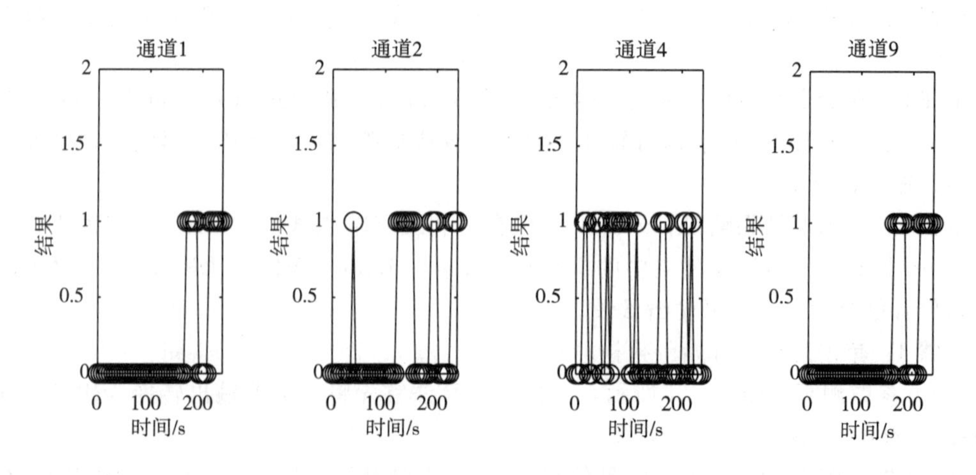

图 8-16 检测结果

2. 设计性实验

步骤 1：打开“algorithmsimulate”文件夹中的干扰检测脚本“Ratio _ VEL _ DR. m”，并将追踪结果读取位置修改为追踪结果输出目录。

步骤 2:：在注释行提示区域内编写代码，实现欺骗式干扰检测功能。

步骤 3：代码编写完成后运行，验证代码功能。若代码功能不正确，则返回编程环境修改代码，继续调试，直至功能正确。

参考代码(基于 Ratio 参数度量扭曲的欺骗干扰检测)：

```
%恒变量
filename='F:\texbat\ds3_240s_100_result.mat';


integration_time=1;%ms
total_time=240;%s
total_sample=total_time/(integration_time*1e-3);%Num

start_point=100;%s

channelNum=10;
finetracked=[1, 2, 4, 9];

%读取样本
load(filename);

IE=zeros(channelNum, total_sample);
IP=zeros(channelNum, total_sample);
IL=zeros(channelNum, total_sample);
QE=zeros(channelNum, total_sample);
QP=zeros(channelNum, total_sample);
QL=zeros(channelNum, total_sample);
IEE=zeros(channelNum, total_sample);

for i=1:channelNum
    IE(i,:) =trackData.gpsl1.channel(i).I_E;
    IP(i,:) =trackData.gpsl1.channel(i).I_P;
    IL(i,:) =trackData.gpsl1.channel(i).I_L;
    QE(i,:) =trackData.gpsl1.channel(i).Q_E;
    QL(i,:) =trackData.gpsl1.channel(i).Q_L;
    QP(i,:) =trackData.gpsl1.channel(i).Q_P;
    IEE(i,:) =trackData.gpsl1.channel(i).I_E_E;
end

%ELP计算
```

```
ELP = atan (QE. / IE) - atan (QL. / IL);

% Ratio test
alpha = 2;

Ratio_test = zeros (channelNum, total_sample);
for i = 1: channelNum
        Ratio_test (i,:) = (IE (i,:) + IL (i,:)) ./ (alpha * IP (i,:)) + ELP (i,:);
end

% 超前与落后码片
belta = 1;

VIE = zeros (channelNum, total_sample);
for i = 1: channelNum
    VIE (i,:) = IEE (i,:) ./ (belta * IP (i,:));
end

% 似然比计算
% 无干扰假设，参数估计
calibration_phase = 10; % s
sampleofcp = 10/ (integration_time * 1e-3);

miu1_0 = zeros (channelNum, 1);
miu2_0 = zeros (channelNum, 1);
for i = 1: channelNum
miu1_0 (i, 1) = mean (Ratio_test (i, 1: sampleofcp), 2);
miu2_0 (i, 1) = mean (VIE (i, 1: sampleofcp), 2);
end

delta1 = zeros (channelNum, 1);
delta2 = zeros (channelNum, 1);
for i = 1: channelNum
delta1 (i, 1) = sqrt (var (Ratio_test (i, 1: sampleofcp), 0, 2));
delta2 (i, 1) = sqrt (var (VIE (i, 1: sampleofcp), 0, 2));
end

% 干扰检测
detection_window = 5; % s
sampleperwindow = 5/ (integration_time * 1e-3);
windowNum = floor ( (total_sample - sampleofcp) /sampleperwindow);
miu1_1 = zeros (channelNum, windowNum);
```

```
miu2_1 = zeros (channelNum, windowNum);
for i = 1: channelNum
    for j = 1: windowNum
        miu1_1 (i, j) = mean (Ratio_test (i, sampleofcp + 1 + (j - 1) * ......
            sampleperwindow: sampleofcp + j * sampleperwindow), 2);
        miu2_1 (i, j) = mean (VIE (i, sampleofcp + 1 + (j - 1) * ......
            sampleperwindow: sampleofcp + j * sampleperwindow), 2);
    end
end

%门限控制
pfa = 0.01; %

%门限
%考虑均值过于接近的情况
rL1 = sqrt (2) * delta1 * erfcinv (2 * pfa) + miu1_0;
rL2 = sqrt (2) * delta2 * erfcinv (2 * pfa) + miu2_0;

r1 = zeros (channelNum, windowNum);
r2 = zeros (channelNum, windowNum);
for j = 1: windowNum
r1 (:, j) = delta1.^2. * log (rL1) ./ (miu1_1 (:, j) - miu1_0) + (miu1_1 (:, j) +
 miu1_0) ./ 2;
r2 (:, j) = delta2.^2. * log (rL2) ./ (miu2_1 (:, j) - miu2_0) + (miu2_1 (:, j) +
 miu2_0) ./ 2;
end

%决策比例
DR = 0.8;

jude1 = zeros (channelNum, total_sample - sampleofcp);
jude2 = zeros (channelNum, total_sample - sampleofcp);
for j = 1: total_sample - sampleofcp
    jude1 (:, j) = Ratio_test (:, sampleofcp + 1 + (j - 1): sampleofcp + j) ......
        >r1 (:, ceil (j/sampleperwindow));
    jude2 (:, j) = VIE (:, sampleofcp + 1 + (j - 1): sampleofcp + j) ......
        >r2 (:, ceil (j/sampleperwindow));
end
jude1 = [zeros (channelNum, sampleofcp), jude1];
jude2 = [zeros (channelNum, sampleofcp), jude2];

DR1 = zeros (channelNum, windowNum);
```

```
DR2 = zeros (channelNum, windowNum);
for j = 1: windowNum
    DR1 (:, j) = sum (jude1 (:, sampleofcp + 1 + (j - 1) * sampleperwindow: sampleofcp......
        + j * sampleperwindow), 2) ./sampleperwindow;
    DR2 (:, j) = sum (jude2 (:, sampleofcp + 1 + (j - 1) * sampleperwindow: sampleofcp......
        + j * sampleperwindow), 2) ./sampleperwindow;
end

result1 = zeros (channelNum, windowNum);
result2 = zeros (channelNum, windowNum);
for j = 1: windowNum
result1 (:, j) = DR1 (:, j) >DR;
result2 (:, j) = DR2 (:, j) >DR;
end
result1 = [zeros (channelNum, calibration_phase/detection_window), result1];
result2 = [zeros (channelNum, calibration_phase/detection_window), result2];

%plot
t = linspace (0, total_time, total_time/detection_window + 1);

sample = linspace (0, total_time, total_sample + 1);
```

附录 A　报文具体格式汇总

表 A1　报文头

字段	字段名称	字段类型	描述	二进制字节数	字节偏移量
1	Sync	char	同步字节，十六进制 0xAA	1	0
2	Sync	char	同步字节，十六进制 0x44	1	1
3	Sync	char	同步字节，十六进制 0x12	1	2
4	Header Lgth	Uchar	报文头长度	1	3
5	Message ID	Ushort	信息 ID	2	4
6	Reserved		保留	1	6
7	Reserved		保留	1	7
8	Message Length	Ushort	数据域的字节长度，不包括报文头，也不包括 CRC 校验位	2	8
9	Reserved			2	10
10	Reserved			1	12
11	Reserved			1	13
12	Week	Ushort	GPS 周数	2	14
13	ms		GPS 时间，从 GPS 周开始的毫秒数	4	16
14	Reserved			4	20
15	Reserved	Ushort	保留，供内部使用	2	24
16	Receiver S/W Version	Ushort	接收软件内部版本号	2	26

表 A2　星历数据域

字段	字段名称	字段类型	描述	二进制字节数	字节偏移量
1	Header		报文头	H	0
2	wSize	unsigned short	结构大小	2	H+0
3	blFlag	BYTE	Eph 有效标识	1	H+2
4	bHealth	BYTE	卫星健康标识	1	H+3

（续表）

字段	字段名称	字段类型	描述	二进制字节数	字节偏移量
5	ID	BYTE	卫星编号，GPS：1～32；BD2：141～177	1	H+4
6	bReserved	BYTE	保留	1	H+5
7	uMsgID	unsigned short	忽略	2	H+6
8	m _ wIdleTime	short	忽略	2	H+8
9	iodc	short	星历的期令号	2	H+10
10	accuracy	short	精度	2	H+12
11	week	unsigned short	GPS 周	2	H+14
12	iode	int	卫星钟参数	4	H+16
13	tow	int	卫星星历广播时间	4	H+20
14	toe	double	星历参考时刻	8	H+24
15	toc	double	时钟参数参考时刻	8	H+32
16	af2	double	卫星钟频率漂移	8	H+40
17	af1	double	卫星钟漂移	8	H+48
18	af0	double	卫星钟偏差	8	H+56
19	Ms0	double	平近点角	8	H+64
20	deltan	double	平运动差	8	H+72
21	es	double	偏心率	8	H+80
22	roota	double		8	H+88
23	omega0	double	升交点经度	8	H+96
24	i0	double	参考时的倾角	8	H+104
25	ws	double	近地点幅角	8	H+112
26	omegaot	double	赤经率	8	H+120
27	itoet	double	倾角率	8	H+128
28	Cuc	double	升交角距余弦改动项	8	H+136
29	Cus	double	升交角距正弦改动项	8	H+144
30	Crc	double	轨道半径余弦改动项	8	H+152
31	Crs	double	轨道半径正弦改动项	8	H+160

（续表）

字段	字段名称	字段类型	描述	二进制字节数	字节偏移量
32	Cic	double	倾角余弦改动项	8	H+168
33	Cis	double	倾角正弦改动项	8	H+176
34	tgd	double	电离层延迟修正	8	H+184
35	tgd2	double	电离层延时修正（仅 BD2 卫星）	8	H+192
36	CRC	Hex	32 位 CRC 校验位	4	H+200

表 A3　电离层数据域

字段	字段名称	字段类型	描述	二进制字节数	字节偏移量
1	Header		报文头	H	0
2	a0	double	Alpha 参数常数项	8	H
3	a1	double	Alpha 参数一阶项	8	H+8
4	a2	double	Alpha 参数二阶项	8	H+16
5	a3	double	Alpha 参数三阶项	8	H+24
6	b0	double	Beta 参数常数项	8	H+32
7	b1	double	Beta 参数一阶项	8	H+40
8	b2	double	Beta 参数二阶项	8	H+48
9	b3	double	Beta 参数三阶项	8	H+56
10	utc wn	ulong	UTC 参考周数	4	H+64
11	tot	ulong	UTC 参数的参考时间	4	H+68
12	A0	double	UTC 多项式常数项	8	H+72
13	A1	double	UTC 多项式的一阶项	8	H+80
14	wm lsf	ulong	未来周数	4	H+88
15	dn	ulong	日期编号（星期日＝1，星期六＝7，范围为 1～7）	4	H+92
16	deltat ls	long	由闰秒引起的时间延时	4	H+96
17	deltat lsf	long	未来由闰秒引起的时间延时	4	H+100
18	deltat utc	ulong	时间差异	4	H+104
19	xxxx	Hex	32 位 CRC	4	H+108
20	[CR][LF]	—	句末结束符	—	—

表 A4　M900 接收机指令列表

ID	指令	描述
1	ASSIGN	为伪码编号对应卫星分配单独通道
2	BD2ECUTOFF	设置北斗 2 卫星高程截断
3	CLOCKOFFSET	调整秒脉冲输出延时
4	COM	控制串行端口配置
5	DGPSTXID	差分全球定位系统传输识别号
6	DYNAMICS	调节接收机参数
7	ECUTOFF	设置卫星高程截断
8	ERASEFLASH	擦除闪存中恢复的所有数据
9	FIX	约束固定高度或位置
10	FRESET	重置并将配置设置为出厂设置
11	HEADINGOFFSET	添加航向角和俯仰角偏移值
12	INTERFACEMODE	为端口设置收发模式
13	LOCKOUT	阻止接收机接收指定伪码编号的卫星
14	LOCKOUTSYSTEM	停止接收机系统工作
15	LOG	请求日志信息
16	MAGVAR	设定磁变差校正
17	NMEATALKER	国家海洋电子协会 0183 协议报文通话识别控制
18	PPSCONTROL	控制秒脉冲输出方式
19	PPMADJUST	调节钟差
20	READFLASH	读取闪存中恢复的数据
21	REFAUTOSETUP	自动设置参考基站
22	RESET	执行硬件复位
23	RTKCOMMAND	将动态差分解算滤波参数重置或设置为默认值
24	RTKDYNAMICS	设置动态差分为动态模式
25	RTKELEVMASK	设置动态差分仰角掩码角度
26	RTKFIXHOLDTIME	设置动态差分固定数据的最长时间
27	RTKOBSMODE	设置流动站接收机为观测模式
28	RTKREFMODE	设置动态差分基准站定位模式
29	RTKSOLUTION	设置动态差分解算模式
30	RTKSOURCE	设置动态差分校正源
31	RTKTIMEOUT	设置动态差分数据的最大存储时间
32	SAVECONFIG	将当前配置保存在内存中

（续表）

ID	指令	描述
33	SBASCONTROL	启用或禁用所用卫星的星基增强系统校正
34	SBASECUTOFF	设置星基增强系统卫星高程截止
35	SBASTIMEOUT	设置星基增强系统校正超时
36	SET	根据设置进行配置
37	UNDULATION	选择波形
38	UNLOCKOUT	在求解计算中重新启用一颗卫星
39	UNLOCKOUTALL	重新启用之前锁定的所有卫星
40	UNLOCKOUTSYSTEM	重新启用先前锁定的系统
41	UNLOG	通过日志控制删除日志
42	UNLOGALL	通过日志控制删除所有日志

注：在上述板卡指令中，常用的获取数据的指令是以“LOG”开头的指令形式；停止数据输出的指令是“UNLOGALL”；配置板卡的指令有“COM、FIX、FRESET、RESET、SAVECONFIG、SET”等。

表 A5　北斗 RTK 电文头结构（1104 类型）

数据域	数据域编号	数据类型	比特数
电文序号（例如，“1001”＝0011 1110 1001）	DF002	uint12	12
基准站 ID	DF003	uint12	12
BD2 历元时刻（TOW）	DF004	uint30	30
GNSS 电文同步标志	DF005	bit（1）	1
处理过的 BD2 卫星数	DF006	uint5	5
BD2 自由发散平滑标志	DF007	bit（1）	1
BD2 平滑间隔	DF008	bit（3）	3
BD2B1/B2/B3 指示符	DF009	bit（3）	3
总计		67	

表 A6　北斗基准站观测数据电文内容（每颗卫星）

数据域	数据域编号	数据类型	比特数
BD2 卫星 ID	DF010	uint6	6
BD2 块（根据 DF009）	DF017		69
BD2 块（根据 DF009）	DF017		69
BD2 块（根据 DF009）	DF017		69
总计		$67+69n$	

表 A7 各相关数据域定义

数据域#	数据域名	数据域范围	处理策略	数据类型	数据域说明/单位
DF001	Reserved				
DF002	电文序号	0～4095		uint12	
DF003	基准站 ID	0～4095		uint12	
DF004	BD2 历元时刻（TOW）	0～604、799、999 ms	1ms	uint30	
DF005	GNSS 电文同步标志			bit（1）	
DF006	处理过的卫星数	0～31		uint5	处理过的卫星数指消息中的卫星数量，不一定等于参考站可见的卫星数量
DF007	BD2 自由发散平滑标志			bit（1）	
DF008	平滑间隔			bit（3）	
DF009	BD2B1/B2/B3 指示			bit（3）	指示组合：若 B1＝0，则 B1 无观测量；若 B2＝0，则 B2 无观测量
DF010	BD2 卫星 ID	0～63		uint6	
DF011	BD2 码标志			bit（2）	0＝C/A
DF012	BD2 伪距	0～299、792.46 m	0.02 m	uint24	
DF013	BD2 载波相位 B1/B2/B3 伪距	±262.1435 m	0.0005 m	int20	
DF014	BD2 B1/B2 /B3 锁定时间标志			uint7	
DF015	BD2 伪距整周模糊度系数		299、792.458 m	uint8	BD2 伪距整周模糊度系数数据域代表了 B1/B2/B3 原始伪距测量值对 299、792.458 m 进行求余运算中的整数部分
DF016	BD2B1/B2/B3 信噪比		0.25dB－Hz	uint8	
DF017	BD2BLOCK				

表 A8　DF017 数据域定义

数据域	数据域编号	数据类型	比特数
BD2 卫星 ID	DF011	bit（2）	2
BD2 伪距	DF012	uint24	24
BD2 载波相位 B1/B2/B3 伪距	DF013	int20	20
BD2 B1/B2/B3 锁定时间标志	DF014	uint7	7
BD2 伪距整周模糊度系数	DF015	uint8	8
BD2B1/B2/B3 信噪比	DF016	uint8	8
总计		69	

附录 B　GNSS 术语及定义

1. 通用术语

1.1　全球定位系统（Global Positioning System，GPS）

GPS 是一种卫星导航定位系统，由空间段、地面控制段和用户段三部分组成，为全球用户提供实时的三维位置、速度和时间信息。GPS 提供的服务包括军用的精密定位服务（Precise Positioning Service，PPS）和民用的标准定位服务（Standard Positioning Service，SPS）。

1.2　全球导航卫星系统（Global Navigation Satellite System，GNSS）

GNSS 是由国际民用航空组织提出的概念。GNSS 的最终目标是通过多种民用卫星导航系统，向全球民间提供定位、定速和授时服务。GNSS 已经为国际海事组织（International Maritime Organization，IMO）所接受。欧洲 GNSS 计划分为两个阶段，即 GNSS-1 和 GNSS-2，其中 GNSS-1 为 EGNOS（European Geostationary Navigation Overlay Service，欧洲地球静止导航重叠服务）系统，GNSS-2 为 Galileo（伽利略）系统。

1.3　北斗导航卫星系统（BeiDou Navigation Satellite System，BDS）

BDS 是我国自行研制的全球卫星导航系统，也是继 GPS、GLONASS 之后的第三个成熟的卫星导航系统。BDS 和美国的 GPS、俄罗斯的 GLONASS、欧盟的 Galileo 是全球卫星导航系统国际委员会已认定的供应商。

1.4　全球导航卫星系统（Global Navigation Satellite System，GLONASS）

GLONASS 是苏联设计部署的全球卫星导航定位系统，目前由俄罗斯进行维护和使用。GLONASS 可为全球用户提供实时的三维位置、速度和时间信息，包括军用和民用两种服务。

1.5　伽利略系统（Galileo System）

伽利略系统是欧盟国家联合设计部署的全球卫星导航定位系统。

1.6　静地星/定位星系统（Geostar/Locstar system）

静地星/定位星系统是一种卫星定位系统，利用两颗地球轨道静止卫星双程测距而实现定位功能，兼有短报文通信能力。

1.7　GPS 空间段（GPS space segment）

GPS 空间段指 GPS 的空间星座，由分布在 6 个轨道平面上的 24 颗导航卫星组成，卫星向地球方向广播含有测距码和数据电文的导航信号。

1.8　GPS 地面控制段（GPS ground control segment）

GPS 地面控制段指 GPS 的地面监测和控制系统，包括主控站、卫星监测站和上行信息注入站（又称地面天线）及把它们联系起来的数据通信网络。

1.9　**GPS 用户段**（GPS user segment）

GPS 用户段指各种 GPS 用户终端，其主要功能是接收卫星信号，提供用户所需要的位置、速度和时间等信息。

1.10　**伪卫星**（pseudolite）

伪卫星是指设立在地面上的 GPS 信号发射站，其发播与真实的 GPS 卫星相似的信号，可在近距离内起到和 GPS 卫星类同的作用。

1.11　**星历**（ephemeris）

星历用于描述天体空间位置的轨道参数。

1.12　**GPS 卫星星历**（GPS satellite ephemeris）

GPS 卫星星历一共包含 16 种数据，分别是历元、在历元上的 6 个卫星轨道参数及在历元之后用于修正轨道参数的 9 个系数。

1.13　**广播星历**（broadcast ephemeris）

广播星历是指卫星播发的电文中所包含的本颗卫星的轨道参数或卫星的空间坐标。

1.14　**精密星历**（precise ephemeris）

精密星历是指由若干个不属于 GPS 的卫星跟踪站获得的测量值，经事后处理计算出的卫星轨道参数，供事后精密定位使用。

1.15　**历书**（almanac）

历书是指 GPS 卫星电文中包含的所有在轨卫星的粗略轨道参数。

1.16　**载频 L1、L2、L5**

L1、L2 为 GPS 卫星发射信号的载频，L1 为 1574.42 MHz，L2 为 1227.60 MHz；L5 为 GPS 卫星增发的民用信号的载频，频率为 1176.45 MHz。

1.17　**历元**（epoch）

历元是指一个时期和一个事件的起始时刻或者表示某个测量系统的参考日期。

1.18　**伪随机噪声码**［Pseudo Random Noise（PRN）code］

伪随机噪声码是一种具有与白噪声类似的自相关特性确定的码序列。GPS 信号中采用了伪随机噪声编码技术，以产生码分多址（Code Division Multiple Access，CDMA）。

1.19　**粗/捕获码**（coarse/acquisition code）**和 C/A 码**（C/A code）

粗/捕获码和 C/A 码用于调制 GPS 卫星 L1 载频信号的民用伪随机码。

1.20　**精码**（precise code）**和 P 码**（P code）

精码和 P 码曾经用于调制 GPS 卫星 L1 和 L2 载频信号的伪随机码。

1.21　**P（Y）码**［P（Y）code］**和 Y 码**（Y code）

用于调制 GPS 卫星 L1 和 L2 载频信号的军用伪随机码，由 P 码与加密码 W 模 2 相加而成。由于 Y 码仍然保持着 P 码的码速率，因此其也被称为 P（Y）码。

1.22　**单频 GPS 接收机**（single frequency GPS receiver）

单频 GPS 接收机是指只能接收 GPS L1 载频信号进行导航定位的接收机。

1.23　**双频 GPS 接收机**（dual frequency GPS receiver）

双频 GPS 接收机是能够接收 GPS L1、L2 信号而进行导航定位的接收机。

1.24 **精度因子**（Dilution of Precision，DOP）

DOP 是描述卫星的几何位置对误差贡献的因子。GPS 的误差为测距误差与精度因子的乘积。

1.25 **几何精度因子**（Geometrical Dilution of Precision，GDOP）

GDOP 是表征卫星几何位置布局对 GPS 三维位置误差和时间误差综合影响的精度因子。

1.26 **位置精度因子**（Positional Dilution of Precision，PDOP）

PDOP 是表征卫星几何位置布局对 GPS 三维位置精度影响的精度因子。

1.27 **高程精度因子**（Vertical Dilution of Precision，VDOP）

VDOP 是表征卫星几何位置布局对 GPS 高程定位精度影响的精度因子。

1.28 **平面位置精度因子**（Horizontal Dilution of Precision，HDOP）

HDOP 是表征卫星几何位置布局对 GPS 平面位置精度影响的精度因子。

1.29 **时间精度因子**（Time Dilution of Precision，TDOP）

TDOP 是表征卫星几何位置布局对 GPS 时间精度影响的精度因子。

1.30 **捕获**（acquisition）

捕获是指用户设备对接收到的 GPS 卫星信号完成码识别、码同步和载波相位同步的处理过程。

1.31 **重捕**（reacquisition）

重捕是指 GPS 接收机因信号遮挡等原因短时间失锁后重新捕获信号的过程，一般很快便能完成。

1.32 **跟踪**（tracking）

跟踪是指对捕获到的 GPS 卫星信号继续保持码同步和载波相位同步的过程。

1.33 **码相位跟踪**（code phase tracking）

码相位跟踪是指 GPS 接收机通过对 GPS 卫星信号的 C/A 码或 P（Y）码的码相位进行跟踪，获得 GPS 伪距测量值的过程。

1.34 **载波相位跟踪**（carrier phase tracking）

载波相位跟踪是指 GPS 接收机通过对 GPS 卫星信号的载波相位的跟踪，获得载波相位测量值的过程。

1.35 **载波相位平滑**（carrier phase smoothing）

载波相位平滑是指在 GPS 接收机中利用积分载波相位测量值，减小由码相位跟踪噪声造成的误差的方法。

1.36 **周跳**（cycle slips）

周跳是指在 GPS 接收机进行载波相位跟踪时，因某种原因产生的整数载波周期跳变。

1.37 **伪距**（pseudorange）

伪距是指根据 GPS 接收机测出的卫星信号传播时间而计算出的卫星与接收天线相位中心间的距离。

1.38 **距离变化率**（range rate）

距离变化率是指用测量 GPS 卫星载波的多普勒频移求得的伪距变化的速率。

1.39 **选择性可用**（Selective Availability，SA）

SA是人为地将误差引入卫星时钟和星历数据中，以降低GPS标准定位服务精度的人为措施。

注：该措施从1990年3月开始实施，2001年5月1日停止使用。

1.40 **完好性**（integrity）

完好性是指当无线电导航系统不应用于导航时向用户及时发出警告（信息）。GPS有一定的完好性措施，但对一些应用系统来说目前的完好性还不够。

1.41 **标准定位服务**（Standard Positioning Service，SPS）

SPS是由GPS的C/A码提供的公开的民用服务。

1.42 **精密定位服务**（Precise Positioning Service，PPS）

PPS是由GPS的P（Y）码提供的保密服务，仅供军用或经特许的其他用户使用。

1.43 **反欺骗**（Anti-Spoofing，A-S）

A-S是指GPS卫星信号中用加密码W与P码相叠加，使之变为Y码的措施，用于精密定位服务。只有具有解密能力的接收机才能利用精密定位服务。

1.44 **接收机自主完好性监测**（Receiver Autonomous Integrity Monitoring，RAIM）

RAIM是指接收机利用冗余GPS卫星的伪距测量信息，以判定GPS完好性的方法。RAIM能判断可见卫星中是否有卫星出现故障或哪一颗卫星发生了故障并将其排除在导航解之外。

1.45 **飞机自主完好性监视**（Airplane Autonomous Integrity Monitoring，AAIM）

AAIM是指利用飞机上各种导航设备的冗余信息辅助GPS接收机，以提高GPS完好性的一种技术。

1.46 **GPS完好性通道**（GPS Integrity Channel，GIC）

GIC是指以由多个地面GPS卫星监测台组成的网络为基础，提高GPS星座完好性的技术。

1.47 **故障检测和排除**（Fault Detection Exclusion，FDE）

FDE是指在RAIM中，利用冗余GPS卫星的伪距测量信息，找出不可用的某一颗卫星并将其从求解组合中排除不用的方法。

注：当可见卫星为6颗以上时，才能进行故障检测和排除。

1.48 **GPS监测站**（GPS monitor station）

GPS监测站是指在GPS地面控制段中用以对GPS星座的所有卫星进行跟踪测量的设施，全球一共设有5个。所有监测站收集到的数据被传送到主控站，在主控站解算出卫星星历和时间的修正参数，并上行加载到卫星上。

1.49 **主机板**（Original Equipment Manufacture，OEM）

OEM是GPS接收机的核心部件，包括RF（射频）前端、数字通道、处理器和定位解算软件。在OEM基础上，根据不同用户的需求，加上不同的人机界面、天线和外壳结构，可以做成满足不同需要的GPS用户设备。

1.50 **C/A码GPS接收机**（C/A code GPS receiver）

C/A码GPS接收机是指利用GPS的C/A码进行导航定位的接收机。

1.51 P（Y）码 GPS 接收机 [P（Y）code GPS receiver]

P（Y）码 GPS 接收机是指利用 GPS 的 P（Y）码进行导航定位的接收机。

1.52 单频 GPS 接收机（single frequency GPS receiver）

单频 GPS 接收机是指只能接收 GPS L1 载频信号而进行导航定位的接收机。

1.53 双频 GPS 接收机（dual frequency GPS receiver）

双频 GPS 接收机是指能够接收 GPS L1、L2 信号而进行导航定位的接收机。

1.54 无码 GPS 接收机（codeless GPS receiver）

无码 GPS 接收机是指在不知道 P（Y）码序列的条件下，采用某种信号处理技术获得 GPS L1 和 L2 双频信号的测量值，从而具有电离层延迟校正能力的民用双频 GPS 接收机。

1.55 软件无线电 GPS 接收机（software radio GPS receiver）

软件无线电 GPS 接收机是指将经天线接收和直接放大后的 GPS 卫星信号送入高速模/数变换器，其后的全部处理过程由通用数字信号处理器完成的 GPS 接收机。

1.56 导航型 GPS 接收机（navigational GPS receiver）

导航型 GPS 接收机是指能在动态条件下提供实时定位及其他数据并具有导航功能的 GPS 接收机。

1.57 测地型 GPS 接收机（geodetic GPS receiver）

测地型 GPS 接收机是指能够提供卫星信号原始观测值用于高精度测量的接收机。

1.58 GPS/GLONASS 兼用接收机（GPS/GLONASS dual-used receiver）

GPS/GLONASS 兼用接收机是指能够同时接收 GPS 卫星和 GLONASS 卫星信号进行导航定位的接收机。

1.59 测姿型 GPS 接收机（attitude-determination GPS receiver）

测姿型 GPS 接收机是指用以测量载体方向、横滚和俯仰等参数的 GPS 接收机，通常由多个 GPS 接收天线、OEM（GNSS 模块）和相应的处理器组成。

1.60 测向型 GPS 接收机（GPS azimuth-determination receiver）

测向型 GPS 接收机是指用以测量载体方向等参数的 GPS 接收机，通常由双天线、OEM 和相应的处理器组成。

1.61 授时型 GPS 接收机（time transfer GPS receiver）

授时型 GPS 接收机是指专用于精确时间（GPS 时或 UTC 时间）发布的 GPS 接收机，授时精度可以达到或超过 40 ns。其有时还同时输出高稳定度的频率。

1.62 定时校频 GPS 接收机（GPS time/frequency receiver）

定时校频 GPS 接收机是指同时产生 GPS 标准秒信号和基准频率的 GPS 接收机，用于对用户的时钟和频率源进行定时和校准。

1.63 单通道 GPS 接收机（single channel GPS receiver）

单通道 GPS 接收机是指采用单个硬件通道，按照一定的时序实现对多颗卫星信号的跟踪，并完成定位功能的老式 GPS 接收机。

1.64 多通道 GPS 接收机（multichannel GPS receiver）

多通道 GPS 接收机是指包含多个并行通道的 GPS 接收机，其每个通道都能独立连续跟踪一颗或一颗以上卫星。

1.65　GPS 数字接收机（GPS digital receiver）

GPS 数字接收机是指从中频开始进行数字量化处理的 GPS 接收机。

1.66　GPS 模拟接收机（GPS analog receiver）

GPS 模拟接收机是指接收机内部的载波环和码环采用模拟电路实现的老式 GPS 接收机。

1.67　差分 GPS 接收机（differential GPS receiver）

差分 GPS 接收机是指能够接收由差分基准站的数据链路发射的差分修正数据，从而进行差分导航定位的 GPS 用户设备。其一般包括数据链信号接收机和能利用差分修正信息的 GPS 接收机。

1.68　GPS 接收机应用模块（GPS Receiver Application Module，GRAM）

GRAM 是一种标准化的美国军用 GPS 用户设备模块，用于确保军用 GPS 用户设备的安全性、共用性和互换性。

1.69　GPS 天线相位中心（GPS antenna phase center）

GPS 天线相位中心是指 GPS 天线的电气中心。其理论设计应与天线的几何中心一致。

1.70　GPS 接收机噪声（GPS receiver noise）

GPS 接收机噪声是由接收机内部热噪声、通道间的偏差和量比误差等引起的测距和测相误差的综合表征。

1.71　GPS 微带天线（GPS microstrip antenna）

GPS 微带天线是一种 GPS 接收机天线类型，由黏接在基板上的特殊设计和精确量裁的金属箔构成。

1.72　冷启动（cold start）

GPS 接收机在不知道星历、历书、时间和位置的情况下开机，需要较长时间才能正常定位。

1.73　温启动（warm start）

GPS 接收机在不知道星历，但知道历书、时间和位置的情况下开机，达到正常定位的时间比冷启动短。

1.74　热启动（hot start）

GPS 接收机在知道星历、历书、时间和位置的情况下开机，达到正常定位的时间比温启动短。

1.75　均方根误差（Root Mean Square，RMS）

RMS 是表征 GPS 观测值数据质量的参数，其值越小，数据质量越好。

1.76　用户距离误差（User Range Error，URE）

URE 是指用户测量所得的伪距与至卫星真实距离之间的误差，用均方根值规定。

1.77　用户等效距离误差（User Equivalent Range Error，UERE）

UERE 是根据各种误差源所求得的对用户至卫星距离测量误差的估值。

1.78　GPS 导航电文（GPS navigation message）

GPS 导航电文是由 GPS 卫星播发给用户的描述卫星运行状态与参数的电文，包括卫星健康状况、星历、历书、卫星时钟的修正值、电离层延时模型参数等内容，以 50 bit/s

的速率播发。

1.79 **转换字**（Hand Over Word，HOW）

GPS导航电文中的转换字载有时间信息，用于辅助P（Y）码接收机从C/A码跟踪状态转换到P（Y）码跟踪状态。

1.80 **差分**（GPS Differential GPS，DGPS）

DGPS是一种提高GPS定位和定时精度的技术。在已知点上设置GPS基准接收机，根据由此获得的GPS测量误差产生误差修正量，实时或事后提供给差分GPS用户设备，使用户设备接收并利用修正量，以提高其定位精度。

1.81 **差分基准站**（differential reference station）**和差分站**（differential station）

设在已知坐标点上的GPS基准接收机连续观测视界内的卫星，产生差分修正量，再利用数据链发射台向差分GPS用户设备发送差分修正信息，这种GPS基准接收机称为差分基准站。

1.82 **局域差分** GPS（Local Area DGPS，LADGPS）

LADGPS是用于提高局部区域的GPS定位精度的实时差分GPS系统。

1.83 **局域增强系统**（Local Area Augmentation System，LAAS）

LAAS是指利用VHF（Very High Frequency，甚高频）数据链的局域差分GPS系统，提高GPS的定位精度和完好性的系统。该系统可为飞机提供精密进近服务。

1.84 **位置差分** GPS（Position Differential GPS）

位置差分GPS是指以差分基准接收机提供的位置误差作为修正量的局域差分GPS，要求基准站GPS接收机和用户接收机使用相同的卫星组进行定位解算。

1.85 **伪距差分** GPS（Pseudorange Differential GPS）

伪距差分GPS是指以差分基准接收机产生的视界内各颗GPS卫星的伪距误差及其变化率作为修正量的局域差分GPS，不要求基准接收机和用户接收机使用相同的星组。

1.86 **载波相位差分** GPS（Carrier Phase Differential GPS）

载波相位差分GPS是指利用基站GPS接收机和用户GPS接收机对多颗卫星信号的载波相位和码伪距的观测量进行双差分和其他处理，以使用户获得厘米甚至毫米级定位精度的一种相对定位技术。

1.87 **实时动态测量系统**［real time kinematic（RIK）survey system］

实时动态测量系统是指利用数据链将基站GPS接收机的载波相位和码伪距观测量传送给用户，用户接收机采用双差分及其他处理，快速解算出载波整周多值性，以实现动态高精度的实时定位系统。

1.88 **罗兰系统**（EUROFIX system）

罗兰系统是以罗兰C作为数据链的局域差分GPS系统。

1.89 **连续工作基准站**（Continuously Operating Reference Stations，CORS）**和互联网差分** GPS（internet differential GPS）

连续工作基准站和互联网差分GPS通过互联网和电话数据包服务，收集来自分布在全国的几百个基准站的码距离和载波相位数据，经中心站处理后再通过互联网提供给用户，支持GPS非导航用户和后处理应用，可提高GPS定位精度。

1.90　**中波数据链差分**（differential using medium frequency data link）

中波数据链差分是指利用中波数据链的局域差分 GPS。

1.91　**海用差分 GPS**（maritime DGPS）

海用差分 GPS 是一种中波数据链差分 GPS，其用已有的或增强的海用无线电信标台发射信号的副载波作数据链，同时提高水上用户的定位精度和完好性。

1.92　**调频数据链差分**（differential using FM data link）

调频数据链差分是指利用调频广播副载波作数据链的局域差分 GPS。

1.93　**全国差分 GPS**（Nationwide Differential GPS，NDGPS）

NDGPS 是指具有与海用差分 GPS 相同的体系结构，由许多基准站组成，并连同已有的海用差分站组成的覆盖全美国的系统。NDGPS 用于提高 GPS 定位精度与完好性，为陆上和水上用户服务。

1.94　**广域差分 GPS**（Wide Area DGPS，WADGPS）

WADGPS 利用在地面大范围分布的 GPS 基准站收集 GPS 卫星数据，把伪距误差分解成分量，在整个区域内对每一分量进行估计，形成修正量，将这些修正量实时传送给 GPS 用户设备。WADGPS 一般由主控站、多个基准站、差分信号播发站、数据通信网络和用户设备组成，可用相对较少的基准站提高较广区域内的 GPS 定位精度。

1.95　**广域增强系统**（Wide Area Augmentation System，WAAS）

WAAS 是由美国研制的，利用广域差分技术、卫星完好性监测技术和 GPS 导航信号转发技术，用地球静止卫星作为数据链，以 GPS L1 载频播发这些增强信息，用户使用相宜的接收机系统。WAAS 可提高 GPS 的完好性、精度和可用性，主要为美国民用航空服务，目标是使 GPS 在整个美国达到飞机 I 类精密进近的水平。

1.96　**星基增强系统**（Satellite Based Augmentation System，SBAS）

SBAS 是指利用地球静止轨道卫星播发差分修正及其他信息，以提高卫星导航用户的精度及其性能的广域增强系统。

1.97　**陆基增强系统**（Ground Based Augmentation System，GBAS）

GBAS 是指利用地面发射台播发差分修正及其他信息，以提高卫星导航用户精度及其他性能的局域增强系统。

1.98　**机上增强系统**（Aircraft Based Augmentation System，ABAS）

ABAS 是指在航空器上利用其他系统获得信息以增强卫星导航用户终端的（定位）性能，或利用它们之间的组合方式共同形成性能增强的导航信息系统。

1.99　**联合精密进近着陆系统**（Joint Precision Approach and Landing System，JPALS）

JPALS 是美国军方正在研制的利用军用信号的差分 GPS 着陆、着舰系统。

1.100　**舰载相对 GPS**（shipboard relative GPS）

舰载相对 GPS 是舰载飞机着舰时 GPS 的特殊应用方式，联合精密进近着陆系统为飞机提供相对于军舰的位置。

1.101　**GPS 现代化**（GPS modernization）

GPS 现代化是指为提高 GPS 系统性能而执行的计划，包括在 GPS 卫星发射的 L 载频上增加调制民用码、增加发射 Ls 载频的民用信号、把军用与民用信号频谱分隔开、在 L1、L2 上增发军用的 M 码、增大卫星发射功率和改善地面控制段等措施。

1.102　**广域 GPS 强化**（Wide Area GPS Enhancements，WAGE）

WAGE 是指利用 GPS 卫星同时播发整个星座的伪距修正信息，以提高 GPS 系统精度的一种方法。

1.103　**GPS 精度改善创新**（GPS Accuracy Improvement Initiative）

GPS 精度改善创新是美国为提高 GPS 系统精度而正在进行的一项计划。该计划包括把美国国家图像测绘局（National Imagery and Mapping Agency，NIMA）的 GPS 卫星监测站并入现有监视网络、重新设计主控站 GPS 中的卡尔曼滤波器以及改善 GPS 卫星上行注入方式三项改善地面控制段的措施。

1.104　**“3P”计划**（3P program）

“3P”计划是美国对 GPS 导航战计划的别称，包括：

（1）保护（美国及其盟国）在战场上的 GPS 军事服务；

（2）防止敌对方对 GPS 服务的利用；

（3）维持在战场区域以外的 GPS 民用服务。

注：由于保护（Protection）、防止（Prevention）、维持（Preserve）的英文字头均为“P”，故称该计划为“3P”。

1.105　**导航战**（Navigation Warfare，NAVWAR）

NAVWAR 是美国于 1996 年开始执行的一项军事计划，其目的是提高 GPS 军用接收机的抗干扰能力，使美军具有在区域基础上停止 GPS 民用接收机工作的能力，甚至包括停止其他卫星系统工作的能力。

1.106　**GPS 接口控制文件**（GPSICD-200）

GPS 接口控制文件是一个美国政府文件，包括用户与 GPS 卫星间接口的完整的技术说明。

1.107　**海用差分 GPS 电文格式**（RTCM SC-104 DGPS message format）

海用差分 GPS 电文格式是国际海运事业无线电技术委员会（Radio Technical Commission for Maritime Services，RTCM）104 专门委员会（SC-104）制定的 GPS 差分数据电文格式，在世界范围内得到推广应用。

1.108　NMEA-0183

NMEA-0183 是美国国家海洋电子协会制定的海用电子设备接口标准及数据格式，许多 GPS 接收机采用这种标准作为数据输入/输出格式。

2. 测量特性术语

2.1　**WGS-84 大地坐标系**

该坐标系是由美国国防部在与 WGS-72 相应的精密星历系统 NSWC-9Z-2 基础上，采用 1980 大地参考系和 BIH1983.0 系统所定向建立的一种地心参考系。

2.2　**模糊度（多值性）**（ambiguity）

当一个接收机对卫星进行连续观测时，为了重建载波相位的伪距观测值，其中所包含的待解未知整周数称为整周模糊度。

2.3 **天线高**（antenna height）

天线高是指观测时接收机天线相位中心至观测站中心标志面的高度。

2.4 **观测时段**（observation session）

在观测站上从开始接收卫星信号到停止接收，连续观测的时间间隔称为观测时段，简称时段。

2.5 **同步观测**（simultaneous observation）

同步观测是指两台或两台以上接收机同时对同一颗卫星进行的观测。

2.6 **独立观测环**（independent observation loop）

独立观测环是由通过非同步观测获得的基线向量构成的闭合环。

2.7 **单差解**（single difference solution）

单差解是指对两个不同观测站GPS接收机同步观测同一颗卫星进行求差的数据处理方法，可以消除或削弱GPS卫星钟差、轨道误差、电离层时延和对流层时延。

2.8 **双差解**（double difference solution）

双差解是指对两个不同观测站GPS接收机同步观测两颗卫星时所得的单差，进行求差的数据处理方法，可以消除GPS接收机钟差。

2.9 **三差解**（triple difference solution）

三差解是指对两个不同观测站GPS接收机同步观测两颗卫星时所得的双差和不同历元进行求差的数据处理方法，可以消除整周模糊度。

2.10 **数据剔除率**（percentage of data rejection）

数据剔除率是指删除的观测值个数与应获取的观测值个数的比值。

2.11 **扼流圈天线**（choke ring antenna）

扼流圈天线是一种根据L_1、L_2频率值精心设计的带有多路径抑制槽、可以同时消除L_1、L_2多路径效应的测量型GPS接收机专用天线，一般用于高精度GPS测量。

2.12 **RATIO值**

RATIO值是反映GPS整周模糊度解算结果可靠性的参数，其结果取决于多种因素，用次最小RMS与最小RMS的比值表示。

2.13 **组合观测值**（combinative observation）

组合观测值是对L1、L2载波相位观测值进行一定的数学运算而得到的观测值。

2.14 **宽巷观测值**（wide lane observation）

宽巷观测值是由L1观测值减去L2观测值得到的组合观测值，其波长为86.19 cm，有利于求解整周模糊度。

2.15 **窄巷观测值**（narrow lane observation）

窄巷观测值是由L1观测值加上L2观测值得到的组合观测值，具有比L1、L2都小的观测噪声。

2.16 **RINEX格式**（receiver independent exchange format）

RINEX格式是对GPS原始观测数据的一种通用的存储格式，它是ASC II码文本文件，一般有观测数据文件、导航数据文件和气象数据文件三种，有特定的文件命名方式。

其最新版已包括 GLONASS 数据。

2.17　**参考站**（reference station）

在一定的观测时间内，一台或几台接收机分别固定在一个或几个观测站上，一直跟踪观测卫星，其余接收机在这些观测站的一定范围内流动设站作业，这些固定观测站就称为参考站。

2.18　**流动站**（roxing station）

在参考站的一定范围内为流动作业的接收机所设立的观测站。

2.19　**GPS 静态定位测量**（static GPS positioning）

GPS 静态定位测量是指在若干时段内通过在多个观测站上进行同步观测，确定观测站之间相对位置的 GPS 定位测量。

2.20　**GPS 快速静态定位测量**（fast static GPS positioning）

GPS 快速静态定位测量是指利用快速整周模糊度解算法原理进行的 GPS 静态定位测量。

2.21　**永久性跟踪站**（permanent tracking station）

永久性跟踪站是指长期连续跟踪接收卫星信号的永久性地面观测站。

2.22　**单基线解**（single baseline solution）

在多台 GPS 接收机同步观测中，每次选取两台接收机的 GPS 观测数据解算相应的基线向量。

2.23　**多基线解**（multi - baseline solution）

根据 m（$m>3$）台 GPS 接收机同步观测值，将 $m-1$ 条独立基线构成观测方程，统一解算 $m-1$ 条基线向量。

2.24　**航摄 GPS 测量参考点**（reference point for GPS photographic surveying）

航摄 GPS 测量参考点是航摄 GPS 测量中计算动态基线的起算点。

2.25　**偏心向量**（eccentric vector）

偏心向量是指飞机上 GPS 天线相位中心相对于航摄仪镜头中心的偏移向量。

2.26　**初始基线**（initialization baseline）

初始基线是指航摄 GPS 测量开始之前，参考点和飞机上 GPS 天线相位中心之间的距离。

2.27　**闭合基线**（closure baseline）

闭合基线是指航摄 GPS 测量结束后，参考点和飞机上 GPS 天线之间的距离。

2.28　**运动测量**（kinematic surveying）

运动测量是指只需短时间的观测资料而测量连续差分载波相位的一种方式。其操作常包括确定一条已知基线或从一个已知基点开始，通过跟踪最少 4 颗卫星，获取相应观测资料。一个接收机应固定安装在一个控制点（已知点）上，其他接收机在被测点间移动。

2.29　**单点定位**（point positioning）

单点定位是指一台接收机在单独模式下的地理定位。

2.30　**绝对定位**（absolute positioning）

绝对定位是定位方式之一，定出某点在某一个特定坐标系上的位置，该坐标系通常是地心坐标系。

2.31 **相对定位**（relative positioning）

相对定位是指通过两个站的接收机同时、同步地观测相同卫星来确定两个站的相对位置差的技术。这种技术可以消除两个站的共同误差，如卫星钟差和预报星历误差、传播延迟等。

2.32 **静态定位**（static positioning）

静态定位是指接收机在静止或几乎静止情况下的定位。

2.33 **动态定位**（dynamic positioning）

动态定位按时间顺序求解运动中的接收机的坐标，每一组坐标只由一次信号取样确定，且通常进行实时解算。

3. 导航特性术语

3.1 **汽车 GPS 导航系统**（invehicle GPS navigation system）

汽车 GPS 导航系统是以车载 GPS 接收机为基础，结合其他导航手段获得载体位置数据，并与导航地图数据库相匹配，实时显示载体位置并进行道路引导的导航系统。

3.2 **导航地图数据库**（map database for navigation）

导航地图数据库是指按特定格式存储的，并与导航信息有关的数字地图信息数据库。通常与地图有关的信息包括地理编码数据、路线计算数据、背景数据和参考数据等。

3.3 **数字地图**（digital map）

数字地图是指存储在磁盘、磁带或光盘等介质上，利用计算机图形显示系统才能阅读的二维或三维地图。

3.4 **首次定位时间**（Time To First Fix，TTFF）

TTFF 是指接收机通电后首次获得正确定位的时间。

3.5 **路线计算**（route calculate）

路线计算是指利用导航地图数据库提供的地图帮助驾驶者在行驶前或行驶中规划路线的过程。

3.6 **路线引导**（route guidance）

路线引导是指驾驶者沿着路线计算出路线行驶的过程。

3.7 **机动引导**（maneuver guidance）

机动引导是指在路线引导过程中遇到下列情况之一时应提前提供的引导：

(1) 在路线中遇到交叉路口时，不是直行通过路口，或者需要驶入与当前道路等级不同的道路。

(2) 在路线中遇到环岛。

3.8 **巡航引导**（cruise guidance）

巡航引导是指在未遇到目标时应提供的路线引导。

3.9 **惯性导航系统**（Inertial Navigation System，INS）

INS 是指利用惯性仪表（如陀螺仪和加速度计）、参考方向和初始位置来测量载体运动方向、速度，计算出载体即时位置的自主式推算导航系统。

3.10 **GPS-惯性组合导航系统**（GPS-inertial integrated navigation system）

GPS-惯性组合导航系统是由 GPS 接收机和惯性导航系统组合而成的导航系统。

3.11 **GPS-多普勒组合导航系统**（GPS-Doppler integrated system）

GPS-多普勒组合导航系统是由GPS接收机和多普勒雷达组合而成的导航系统。

3.12 **GPS-罗兰C组合导航系统**（GPS-Loran C integrated navigation system）

GPS-罗兰C组合导航系统是由GPS接收机和罗兰C组合而成的导航系统。

3.13 **导航数据**（Navigation Data，NAVDATA）

NAVDATA是由每颗卫星在L1和L2上，以50 bit/s的速度播发的1500 bit导航信息所包括的卫星星历参数、GPS系统时间与UTC时间转换参数、卫星时钟修正参数、电离层时延模型参数及卫星工作状态数据。

4. 授时特性术语

4.1 **格林尼治时间**（Greenwich time）

格林尼治时间是以格林尼治天文子午线为基准的时间。

4.2 **世界时**（Universal Time，UT）

UT是符合在本初子午线上观测太阳周的日平均运动的一种时间观测量。

4.3 **协调世界时**（Universal Time Coordinated，UTC）

UTC是以世界时作为时间初始基准，以原子时作为时间单元（s）基础的标准时间。

4.4 **国际原子时**（International Atomic Time，IAT）

IAT是由国际计量局（Bureau International des Poids et Measures，BIPM）建立和保持的、以分布于全世界的大量运转中的原子钟的数据为基础的一种时间尺度。TAI的初始历元设定在1958年1月1日，在该时刻IAT与UTC之差近似为零。国际单位制（Système International d'unités，SI）秒的定义是铯原子133基态的两个超精细能级间跃迁辐射9、192、631、770周所持续的时间长度，IAT的速率与其直接相关。

4.5 **网络时间协议**（Network Time Protocol，NTP）

NTP用于把计算机用户或者计算机网络服务器的时间同步到另一个服务器或者参考时间源的时间中。

4.6 **共视比对**（time comparison using common view methods）

共视比对是指两地设备同时测量本地时钟相对于同一颗GPS卫星的时刻差，经交换数据计算得到两地时钟时间偏差的时间比对方法。

4.7 **频率偏差**（frequency bias）

频率偏差是指GPS定时接收机输出频率的标称值与标准装置测量值的相对变化量。

4.8 **最大时间间隔误差**（Maximum Time Interval Error，MTIE）

MTIE表征频偏和相位偏离情况，是在观测持续时间段内发生的最大的峰—峰时间间隔误差。

4.9 **基准钟**（primary clock）

基准钟速率与所采用的秒定义相对应，是一种时间基准。基准钟获得的准确度与校准无关。

4.10 **基准频标**（primary frequency standard）

基准频标的频率与所采用的秒定义相对应，是一种时间基准。基准频标标定的频率准确度与校准无关。

4.11　**标准频率**（standard frequency）

标准频率是指一个参考频率，其与一个频标输出的信号有已知的关系。

4.12　**时间同步**（synchronization）

时间同步是指对两个或多个时间源之间的时间差进行相对调整，以消除它们之间的时间差的过程。

4.13　**时码**（time code）

时码是指用于转换时间信息（如日期、一天中的时刻或者时间间隔）的某种特定的格式中的一个数字或者模拟符号系统。

4.14　**时标**（time marker）

时标是指在时间尺度上识别某个特定瞬间的信号标记。

4.15　**时间参考**（time reference）

时间参考是为给定的测量系统选择的一个基本的重复周期，作为公共的时间参考，如每秒一个脉冲（1 pps）。

4.16　**时间信号发射**（time signal emission）

时间信号发射是指按规定的间隔、以标定的频率准确度进行的一系列对时间信号的广播。

注："ITU－RTF. 460"文件建议标准时间信号要在 1 ms 以内的播发参照 UTC，而且要播发专门的码。

4.17　**GPS 时间**（GPS time）

GPS 时间俗称 GPS 系统时间，其根据地面监控站和卫星上的原子钟的时间加权得到，作为 GPS 信号的时间基准。

4.18　**GPS 星钟偏差**（GPS clock bias）

GPS 星钟偏差是指单颗 GPS 卫星钟的时间与 GPS 时间之差。

4.19　**GPS 时间频率传递**（GPS time and frequency transfer）

GPS 时间频率传递是指基于卫星共视的方法，利用码或者载波频率测量进行远程钟的时间或频率比对。

4.20　**恒温天线**（Temperature Stabilized Antenna，TSA）

TSA 是具有恒温功能的 GPS 天线，用于稳定天线前置放大器的时延。

4.21　**GPS 周数**（GPS week number）

GPS 周数是从 1980 年 1 月 6 日开始累计的星期数。

4.22　**GPS 时间型接收机软件标准**（standardization of GPS time receiver software）

GPS 时间型接收机软件标准是由时间和频率咨询委员会下属的全球导航卫星系统时间频率规范研究组制定的 GPS 时间型接收机技术标准。

4.23　**BIPM GPS 共视表**（BIPM GPS CV schedules）

BIPM GPS 共视表是 BIPM 为全球参加 IAT 合作的时间实验室计算 IAT 而制定的单通道 GPS 接收机所用的时间共视表。

4.24　**接收机内部时延校正**（receiver internal delay calibration）

用于远程共视时间比对的 GPS 接收机必须用内部时延经过定标的接收机来进行校正，以便修正接收机内部时延，提高时间比对准确度。

参考文献

[1] KAPLAN E D. Understanding GPS/GNSS：Principles and Applications [M]. Norwood：Artech house，2017.

[2] 谢钢 . GPS 原理与接收机设计 [M] . 北京：电子工业出版社，2017.

[3] PETROVSKI I G，Tsujii T. Digital satellite navigation and geophysics：A practical guide with GNSS signal simulator and receiver laboratory [M] . Cambridge：Cambridge University Press，2012.

[4] 格鲁夫 . GNSS 与惯性及多传感器组合导航系统原理 [M] . 练军想，唐康华，潘献飞，等译 . 2 版 . 北京：国防工业出版社，2015.

[5] 李征航，黄劲松 . GPS 测量与数据处理 [M] . 4 版 . 武汉：武汉大学出版社，2023.

[6] 杨元喜，郭海荣，何海波，等 . 卫星导航定位原理 [M] . 北京：国防工业出版社，2021.

[7] Enge P K. The global positioning system：Signals，measurements，and performance [J] . Berlin：International Journal of Wireless Information Networks，1994，1：83 - 105.

[8] 霍夫曼-韦伦霍夫，利希特内格尔，瓦斯勒，等 . 全球卫星导航系统 [M] . 北京：测绘出版社，2009.

[9] 赵琳，丁继成，马雪飞 . 卫星导航原理及应用 [M] . 西安：西北工业大学出版社，2010.

[10] GREWAL M S，WEILL L R，ANDREWS A P. Global positioning systems，Inertial Navigation，and Integration [M] . Hoboken：A John Wiley & Sons，2007.

[11] 黄文德，张利云，康娟，等 . 北斗卫星导航定位技术实验教程 [M] . 北京：科学出版社，2019.

[12] 余学祥，董斌，高伟，等 .《卫星导航定位原理及应用》习题集与实验指导书 [M] . 徐州：中国矿业大学出版社，2015.

[13] DOVIS F. GNSS Interference Threats and Countermeasures [M] . Norwood：Artech House，2015.

[14] 吴仁彪，王文益，卢丹，等 . 卫星导航自适应抗干扰技术 [M] . 北京：科学出版社，2015.

[15] 彼得罗夫斯基，敏明辻井 . 数字卫星导航与地球物理学：GNSS 信号模拟器与接收机实验室实践指南 [M] . 北京：国防工业出版社，2017.